CM Practical Construction Management
실무이야기

최 시 봉

공간예술사

아직 세상을 알기도 전, 젊은 패기 하나만 믿고 해외 플랜트 건설을 위한 뜨거운 모래바람 속으로 뛰어들어 사회의 첫발을 내디딘 지 어느덧 35년이 흘러갔다. 긴 세월 속 오직 Plant 건설 분야에만 파묻혀 지내온 시간, 못내 아쉬운 마음을 떨쳐버릴 수가 없다. 지금까지 살아오면서 수많은 인연(因緣)들과 만나고 또 헤어짐을 반복하며 음(陰)으로 양(陽)으로 가르침을 받아왔지만, 보답이라고 한번 제대로 해본 기억이 없다. 그동안 사방(四方)으로 도움을 주신 선배님들의 소중한 말씀들, 몸으로 일깨워준 값진 경험들, 동료 후배들과 진지하게 고민했던 귀한 자료들을 정리해서 이것이라도 남기면 아쉬움이 덜할까?

CM(Consrtruction Management) 제도가 국내에 도입된지도 십수년이 훌쩍 지났다. 공공부문을 중심으로 인천국제공항과 같은 대형 프로젝트 수행시 CM 제도 및 그 기법을 적용하여 PJ을 진행하는 모습은 이미 일반화되었다. 짧은 시간에 CM이라는 건설사업관리 체제가 실(實) 프로젝트 수행에 깊숙이 자리잡은 것이다. 해외의 CM 전문업체들이 국내로 들어와 활동하고 있으며 국내의 건설사, 건축사무소 등도 전문화된 별도 조직을 두어 본격적으로 CM 산업에 뛰어들고 있다.

학눈적으로도 비약적인 발전을 이루었다. 미국의 경우 CMAA(Construction Management Association of America)가 CM 산학(産學) 협동을 이끌고 있고, 국내 대학도 CM 학위과정 및 IT 분야와 접목한 건설관리의 전산화, 통합화에 대한 연구가 활발히 이루어지고 있다. 이에 따라 CM에 관한 전문서적들도 발간되어 학생 또는 현업에 종사하는 Engineer들에게 활용되고 있다. 하지만 아쉽게도 국내의 CM 영역은 건축구조물이나 일반산업설비의 Project를 중심으로 정착, 발전하고 있으나 석유화학 분야의 Plant 건설부문은 여건상 아직 체계적인 발전이 미흡한 실정이다. 넓은 의미에서의 Construction Management라는 것은 대형 건설사들에 의한 시공관리 자체에 이미 CM을 포함하고 있는 것이 사실이지만, 보다 체계적인 개념 정립과 이해가 필요하지 않을까 싶다.

CM이 왜 필요한가?

Management의 궁극적인 목표는 결국 싸고(저비용), 좋게(고품질), 빨리(공기준수), 무사고(안전제일)로 Project를 완성하는 것으로 보아도 무방하다. 정해진 시간에 맞춰 완성하려면 무엇보다 계획한 일정 내에 공정을 마무리할 수 있어야 한다. 일정에 쫓기면 서두르게 되고, 서두르면 여유가 없어져 불안정한 상태 또는 품질을 간과하거나 눈감아주고 넘어가게 된다. 게다가 일정을 맞추기 위해 추가적인 원가(재화) 투입이 불가피하여 결국 모든 것이 엉망이 될 수밖에 없다. 그래서인지 몰라도, 현장소장이 되면 다른 무엇보다도 일정관리에 초점을 맞추게 되는 것이 어쩌면 당연한 현상이다. 문제는 아이러니컬하게도 이러한 일정보다 안전, 품질 등을 더 우선시하고 이것의 바탕 하에 가장 경제적인 비용을 추구해야 한다는 데 있다. 결론적으로 적정한 품질이나 안전관리를 기본으로 하고 가장 적은 비용으로 일정을 맞출 수 있는 계획을 세워야 한다는 말이다.

일을 하면서 항상 느꼈던 바는 CM을 이론적으로 설명해 놓은 책은 많이 있지만 실무에 부딪히는 상황에 대한 해답을 구할 수 없었다는 점이었다. 현장에서도 대부분 일이 벌어진 후에 대처하느라 우왕좌왕하고, 심지어 문제가 생긴 것도 모르고 있다가 뒤늦게 알게 되어 사후약방문(死後藥方文) 격으로 겨우 모면하고 넘어가는 경우가 흔하다. 사람마다 상황에 따른 대처방식 또한 조금씩 다르다.

CM의 필요성은 바로 이러한 상황들을 미리 분석, 예견하여 슬기롭게 헤쳐나가는 관리능력을 배양하는데 있다. 예측관리를 잘하기 위해서는 물론 전체 Process를 훤히 꿰뚫고 있어야 하겠다. 하나의 항목만 펼쳐보아도 워낙 경우의 수가 많고 해결방법 또한 무궁무진하기에 매번 똑같은 경우란 있을 수 없다. 한 가지 Case만 놓고 보면 이론적으로 깊이있게 접근한 교재나 전문서적을 통해 해당 지식을 습득하는데 어려움이 없겠지만, Management를 제대로 수행하기 위한 모든 사항을 한데 어우르는 참고서는 아직 없는 것 같다. 시중에 CM에 관한 일반적인 이론서는 널려 있지만 실무 위주로 구성한 책이 없어 항상 안타까운 마음을 가지고 있었다.

필자는 이점에 착안, 그 동안의 경험과 노하우를 토대로 주로 현실과 연계되는 상황 속에서 Construction Management에 관한 이해를 돕고자 역점을 두었다. 여기에는 물론 CM에 대한 전문적인 지식을 그 밑바탕에 깔고 있다.

부족한 부분도 있겠지만 지금도 일선에서 뛰는 실무자들이나 앞으로 Management를 공부할 후배들이 CM에 관한 전체적인 Process를 이해하고 정리할 수 있는 살아 있는 참고 자료가 되었으면 하는 바람이다.

2014. 초가을. 저자 최시봉

제1장 개요

제2장 CM 프로세스

제4장 건설 관리상의 특수한 Topic

- 그림 -

- 그림 -

- 표 -

Chapter 1

개요

1. CM의 정의
2. CM의 도입배경과 적용효과
3. CM 계약 방식의 분류
4. CM과 PM
5. CM 산업의 현황
6. 석유, 가스 및 석유화학 분야의 CM

1 CM의 정의

CMConstruction Management은 그 적용 목적에 따라 크게 두 가지 개념으로 나눌 수 있다.

첫째, 일반적으로 건설 프로젝트를 정해진 예산 및 공기 내에서 사업주가 요구하는 품질을 유지하면서 완료할 수 있도록 관리하는 모든 과정을 말한다. 견적, 계약관리, 원가관리, 공정관리, 안전관리, 품질관리 등 건설 프로젝트 수행을 위한 요소들을 체계적으로 관리하는 모든 Activities를 의미하며 주택, 상업건물, 교량, Plant 등 모든 건축/토목/플랜트 Project에 적용되고 있다.

△ CM의 이해

둘째, 건설 Project 계약 방식의 하나로서 건설 프로젝트가 대형화·복잡화됨에 따라, 전문적으로 프로젝트를 관리해야 할 필요성에 의해 건설사업의 공사비절감Cost, 품질향상Quality, 공기단축Time을 목적으로 발주자를 대신해 전문지식과 경험을 지닌 건설사업관리자에게 발주자가 필요로 하는 건설사업관리 업무의 전부 또는 일부를 위탁·관리하게 하는 새로운 계약발주 방식이 생겨나게 되었는데, 이것이 바로 Construction Management 계약 방식이다.

국내 건설산업기본법 및 미국 CM 협회인 CMAA[1]에서 규정하고 있는 정의는 다음과 같다.

✓ **건설사업관리**Construction Management[2]

- 건설공사에 관한 기획 · 타당성 조사 · 분석 · 설계 · 조달 · 계약 · 시공관리 · 감리 · 평가/사후관리 등에 관한 전부 또는 일부 관리업무를 수행하는 것

✓ **Construction Management / CMAA**[3]

- Construction Management is a professional service that applies effective management techniques to the planning, design, and construction of a project from inception to completion for the purpose of controlling time, cost and quality.

1) Construction Management Association of America

2) 건설산업기본법 제2조 8호에 근거

3) 미국 CM협회인 CMAA에 근거

2 CM의 도입배경과 적용효과

❍ CM의 역사와 도입배경

◇ CM의 역사

CM의 역사는 미국에서부터 시작되었다.

미국은 제2차 세계대전 후 1950년대 초부터 1960년대를 거치면서 급속한 경제성장을 이룩하였고, 이에 따른 건설수요도 증가하여 원자력발전소, 석유화학 공장, 미사일 기지 등 대규모 복합건설 프로젝트들이 발주되기 시작하였다. 이에 따른 프로젝트의 효율적인 관리 및 조속한 준공을 위하여 기존 전통 계약 방식에서 벗어난 턴키 계약이 성행하게 되었다.

그러나 턴키 계약으로 프로젝트의 공기를 단축시킬 수는 있었지만 이에 따른 인건비 및 장비비 등의 증가를 가져왔다. 이는 건설수요가 급격히 증가함에 따라 노동 공급부족 현상이 초래되었고, 또한 노동조합이 확대·강화되면서 인건비의 증가로 이어졌기 때문으로 풀이된다.

따라서 발주자들은 개선된 관리기법으로 프로젝트를 수행할 수 있는 방법을 모색하게 되었고, 이의 결과로서 CM 제도가 탄생하게 되었다.[4)] 그 후 CM 계약 방식은 민간 및 정부 발주 공사에서 활성화되면서 학문으로서의 CM 연구도 활발하게 이루어지게 되었다. 특히 프로젝트 중 클레임과 분쟁의 발생이 프로젝트의 성공을 방해하는 주요 요소로 부상함에 따라 CM 계약 방식이 기존의 General Contracting 방식을 상당 부분 수용하면서 급속하게 성장하기 시작하였다.

4) 최초의 CM 계약은 1966년에 체결된 미국 뉴욕시의 World Trade Center 건설공사에 적용되었다.

◇ CM의 국내 도입배경

국내의 경우 기존의 감리제도를 보강하기 위하여 1994년에 책임감리제도가 탄생하게 되었다. 또한, 건설 프로젝트의 대형화, 복잡화, 전문화 추세에 따라 품질, 비용, 공기 등의 목표를 효과적으로 달성하기 위한 체계적이고 전문적인 관리능력이 필요[5)]하게 됨에 따라 국내에서도 건설사업 수행체계CM가 도입되었다.

5) 따라서, 선진국에서 이미 일반화되어 있는 건설사업 수행체계를 도입하여 종합적인 건설사업 관리능력 제고의 기틀을 마련하고, 1997년 건설시장 개방에 대비한 건설사업 수행 체계의 다양화, 국제화의 필요성이 요구되었다.

✓ CM 적용현황

- 1996년 건설산업기본법에 의하여 100억 원 이상의 관급공사의 경우 의무적으로 CM 계약을 체결하도록 하였다. 이를 통하여 종합적인 건설사업관리능력 제고의 기틀을 마련하고 건설사업 전 단계에 걸쳐 품질 · 안전뿐만 아니라, 비용, 기간 등을 종합적으로 관리하여 프로젝트를 보다 효율적으로 이끌어 가고 있다.
- 현재 CM 제도는 「국가를 당사자로 하는 계약에 관한 법률」 및 「지방자치단체를 당사자로 하는 계약에 관한 법률 시행령」을 개정하여 모든 관급공사를 CM 계약으로 시행할 수 있게 되었으며, 관급공사뿐 아니라 대규모의 민간발주 공사에서도 활용되고 있다.

○ CM의 필요성과 적용효과[1)]

CM의 필요성

- 기획, 설계, 시공 등의 각 건설사업 참여자간의 Communication 및 조정의 필요성
- 초기 단계의 계획수립 미비로 인한 공기지연, 사업비 증대, 품질부실 우려
- 계약관리의 미비로 인한 건설사업 참여자들로부터의 Claim 발생 우려
- 인 · 허가 관련 법규의 분산 및 복잡화로 인한 행정적 처리 미흡
- 설계 검토의 미흡으로 인한 VE 및 시공성 검토 미흡

CM의 적용효과

- 건설사업 초기단계에서 CM 적용을 통한 예상되는 문제점[2)] 최소화
- 설계 이전 단계의 각종 인 · 허가 등 행정업무 대행 및 금융조달 등으로 성공적 사업수행 도모
- 설계단계에서의 VE와 시공성 검토를 통한 사업비의 절감
- Fast Track을 통한 공사기간의 단축효과
- 단계별 전문분야별 관리를 통한 부실시공 방지 및 품질 확보
- 협력업체간 원활한 Communication 및 조정으로 발주자의 목표 달성
- 전문 단일조직이 사업의 전 단계를 종합관리함으로써 일관성 있는 사업진행이 가능
- 전문가 조직의 과학적 분석 및 평가를 통해 발주자에게 최선의 의사 결정안 제공
- 협력업체로부터의 Claim 최소화 및 분쟁 발생시 주도권 확보
- 사업진행에 관한 정보를 발주자 및 참여자간에 실시간으로 제공

1) 「한국CM협회」 기술자료에 근거 http://www.cmak.or.kr/

2) 낭비요소를 포함

△ 효과적인 적용 검토!

3 CM 계약 방식의 분류

Construction Project는 Project의 성격 및 발주자의 성향에 따라 여러가지 계약 방식을 취하고 있다.

업무 Scope에 따라 전통적인 Construction 계약, Design Build, EPC[1] Turnkey, Construction Management 등으로 나눌 수 있고, 또한 계약 형태에 따라 Fixed Lumpsum, Cost Plus Fee 등으로 나눌 수 있다.

여기서는 CM 계약에 대하여 자세히 알아보기로 한다. 계약 방식의 하나로서의 CM은 계약 방식에 따라 여러 가지 형태로 나타날 수 있다. 그 중 발주자[2]를 대신하여 컨설팅 업무를 수행하는 용역형[3]과, 직접 공사를 수행하면서 시공업체의 역할을 겸하는 리스크 부담형[4]이 대표적이라고 할 수 있다.

1) EPC ; Engineering, Procurement, Construction

2) 사업주 ; Owner

3) Agency CM 또는 CM-for-Fee

4) CM-at-Risk

CM for Fee (a)와 CM at Risk (b) 방식의 구조 비교

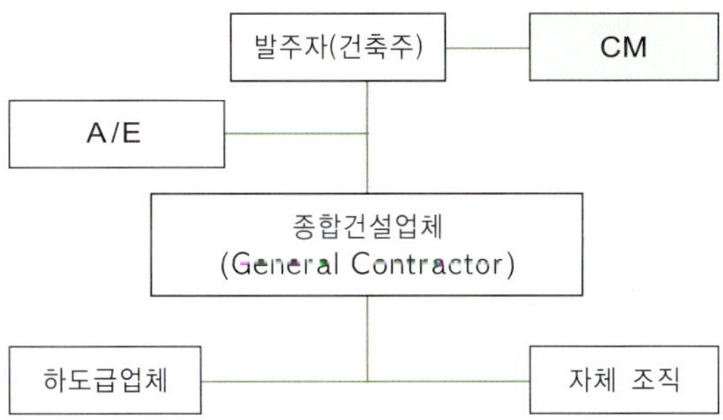

(a) CM-for-Fee 방식

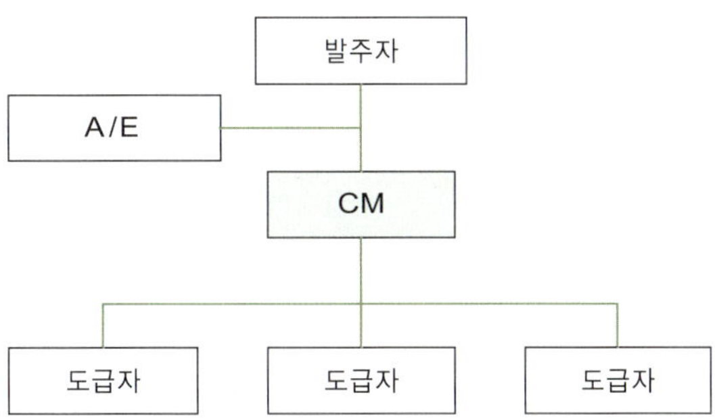

(b) CM-at-Risk 방식

❍ CM-for-Fee 또는 Agency CM용역형 CM

발주자가 여러 시공자들과 계약을 맺고 있는 공사에서 CM 회사가 발주자의 대행인으로서 공사관리를 담당하는 전통적이고 가장 전형적인 관리 방법이다.

발주자, 설계자, 그리고 사업관리자가 하나의 팀을 형성하며 사업관리자는 설계나 시공을 직접 수행하지 않고 순수하게 사업관리, 즉 기획, 관리, 그리고 조정 및 통제만을 담당한다. 이럴 경우 사업관리자의 리더십 확보가 용이하여 관리자의 프로젝트 관리능력을 향상시킬 수 있다.

사업관리자는 시공자나 설계자와는 직접적인 계약관계가 없으므로 공사 결과, 즉 공사비용, 기간, 품질 등에 대한 책임을 지지 않는다. 따라서 궁극적인 의사결정과 그에 따른 최종 책임은 발주자의 몫이다.

그러나, 이 경우 Project 추진이 느슨해질 수 있으므로 Option이나 Incentive 항목을 추가하여 동기 부여를 유도하는 경우가 많이 있다.

△ CM 방식의 특성을 숙지!

❍ CM-at-Risk리스크 부담형 CM 또는 책임 시공형 CM[1]

건설사업관리CM 회사가 시공 회사들과의 계약에 의해 공사의 일부 또는 전체를 수행하거나, 시공업체가 CM 업체의 역할을 겸하는 경우이다.

사업관리자가 발주자에게 한계공사비[2]를 약속한 후 시공을 직접 담당함으로써 해당 공사의 공사비와 공기에 대한 책임 및 리스크를 부담하게 된다.

사업관리자가 전통적인 계약하에서의 시공자와 다른 점은 시공도 담당할 뿐 아니라 사업관리자 고유의 역할도 수행하게 된다는 점이다.

CM 시장에서 가장 규모가 크고 활발하게 이루어지고 있는 계약 방식이다.

1) 건설산업기본법의 정의 : 제2조 9호에 근거

2) ,3) Guaranteed Maximum Price

CM-for-Fee와 CM-at-Risk 계약의 비교

종 류	CM-for-Fee	CM-at-Risk	비 고
계약 방식	사업수행 대리인으로서의 용역계약	사업수행 주체로서 계약[3]	GMP : CM-at-Risk와 General Contracting과의 차이점
계약 책임범위	용역 Fee 이내 유한책임	프로젝트 완료에 대한 무한책임	
업무 영역	Project 관리	Project 관리+시공	

4 CM과 PM

결론부터 말하자면, Construction Management와 Project Management의 차이점을 논하는 것은 큰 의미가 없다. 두 개념 모두가 건설 프로젝트를 위한 Management 방식으로, 학문적 · 실무적 관점에서 많은 부분이 공용되어 있기 때문이다.

Construction Management는 Project의 Construction 부분, 즉 현장을 관리[4]하는 의미다. Project Management는 Feasibility Study, Planning부터 Design, Procurement, Construction, Operation 및 Maintenance까지 Project의 모든 Cycle을 관리한다는 뜻이다. 따라서 Project Management가 Construction Management보다 더 포괄적인 개념이라고 할 수 있다. 그러나 실제 Construction Management에서도 Project Management에서 언급한 모든 부분에 대한 연구 및 Service를 제공하고 있고, 학문적 체계로서는 오히려 PM보다도 더 포괄적이라고 말할 수 있기 때문에, 이는 보는 시각에 따른 의견의 차이라고 보는 것이 타당하다.

실제로 미국 어느 공학대학원의 정규 석사/박사 학위과정은 주로 Construction Management라는 Title로 학위가 수여되고 있고, Project Management의 경우 주로 Continuing Education Program의 형태로 운영되는 경우가 많다. 그러나 Degree Course 등을 살펴본다면 CM/PM 모두 공용되기 때문에 큰 의미가 없다. 다만, CM은 건설 프로젝트의 Management만을 다루는 데 비해, PM은 제조업, IT 산업 등 Project를 시행하는 모든 산업에서의 Management를 다룬다는 점에서는 PM이 더 포괄적이라고 할 수 있다.

계약적인 측면을 살펴 본다면 CM의 경우 앞서 언급한 Agency CM 및 Risk CM의 계약 형태가 존재하나, PM의 경우 계약 형태가 아닌 순수 관리 차원에서의 EPC[5] Turnkey Project의 관리 방법을 지칭하는 경우가 많다.

4) Site Management

5) Engineering, Procurement, Construction

미국 ENR[1]지가 매년 CM 방식에 의한 계약 도급 순위를 발표하고 있으며 국내의 경우 국토교통부 및 CM 협회에서 CM 계약에 대한 도급 순위를 발표하고 있다.

1) Engineering News Record

최근에는 CM 계약의 경우 장기적인 대규모 복합건설 프로젝트의 관리를 위하여 Program Management 계약을 체결하는 경우가 있는데, 이에 대한 CMAA의 정의를 살펴보면 다음과 같다.

✓ **Program Management/CMAA[2]**

2) Construction Manage ment Association of America -> http://cmaanet.org/

- Program Management is the practice of professional construction management applied to a capital improvement program of one or more projects from inception to completion. Comprehensive construction management services are used to integrate the different facets of the construction process-planning, design, procurement, construction and activation-for the purpose of providing standardized technical and management expertise on each project.

Top 15 Program Management Firms List

Rank 2013	Firm	Total Revenue (Mill.$)
1	CH2M HILL, Englewood, Colo.	2,487.00
2	Bechtel, San Francisco, Calif.	1,415.00
3	Jacobs, Pasadena, Calif.	1,341.70
4	URS Corp., San Francisco, Calif.	1,278.10
5	AECOM Technology Corp., Los Angeles, Calif.	940.9
6	Parsons, Pasadena, Calif.	770.1
7	Parsons Brinckerhoff, New York, N.Y.	512.5
8	Science Applications International Corp. (SAIC), McLean, Va.	456.4
9	Jones Lang LaSalle, Chicago, Ill.	331
10	Hill International Inc., Marlton, N.J.	328.2
11	CBRE Inc., Los Angeles, Calif.	318.8
12	Louis Berger, Morristown, N.J.	170.4
13	Burns & McDonnell, Kansas City, Mo.	102.6
14	CDM Smith, Cambridge, Mass.	100.5
15	Black & Veatch, Overland Park, Kan.	87.4

☞ Program Management 수행 실적, ENR Top 100 CM june 17,2013

5 CM 산업의 현황

현재 미국에서는 CMAAConstruction Management Association of America 라는 기관에서 CM의 Seminar 및 각종 Conference를 주관하고 있으며, 일정 조건을 갖추고 정해진 시험을 통과하는 사람에게 CCMCertified Construction Manager라는 Certificate를 수여하고 있다. 그리고 PM의 경우 PMI[1]Project Management Institute에서 역시 일정 조건을 갖춘 사람에게 PMPProject Management Professional라는 Certificate면허, 자격증를 수여하고 있다.

우리나라에서는 「한국CM협회」[2]The Construction Association of Korea를 통해 각종 모임 및 교육 등을 실시하고 있으며, 「한국건설관리학회」[3] Korea Institute of Construction Engineering & Management는 CM 분야에 대한 각종 연구논문 등을 매년 개최하는 정기학술대회 및 정기총회를 통해 발표해 CM의 발전 방향에 대하여 모색하고 있다.

PM의 경우도 「한국 프로젝트 경영협회」[4] 등 여러 기관에서 정기 심포지엄 개최 및 PM 교육과정을 운영하고 있다.

1) http://www.pmi.org

2) 1997. 03 설립
http://www.cmak.or.kr/

3) 1999. 12/3 설립
http://www.kicem.or.kr/

4) Korea Project Management Association
1991.01 설립
http://www.pma.or.kr

6 석유, 가스 및 석유화학 분야의 CM
CM in Oil, Gas & Petrochemical Industries

석유, 가스 및 석유화학 분야는 고도의 집약적 기술을 필요로 하는 프로젝트를 수행해야 하므로 엔지니어링 기술뿐 아니라, Project 전반에 걸친 관리 능력을 필요로 하는 분야이다.

Project 계약 방식은 보통 EPC Lump Sum으로 이루어지며, 한 개 업체가 License 설계단계부터 완공 후 Commissioning시운전 단계까지 총괄적 계약을 하는 경우와, 두 업체 이상이 Consortium을 구성하여 계약을 하는 경우가 있다. 국내 EPC 업체의 경우 공정 Process에 대한 License가 드물기 때문에 License를 가지고 있는 해외 선진 업체와 Consortium 형태로 사업주와 계약을 하는 경우가 대부분이다.

석유, 가스 및 석유화학 분야의 Project에서는 사업주가 Project 수행 및 Consulting 경험이 많은 선진 업체를 PMC[5]로 고용하여 사업주 대신 Contractor의 Project 수행 전반의 관리 및 감독을 맡기는 경우가 있는데, 이는 CM의 한 계약 형태인 Agent CM[6]으로 볼 수 있다.

국내 정유 및 석유화학 플랜트 산업은 1960년대 미국의 Gulf Oil이 정부와 합작으로 대한석유공사[7]를 창업하여, 울산에 정유시설을 건설한 것이 정유 및 석유화학 플랜트 산업의 시초였다. 당시는 Gulf Oil과 미국 엔지니어링사인 Fluor사의 사업관리 아래 공장이 설립되었고, 1970년 미국 Lummus사[8]와 정부의 합작 투자로 국내 최초 엔지니어링 업체인 코리아엔지니어링[9]이 설립되어, 석유공사의 No.3 Crude Oil Unit을 수행하고 있다. 이후 국내 엔지니어링 및 건설업체들은 외국 선진사의 기술을 전수 받아 울산 및 여천 석유화학단지의 건설을 통해 석유, 가스 및 석유화학 공장 건설 Project 수행능력을 갖추게 되었다.

5) Project Management Company

6) 또는 CM-for-Fee

7) 현, SK

8) 현, ABB Lummu

9) 현, 삼성엔지니어링

Top 20 Global Contractors List & 국내 주요 Contractors List

☞ ENR Top 400 Contractors Source Book, Aug. 2013

Rank		Firm	2012 Revenue $ Million Total
2013	2012		
1	2	China Railway Construction Corp. Ltd., Beijing, China	84,642.00
2	1	China Railway Group Ltd., Beijing, China	81,805.70
3	3	China State Construction Eng'g Corp., Beijing, China	81,366.80
4	6	Grupo ACS, Madrid, Spain	50,654.60
5	4	VINCI, Rueil-Malmaison, France	50,338.70
6	5	China Communications Construction Group Ltd., Beijing, China	47,327.30
7	7	HOCHTIEF AG, Essen, Germany	36,452.70
8	8	BOUYGUES, Paris, France	33,885.00
9	9	China Metallurgical Group Corp., Beijing, China	31,522.60
10	10	Bechtel, San Francisco, Calif., U.S.A.	29,436.00
11	11	Leighton Holdings Ltd., St. Leonards, New South Wales, Australia	23,483.00
12	13	Fluor Corp., Irving, Texas, U.S.A.	22,352.80
13	16	Shanghai Construction Group, Shanghai, China	20,822.40
14	14	Sinohydro Group Ltd., Beijing, China	20,120.10
15	12	STRABAG SE, Vienna, Austria	18,557.00
16	18	Skanska AB, Solna, Sweden	17,217.00
17	19	Obayashi Corp., Tokyo, Japan	15,598.00
18	24	Construtora Norberto Odebrecht, São Paulo, Brazil	14,922.10
19	17	FCC, Fomento de Constr. y Contratas SA, Madrid, Spain	14,869.60
20	15	Kajima Corp., Tokyo, Japan	14,156.40

□ Top 20 Global Contractors List

Rank		Firm	2012 Revenue $ Million Total
2013	2012		
25	31	Hyundai Engineering & Constuction Co.Ltd., Seoul, S. Korea	12,535.10
29	33	Samsung Engineering Co. Ltd., Seoul, S. Korea	10,680.80
37	39	Daelim Industrial Co. Ltd., Seoul, S. Korea	8,677.00
38	34	GS Engineering & Construction Corp., Seoul, S. Korea	8,470.90
39	41	Samsung C&T Corp., Seoul, S. Korea	8,345.00
40	43	Daewoo E&C Co. Ltd., Seoul, S. Korea	7,639.30
46	47	SK Engineering & Construction Co. Ltd., Seoul, S. Korea	6,718.20
47	52	POSCO Engineering & Construction, Incheon, S. Korea	6,684.50
81	–	Lotte Engineering & Construction Co. Ltd., Seoul, S. Korea	3,643.10
86	101	Hanwha Engineering & Construction Corp., Seoul, S. Korea	3,147.70
132	99	Hyundai Development Co. Ltd, Seoul, S. Korea	2,060.70
133	113	Doosan Engineering & Construction Co. Ltd., Seoul, S. Korea	2,059.60
156	144	Ssangyong Engineering & Construction Co. Ltd., Seoul, S. Korea	1,509.80
168	151	Kumho Industrial, Seoul, S. Korea	1,329.00
175	166	Hanjin Heavy Industries & Construction Co., Seoul, S. Korea	1,223.30
243	222	POSCO Engineering Co., Seongnam City, S. Korea	729.2

□ 국내 주요 Contractors List

Chapter 2

CM 프로세스

1. Project Process 개요
2. 건설관리 Construction Management
3. 견적 및 계약 Estimating & Contracting
4. 공사계획 및 수행 Construction Plan & Execution
5. 세부계획 및 시행관리

1 Project Process 개요

Construction Management건설사업관리;CM를 이해하기 위해서는 Project Management프로젝트 관리의 총체적 흐름을 이해할 필요가 있다. 왜냐하면 Construction건설이라는 특성 자체가 결국 Project를 수행하는 Process의 한 부분이며 Management관리의 개념으로 보아도 같은 맥락이기 때문이다. 대부분의 사회에서도 이를 구태여 구분하지 않고 통용하고 있다.

이해를 돕기 위하여 우선 Project의 전반적인 Process를 훑어 보고 아울러 수행에 있어서 중대한 영향을 미치는 조직의 특성을 살펴본 후 현장 관리의 실전으로 들어가기로 한다.

◇ 정의와 특성

- **Project의 정의/PMI**[1)]
  - 북미의 산학 합동 연구 기관인 PMI에서는 Project를 "고유한 상품 혹은 서비스를 창출하기 위하여 수행되는 한시적인 활동"[2)]이라 정의하고 있다.
- **Project의 특성**

  Project의 특성을 살펴보면 다음과 같다.
  - 한시적인 작업이므로 항상 "시작과 끝이 존재"하고
  - Unique, 즉 같은 것이 존재하지 않는 유일한 것이며
  - Progressive Elaboration : 순차적으로 연속되는 작업의 완성

풀어서 이야기하면 시작과 끝이 명확히 존재하는 고유한 상품이나 서비스를 말하며, 그 목적이 분명하고 상호 연관성이 있는 순차적으로 연속되는 작업을 가리킨다.

여기서, 「고유한 상품」이라는 것은 말 그대로 똑같은 것이 아니라는 뜻이다. 예를 들자면 어떤 생산 라인을 하나의 Copy 개념으로 옆에다 증설하였다 해도 이를 같은 차원으로 볼 수 없다는 의미다. 여기서의 Copy Project는 시점이 다름으로 인해 환경이 다르며, 관련 인력도 같

1) PMI ; Project Management Institute, USA

2) Temporary endeavor undertaken to create a unique product or service.

을 수 없고 작업자, 부속품의 생산 시기, 프로젝트 원가 등도 똑같을 수 없기 때문에 Unique하다고 보는 것이다.

조금 더 확대해서 생각한다면 우리의 일상생활 자체가 모두 Project[3] 라고 해석할 수도 있다.

일례를 들어 친구들과 여행을 하기로 한 경우,

- 왜 목적
- 어디로 장소
- 누구와 이해 관계자
- 어떻게 수단
- 언제 시기
- 얼마나 기간
- 경비는 예산
- 관련 조사는 담당자
- 총괄 계획 및 준비 책임자
- 비상 계획 Risk Management
- 비상금 예비비

등을 사선에 준비하고 계획하게 될 것이다. 이러한 것들이 모두 Project 수행 과정이라 이해하면 된다. 또한 이와 같은 일이 설사 같은 장소로 같은 Member가 매년 여행을 한다고 하여도 Project에서는 이를 동일로 인정하지 아니 한다. 왜냐하면 시기가 달라지기 때문이다. 올해의 모든 상황[4]이 내년에는 분명히 차이[5]가 있기 마련이다.

건설에서의 Copy Plant도 같은 개념으로 이해할 수 있다. 다만, 이 경우 Reference 참고 자료나 Lessons and Learned 성공/실패 사례 자료의 신뢰도가 높기 때문에 Project Risk 프로젝트 리스크가 최소로 작용할 수 있다. 여기서 보다 중요한 것은 Project는 시작과 끝이 분명히 존재하지만, 끝나는 그 순간까지 끊임 없는 개선의 노력을 통해 Risk를 줄여 나가는 연속작업이라는 점이다.

즉, Project 초기에는 각종 불확실한 Risk 요인이 최대로 존재하기 마련이며, 이를 줄이기 위한 방편으로 경험, 기존자료, 전문가의 판단, 외

3) 우리의 삶이 어제와 오늘, 내일이 같을 수 없듯이 우리는 매 순간 Project를 수행하며 산다고 해도 과언이 아니다.

4) 시기, 장소, 경비 등

5) 같은 일을 반복할 경우는 오차 범위를 줄일 수 있는 좋은 Template, 즉 참고 사례의 자료로서의 가치를 인정할 뿐이다.

부의 Consulting조언, 유사 Project의 Template프로젝트 참고사례 등의 정보를 총망라하여 초기 Planning에 반영하는 작업을 하게 된다. 그럼에도 불구하고, 실제 발생되는 현상은 시행하고자 하는 여러 복잡한 환경[1]에 따른 요인들로 인한 변수가 많기 때문에 초기에 정리해 놓은 계획을 끊임없이 비교 · 분석하여 궤도 수정을 계속해 나가야 한다.

따라서, Project라 함은 상기의 의미를 포함하는 일체의 행위를 의미하는 것이다. 이러한 의미를 기초로 하면 소위 Project나 Construction, Program 개발 모두 광의廣義의 Project라 정의[2]할 수 있다. 다만, 업무의 편의상 전체 EPC를 관장하는 Project의 틀 안에서 Construction을 Project의 한 Phase단계로 이해하고 접근하면 별 무리가 없을 것이다.

한 Project 속에는 한 Phase만이 존재하는 것이 아니라, 여러 개의 Phase 또는 Project가 존재할 수 있다. 즉, 이 의미는 Project와 Construction이 별개가 아니라 결국 Project의 큰 흐름상에 있는 Phase로서 Project 수행의 일부분이라 볼 수 있겠다.[3]

나아가, Project 관리Management란 각 이해 관계자들의 요구사항을 충족시키기 위해 관련 지식, 기술, 기법 등을 적용하는 것이며, 그 Process는 「착수Initiating, 계획Planning, 수행Executing, 조정Control 및 마감Closing」 등의 단계가 상호 유기적으로 연관되어 진행된다.

이의 상관 관계를 이해한다면 Management에 대한 이해가 한층 쉬워질 것이다.

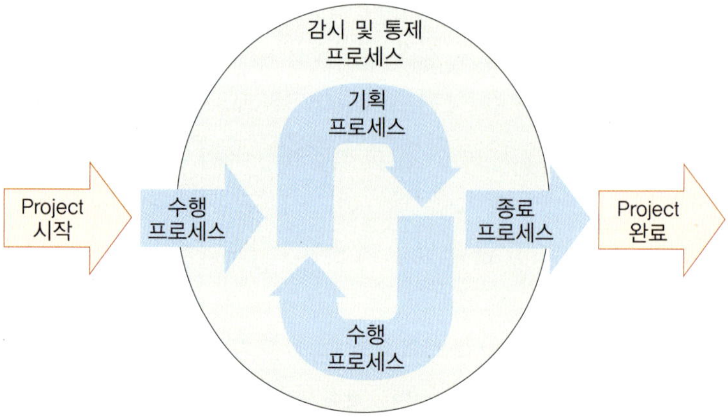

1) Project 이해 관련자Owner, Sponsor, PM, CM, 각 업무 담당자, 시간적 차이, 문화적 변화, 환경 변화, 관련 법규의 변화, 지역주민의 이해관계 차이, 부품 공급 환경의 차이, 해당 시기의 Work Load, 작업자 능력의 차이 등

2) 그 개념을 이해하는데 굳이 Project와 Con struction을 따로 구분하여 생각할 필요가 없는 것이다.

3) Construction 업무를 잘 수행하기 위해서는 Project 전반에 걸친 이해를 같이하고 그 흐름을 파악해야만 가능하다는 것을 인지하는 것이 매우 중요하다.

PM Process Group

☞ PMBOK 3rd Edition

◇ Project 주기

Project의 효율적 수행 및 관리를 위하여 프로젝트를 단계별로 구분하여 단계별 관리 목표 및 세부 전개 사항을 설정, 연계하여 관리하게 되는데 이를 전체 Project Life Cycle프로젝트 수명 주기라고 한다. 일반적으로 Project는 크게 「계획」 – 「실행」 – 「통제」의 단계로 구분된다.

Project Life Cycle

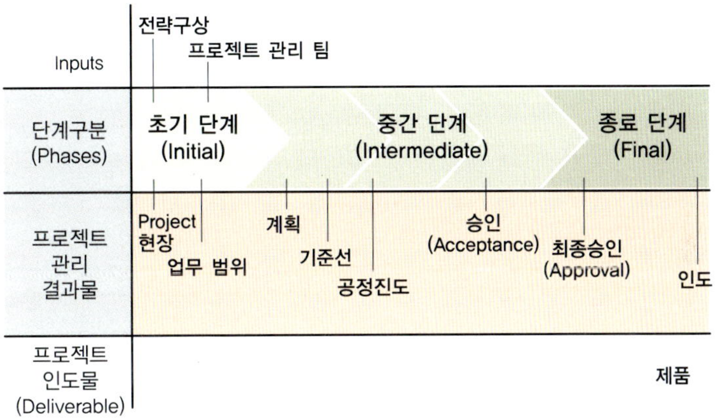

☞ 이 그림은 PMI에서 발췌한 Project Life Cycle을 표시한 것이다.

Project 계획 및 입찰 계약 단계를 나타내는 Initial Phase초기 단계부터 시작하여, Project 실제 수행 단계인 Intermediates Phase중기 단계로 갈수록 투입되는 물량, Cost 및 인원이 증가하다, 최종 단계인 Final Phase말기 단계에서 마무리 되는 것을 볼 수 있다. Project Life Cycle의 Phase를 나누는 기준은 일반적으로 프로젝트의 수행 결과에 따른 Phase별 결과물이며, 이에 대한 Project Phase별 Input투입량 및 Output결과물을 아래 그림과 같이 표현할 수 있다.

Project Phase별 Input 및 Output

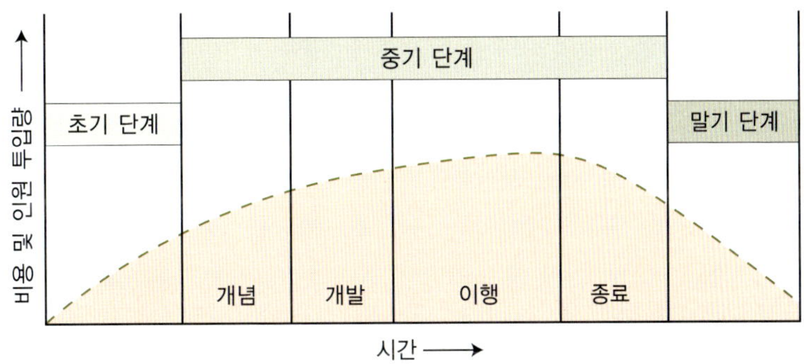

Project의 경우, 범위는 프로젝트 수행을 위한 Feasibility Study타당성 검사, 안건 발굴부터 설계, 구매, 공사, 시운전 단계로 나뉘어지며 프로젝트의 특징에 따라 완공 후 운전 관리[1]까지 일괄 수행하는 경우도 있다. 전체 프로젝트 각 단계는 시작부터 시간의 흐름에 따라 순차적으로 일어나지만 각 단계간 연관성 및 Interface상호간섭가 발생하게 되고 이 부분들은 단계간 Transaction전이 및 Decision Making의사결정이 일어나는 부분으로 프로젝트 전체 관리에 있어서 중요하다.

1) Operation & Maintenance

◇ **Project Management Process**프로젝트 관리 프로세스

Process 구분은 이견이 있을 수 있으나 크게 나누어 Project「**결정단계**」, 수행을 위한「**계획단계**」,「**실행단계**」,「**통제/관리단계**」,「**마감단계**」로 나눌 수 있다.

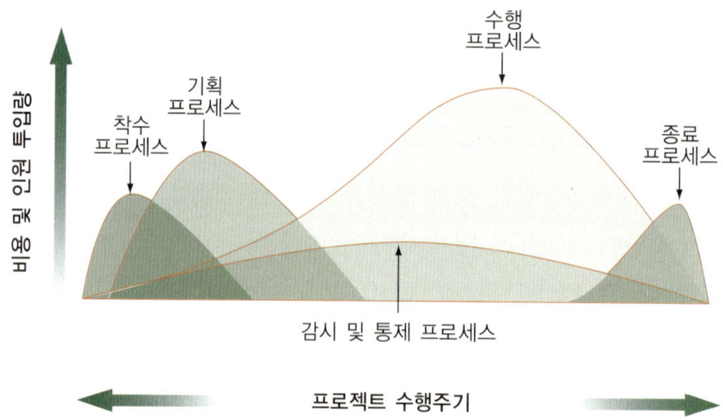

Project 수행주기

◇ **Project 결정단계**

타당성 검토를 통하여 Project를 결정하는 경우, 수주 산업의 경우는 일련의 입찰과정을 걸쳐 수주를 하게 되는 경우 등이 해당되며, 이 때

- Project의 성격
- Project 목표
- Project의 규모, 범위
- Project 가격
- 제약 사항
- 최종 기대 결과물
- 시장 분석

등 Project 전반적인 Charter, 즉 Project의 개요가 정의된다.

◇ Project 수행을 위한 계획단계

착수 단계에서 정의된 Project Charter프로젝트 개요에 근거하여 프로젝트 수행을 위한 전반적인 준비를 계획하게 된다. 이 단계에서는

- Project 범위 규정
- Project 수행 전략 및 방침
- WBS[2] 작성
- 자원동원 계획 및 조직
- 일정계획[3]
- 예산
- Communication 수단[4]
- 위험관리 계획
- 품질관리 계획
- 인허가, 민원관련 대책
- 구매, 통관, 수송계획
- Project Control프로젝트 통제 계획
- 주요 공정관리 계획[5]
- Key Success Factor주요 성공인자 정의 및 계획
- Heavy Rigging Plan중량물 설치계획[6]
- Construtability Review Plan시공성 검토 계획

등 전체의 방향뿐 아니라 구체적인 세부 계획[7]까지도 정의하여야 한다. 여기서 WBS의 정의는 Project의 모든 역무役務 범위[8]가 반드시 포함되어야 한다. 정의된 WBS에 없던 사항은 추가 업무 즉 Change Order 사항으로 간주하여 추가 금액을 확보해야 한다.

뒤에서 설명하겠지만, 요즈음은 Project가 대형이기 때문에 크고 무거운 중량물 설치가 빈번하다. 이로써 제작 시간도 길어져 초기에 발주하여 시간을 확보해야 하고, 운송이나 설치 시에도 그 크기나 무게로 인하여 장애가 많다. 따라서 초기부터 검토하여 사전에 준비[9]하지 않으면 낭패를 보기 쉽다. 이 Rigging Study설치 검토에 따라 제작 설계는 물론 Plant의 Layout까지도 영향을 받으므로 반드시 설계 초기에 검토하여

2) Work Break-down Structure

3) WBS에 시간 개념 및 자원 동원 계획 반영

4) 보고, 회의, 문서 체계, 관련 서류

5) Critical Path

6) Transportation plan(운송 계획) 포함

7) 충분한 Project에 대한 이해가 필연적이며, 유사 Project의 실적 자료 등 Template나 경험자의 조언이 큰 역할을 하여 성공으로 수행할 수 있는 확률을 높이게 된다.

8) 추후에는 WBS에 근거하여 실행을 하게 되는데, 역무 범위가 하나라도 누락되면 누락된 사항은 관리가 안 되어 Project를 성공적으로 마칠 수 없다.

9) 운송 장비, 설치 장비 역시 고가이며 필요할 때 확보하기가 쉽지 않기 때문에 충분한 시간을 가지고 초기에 확정해 놓아야 한다.

확정할 필요가 있다.

◇ 실행단계

계획단계를 마치면 일정 계획에 따라 실행을 하게 되는데, 이 단계에서는 Project의 진척도를 중심으로 관리하게 된다.

여기서 유념해야 할 사항은 초기의 실행계획에 따라 그대로 진행되는 Project는 거의 없다는 사실이다. 그렇다고 해서 초기의 계획을 무시하고 그냥 무조건 되는대로 실행을 하는 태도는 더 위험하다. 초기 계획은 각종 요인을 일련의 가정하에 가장 바람직한 방향으로 설정한 최적의 계획이며, 가장 이상적인 그림이다. 단지 초기의 가정은 현실 속에서는 맞지 않으며, 무수히 많은 또 다른 요인에 의하여 변하게 된다. 많은 Leader들이 저지르는 잘못이, 이 변화되는 요인으로 인해 실행이 계획대로 되지 않는다 하여 얼마 못 가서 초기의 계획은 쳐다보지도 않고 그때그때 임기응변[1] 식으로 대처해 나간다는 점이다. 일시적인 항로가 바뀌어도 바로 원原 항로로 가고자 하는 노력을 끝까지 유지하여야 성공적인 항해를 할 수 있다.

성공한 Project을 분석하여 보면 Leader들이 항상 초기의 Plan을 유지하며 계획을 비교 분석, 큰 흐름을 잃지 않고 대처해 나간 것을 알 수 있다. 이는 또한 Project 이해 관계자들과의 중요한 Communication 수단임을 잊어서는 안 된다.

Project 수행 경험이 있는 사람은 프로젝트 초기에 계획을 공유하기 위하여 주요 이해 관계자들에게 소위 Presentation[2]이라고 하는 설명회를 열었을 것이다. 설명회에 참석한 사람들은 모두가 그 계획서를 기준으로 Project를 이해하고 진행을 바라보고 있는데, 상황이 바뀌었다고 혼자서일부 사람들만 계획을 바꾼다면 서로 이해가 달라져 불신[3]을 초래하고 공동의 노력을 할 수 없게 만든다.

그렇다고 하여 변화의 요인이 생길 때마다 계획을 변경할 수도 없지만, 일정 부분 변화 요인이 쌓여서 초기 계획에 중대한 영향을 주게 되면 당연히 계획을 변경하여야 한다. 이 경우 중요한 것은 모든 이해 관계자들에게 변경의 이유 및 당위성을 설명하고 이해를 구해야 한다. 그

1) 이는 마치 배가 풍랑을 만나 일시적인 진로가 바뀌었다고 해서 초기에 설정한 항로를 포기하고 이리 저리 물결에 따라 그냥 표류하는 것과 같다.

2) Project의 수행 방향을 설정하고 모두에게 약속을 하는 것

3) 거의 대부분의 불협화음은 이 불신에서 초래한다고 보아도 무리가 아니다.

러한 절차를 거쳐야만 서로 같은 계획을 공유하고 한 방향으로 협조를 끌어낼 수 있다.

리더들이 가장 많은 실수를 범하는 경우가 바로 이 부분이다. 대부분 조금 진행하다 여의치 않으면 계획을 수시로 바꾼다. 원 계획을 무시하고 진행하다 보면, 정작 중요한 Critical Path주공정가 어떻게 변하는지도 모르고 지나가는 실수를 하게 된다.

그러나 이보다 더 큰 잘못은, 변경 계획을 모두가 공유하고자 하는 노력을 하지 않는 것이다. 정작 직접 일을 할 사람이나 이를 감독해야 할 사람들조차 변경 계획을 사전에 알지 못하고, 작업이 임박해서 혹은 단 하루 전에 알려 주는 경우가 허다하다는 것은 참으로 안타까운 현실이다.

계획이라는 것은 수없이 많은 변수를 고려하여 수립해야 하는데, 현재의 작은 상황에 따라 수시로 변경하는 계획은 이러한 많은 변수를 다 반영할 수가 없는 관계로 결코 바람직하지 않다. 또한 실행 단계에서는 공정을 진행하는 것 이상으로 확인[4]이 중요하다.

여기서 유념해야 할 것은 작은 변화를 지속적으로 검토하고 반영해야 하나, 큰 줄기[5]를 놓치지 말아야 한다는 것이다.

◇ 통제 및 관리단계

통제 및 관리 단계는 실제로는 실행 단계와 병행하여 항상 같이 수반[6]되는 Process이다. 이 Process과정에서는 애초의 계획[7]과 비교/분석하고 통제 범위를 이탈하지 않도록 하고, 계획 관리 범위[8] 내에서 벗어나지 않도록 관리하는 행위를 포함한다.

다시 한번 강조하건대, 변경/통제 과정에서는 원래의 WBS에 근거한 Base Line기본계획을 절대 무시하면 안 된다. 가장 치명적인 잘못은 변경 사항이 발생하여 반영할 때 원래의 Base Line을 도외시 하고 새로운 Base Line을 생성, Scope Change범위 변경나 새로운 Critical Path주공정의 발생을 감지하지 못하고 더욱이 이러한 변경 사항을 이해 관계자와 공유하지 못하는 우愚를 범하는 것이다.

4) Plan-Do-Check-Feed Back

5) Critical Path의 변화를 계속 확인하여야 한다.

6) 실행하는 과정에서 끊임없이 뒤돌아 보고 확인하고 잘못된 것은 바로 잡는 과정

7) 시간, 비용, 업무 범위, 품질, 안전 등

8) Change Process, 즉 추가 범위, 시정 조치, 변경 계획, 위험 관리 통제 등

◇ 마감단계

Project는 그 특성에서 설명하였듯이 끝이 존재하는 것이다. 그 끝은 결국 증빙 자료[1]로서 입증을 하게 되는데, 이 과정 또한 결코 쉽지 않다.

Project에 따라 역무 범위가 설치 공사까지이건 시운전까지이건 아니면 소위 요즈음의 대부분의 Project가 「Turn-Key Project」로서 안전 운전까지이건, 마지막 Deliverable 인도물[2]의 Output 결과물을 염두에 두고 사전에 미리 미리 준비하지 않으면 낭패를 보기 쉽다.

초기 Planning부터 준비하여 어떤 서류들이 필요한지 확정하고 이해 당사자와 합의한 후 처음부터 챙겨 나가야 하며 마지막에 절대 한꺼번에 되지 않음을 명심해야 할 것이다. 그러나 공사 현장에서 가장 어려운 작업이 아이러니컬 하게도 마지막의 이 Punch Clear 하자 수정 작업들이다. 작업 자체가 복잡하고 어려운 것은 아니지만, 사업주들의 입장에서는 지금까지 관여했던 Project Member들이 아닌 운전 Part, 즉 최종 인수 받을 사업주의 소관이기 때문에 매우 까다롭게 접근해야 할 뿐만 아니라, 각자의 생각이나 입장이 또 다른 변수로 작용하기 때문이다. 더욱이 이 시점이 되면 항상 그러하듯이, 시공 담당자들은 공기를 맞추느라 기진 맥진하여 빨리 끝내고 떠나고 싶은 마음만 가득하여 매사가 짜증스럽게 변하는 시기이기 때문에 좀처럼 일이 진행 되지 않는 경우가 흔하다. 따라서 마감을 미리 준비하고 챙겨두는 것이 반드시 필요하다.

이러한 일련의 과정은 Project Life를 통해 마지막 순간까지도 지속되는 연속성 있는 Process이다. Project 전체에도 적용이 되지만 실행하는 과정 중에도 작은 단위의 수많은 Project가 존재하는 것을 이해한다면, 상기의 Process는 어느 한 순간도 놓칠 수 없다.

PMI[3]에서 이를 체계적으로 잘 정리해 놓았다. 이것을 공부하면 국제적으로 통용되는 전체 Project Management 사업관리의 틀과 흐름을 이해하고, 국제 무대에서 그들과 공통의 언어와 이해를 바탕으로 Communication할 수 있으리라 믿는다.

1) 대개 시공의 위치에서 보면 공사의 전 과정을 검사하는 확인서들이며, 마지막에 사업주로부터의 Punch 작업들이다.

2) 최종적인 Deliverable은 각종 설계 도서, 제작사들의 도서, 운전 및 유지 보수를 위한 서류들이다.

3) 한글 번역판도 발행되었으니 참고하면 도움이 될 것이다.

△ 국제 공통 언어에 의한 Communication이 중요!

✓ Tip

- 아직 보편화되지는 않았으나 근래 Project Manager 상위 개념인 Program Manager라는 말을 종종 접할 기회가 있을 것이다. 이는 유사 Project를 좀 더 효과적으로 관리하기 위하여, 혹은 상위의 관계자가 적극적인 지휘 관리를 목적으로 유사 Project를 여러 개 묶어 총괄책임자를 지정하여 지칭하는 말이니 혹시 외국인과 대면할 때 Program Manager 라는 직함을 소개받아도 당황하는 일이 없도록 하자.

그러나, 이 체계는 각각의 분류체계가 현업에서 활용하고 있는 분류와는 그 목적이나 회사의 업무체제에 따라 약간의 차이가 있을 수 있는 관계로, 목적상 실무자들에게 쉽게 다가가기 위해 현업의 체계를 중심으로 서술하기로 한다.

본 장에서는 통상 현업의 업무체계에 따른 분류에 의거해 설명하였으나, 각각의 세부사항에 대해서는 기존에 활용하고 있는 많은 이론서적들에 이미 잘 정리가 되어 있을 것이다. 따라서 여기서는 기본 요점만 언급하고, 이론보다는 현장에서 실제 일어날 수 있는 경험 사례 위주로 하여 업무에서 실제로 활용하는 데 도움이 되고자 하였다.

2 건설관리 Construction Management

Construction Management 건설관리를 논하기 전에 먼저 현장소장에 대해 언급하지 않을 수 없다. Construction Management를 Lead하는 총괄 책임자가 바로 현장소장이기 때문이다.

관리자 현장소장가 갖추어야 할 역량

① Leading
 -> Project 수행 방향 제시
 -> 업무 체계 구축 및 조직 구성
 -> 조직 활성화[1)]

② Communication 구축
 -> Communication System 구축 및 유지 관리
 -> Tool 개발[2)]

③ 협상 Skill 기술
 -> 결론이 있는 회의
 -> Project 수행과 관련 있는 업무 대상
 -> Change Scope 범위 변경, Acceptance 승인

④ 문제 해결 역량

⑤ Political Approaching 전략적 접근

⑥ 솔선 수범, 책임감

✓ 현장소장의 업무 및 자세

- 현장소장이란 현장의 대표자 현장대리인을 말한다. 현장소장은 회사의 대표자로서 현장 또는 이와 관련된 모든 업무의 대표자로서의 책임과 의무를 갖는다. 따라서 현장소장은 이와 관련된 모든 업무에 능통하여야 하고, 이를 책임지고 관리할 수 있는 능력을 평소에 갖추어 준비된 자세와 자질을 가져야 한다.
- 또한 업무지식뿐 아니라 철저한 준비에 바탕을 둔 강력한 업무 추진의 자세가 요구된다. 또한 방대한 조직을 관리하고 다양한 환경에 적절히 대처해 나가야 하므로 지식뿐 아니라 인간적이면서도 강력한 리더십이 요구된다.

1) 동기부여

2) 통신, 문서, IT, Procedure 절차서, 회의, 대화, 계약, 설명회, Schedule 작성, Team Building 단합 등

지난날 암울했던 시기에는 강력한 리더십이란, 군대식의 강압적이고 지시명령 일변도로 밀고 나가는 방법이 통했던 시절도 있었던 게 사실이다. 그러나, 이제는 더 이상 이런 전 근대적인 방식으로는 조직을 운영할 수 없으며, 특히 국제적으로 다양한 문화권의 다양한 사람들과 호흡을 같이 해야 하는 오늘날에는 합리적이고 Global 시대에 걸맞은 Leading을 하지 않으면 안 된다.

따라서, 업무에 대한 전문지식[3]은 물론 여러 언어에도 능통해야 하며, 타 문화를 이해하고 이에 적응할 수 있는 능력과 자세가 무엇보다도 중요함을 강조하지 않을 수 없다. 전체적인 큰 그림을 가지고 목표를 향한 일사 분란한 Leading을 하기 위해서는 거시안적인 안목은 물론 세부 업무에도 능통하여야 핵심을 놓치지 않는 관리가 가능하다.

3) 조직의 관리자로서 전문지식을 강조한 것은 업무를 알아야 일을 지시할 수 있고 제대로 하는지 여부를 관리할 수 있기 때문이지, 결코 본인이 모든 일을 직접 다 처리하기 위함이 아니라는 것을 간과해서는 안 된다.

✓ 관리자의 자세

- 공동의 목표를 향한 확실한 방향을 제시할 줄 알아야 한다.[4]
- 조직이 그 방향을 믿고 따라올 수 있게 만들어야 한다.
- 모든 일에 솔선수범하고 강력한 실천력과 추진력을 보여주어야 한다.
- 과감한 위임경영으로 동기를 부여함으로써 하급자들의 성취욕을 충족시킬 줄 알아야 한다.
- 성과에 대한 인정과 공정한 보상을 하여 의욕을 고취시킨다.
- 합리적이고 명쾌한 지시를 하여 하급자의 신뢰를 얻어야 한다.
- 구성원의 상태와 됨됨이를 파악하여야 한다.
- 일체감을 가지고 강력한 응집력을 발휘할 수 있도록 한다.
- 인간적인 신뢰감을 심어 주어야 한다.
- 조직원에게 일을 즐기면서 할 수 있도록 유도한다.
- 전략을 가져야 한다.

4) Vision 제시

조직 관리에서 중요한 것은 일을 정확히 지시하고 이를 제대로 관리하는 능력을 필요로 하는 것이다. 특히, 하부조직의 심리를 이해하고 세심한 배려로 잘 관리하여야 한다.[5] 일을 잘할 수 있게 가르치고, 뒷받침하여 하부조직에 동기를 부여함으로써 강한 의욕을 가지고 업무에 임하게 만드는 것은 조직 관리의 가장 중요한 핵심 Point 중의 하나이다.

5) 업무수행이 조금 미흡하다 하여 사사건건 하급자의 일을 간섭하거나 「내가 해버리고 말지!」 하는 식으로 일을 수행하게 되면, 하급자는 의욕을 잃고 점점 뒤로 물러나 모든 일을 멀리하게 된다. 결국에는 훗날 관리자가 모든 일을 직접 처리해야 하는 최악의 상황으로 치닫게 됨을 명심 한다.

Leader는 기술자와 관리자의 차이를 분명히 인지하여야 한다. 업무 내용은 잘 알고 있다 하더라도, 모든 일에 있어서 선행 관리를 하지 못하고 단지 결과만 보고받고 그 내용을 확인하는 수준으로는 Leader라 할 수 없다. 기본 Process인「Plan」-「Do」-「Check」-「Feed Back」의 Process를 끊임없이 반복하며 선행 관리를 하여 조직을 이끌어 가야 한다.

☞ 건강한 조직은 조직원들 중 10~20% 정도는 Leader의 업무를 수행할 수 있어야 한다.

끝으로, 현장소장은 모든 문제Problem의 중심에 있어야 한다는 것을 강조하려 한다. 이 말은 모든 문제에 관여하고 직접 해결하라는 의미가 아니라, 가급적 문제가 발생되지 않도록 사전조치를 취해야 한다는 것이다. 그러나, 필연적으로 생기는 문제라면 어떤 문제든 기꺼이 받아들이고 당당하게 대처하는 모습을 보여야 한다. 이러한 자세는 조직에 신뢰를 주고 하급자들이 믿고 따르게 하는 요인이 된다.

여기서는 EPC[1] Contractor계약자로서의 현장소장의 자세나 역할을 짚어보기로 한다.

1) Engineering, Procurement & Construction

❍ 플랜트업에서의 건설사업관리자Construction Manager의 역할 및 관리

플랜트 엔지니어링 EPCEngineering, Procurement, Construction 업무의 최종 주자로서 마지막 성과물을 책임지는 위치이다. 어떤 사유가 있든, 선행 공정이 계획대로 진행이 되든 안되든, 최선의 결과를 만들어 내야 하므로 투철한 사명감을 필요로 한다.

이를 위해서는 단순히 전해주는 선행 공정의 성과물, 즉 도면이나 기자재를 받아 시공만 하면 되는 것이 아니라, 선행 공정의 프로세스를 파악하고 총체적 책임감을 가지고 지속적인 관리를 하여 필요한 시기에 공급 받을 수 있도록 사전에 요청하는 Close Coordination긴밀한 협의을 하여야 한다.

따라서, 선행 공정의 진행상황을 파악하고 불가피한 지연 등이 예상되면 불평만 할 것이 아니라, 사전에 적절한 대안을 계획하여 당사는 물론 협력업체까지도 불필요한 낭비[2]를 막도록 관리해야 한다. 또한, 전체

2) 준비 후 대기나 갑작스러운 계획 변경 또는 사전 계획 없는 추가인력 투입 등

Schedule에 차질이 없도록 최선의 준비를 미리 해두는 것도 중요하다.

현장관리 중 가장 삼가야 할 것은 모든 책임을 외부로 돌리는 것이다. 초기에 상호 납기 일자를 협의했다고 하여 아무 생각 없이 본인 업무만 처리하다가, 일정이 임박하여 그제서야 도면이 안온다, 자재가 없다 따져봐야 소용이 없다.[3)]

3) 현실적으로는 현장에서 벌어지는 일 처리만으로도 벅찰 때가 많지만, 그럴수록 여유를 가져야 더 멀리 보고 나갈 수 있다.

시공 협력사 입장에서 곤란한 경우는 인력이나 장비를 준비했다가 놀리게 되어 경제적 손실은 물론 작업계획이 어긋나 혼선을 빚게 됨에도 불구하고, 협력업체가 알아서 하겠지 하는 식으로 책임을 미루는 것이다. 이런 일이 발생되면 원가 상승이 발생되어, 어떠한 형태로든 결국 원청사로 부담이 돌아오기 마련이다. 이렇게 되면 Claim으로 갈등을 빚거나, 일이 잘 풀리지 않아 상호간의 신뢰에 금이 가게 되어 상호 직·간접적으로 영향을 받는다.

따라서 사전에 원청사가 제공해야 하는 도면이나 자재를 챙겨 차질이 생기지 않게 하고 진행상황을 제대로 전달, 사전준비를 상황에 맞추어 할 수 있도록 지원하여 불필요한 손실을 막아야 한다. 그리고 더욱 중요한 것은 계획에 차질이 발생했을 때 전체에 미치는 영향을 분석하여 만회 대책을 끊임없이 수립해 나가야 한다는 것이다.

프로젝트의 성공적 수행을 위한 Construction Manager로서의 주요 업무 Point는 다음과 같다.

ㅁ 대 사업주 업무 발주처 및 PMC

- **사업주와의 약속은 반드시 지켜라.**
  - 사안의 비중 여하를 막론하고 약속한 일은 반드시 지키고, Feed Back 시켜서 신뢰를 쌓도록 한다.
    -> 신뢰를 쌓기는 어렵지만, 무너지는 것은 순간이다.
    -> 한 번 잃은 신뢰는 회복하기가 어렵다.
- **우리의 계획을 사전에 알려라.**
  - 기 협의된 계획에 근거하여 공사를 수행하겠지만, 현장은 변수가 많기 때문에 계획대로 되지 않는 경우가 더 많다.

△ Presentation에 의한 정보 공유가 중요!

- 따라서 사전 Communication이 매우 중요하다.
  -> 사전에 협의하고 공감대를 형성하려는 노력을 하면 상대방도 좋아할 뿐 아니라, 사업주의 협조를 이끌어 내기도 쉽다.

- **중요한 작업에 대해서는 반드시 사전에 Method-Statement작업 방법 및 JHA[1]를 작성하라.**
  - JHA 작성 과정에서 한 번 더 세밀한 계획검토가 이루어질 뿐 아니라, 상호 공감대가 구축된다.
  - 나아가 대 사업주와 시공자들과 함께 Presentation설명회를 실시하여 정보를 공유한다.
    -> 대개 사업주들이 시시비비를 가리는 상황은 사전 교감이 이루어지지 않아 서로 잘 모르고 궁금할 사항이 많을 때 발생한다.

- **발주처에 필요한 요구사항은 충분한 시간을 두고 사전에 환기시켜라.**
  - 이는 사업주에게도 준비할 시간을 주어 기회손실을 막을 뿐 아니라, 상호 신뢰를 구축하는 데에도 중요한 역할을 한다.
    -> 가만히 있다가 갑자기 요구[2]를 하면 상대방도 미처 준비를 못하고, 일은 일대로 차질을 빚어 상호간 신뢰를 잃을 수도 있다.
    -> 관청 인허가, 기자재 공급, 인근 공장들과의 공동작업 등은 시간이 많이 소요되므로 더욱 신경 써야 한다.

- **조직 상호간에 격을 맞추어 평소 친밀한 교류를 형성하도록 하고 이를 위한 지원을 아끼지 말라.**
  - 대개 문제의 발생 또는 해결은 이들 실무자 선에서 이루어지는 경우가 많다.
    -> 사업주라고 해서 현장소장이 직접 사업주 담당자들을 다루게 되면[3] 담당자는 아무런 역할도 하지 못할 뿐 아니라, 현장소장 본연의 업무도 놓치게 된다.

- **사업주[4]의 지적 사항이나 요구사항은 반드시 제도적으로 서류화하여 보관하고 결과에 대한 보고를 확실히 하여 신뢰를 구축하도록 하라.**
  - 또한, 이 기록은 추후 정산시 중요한 근거가 될 수 있다.

- **사업주의 요구에 대해서는 계약적 근거를 토대로 우선 대처하라.**

1) Job Hazadous Analysis ; 잠재위험 분석, 위험 예지 분석 및 대책

2) 사안에 대한 이해가 다를 경우 서로 언쟁만 오갈 뿐이다.

3) 모든 문제가 현장소장에게 돌아와 결국 모든 일에 다 관여해야만 일이 처리되는 모순을 낳게 된다.

4) 사업주의 책임자 또는 담당자도 포함

- 일단은 긍정적인 자세로 대응하고, 계약적으로 애매하거나 거절하기 힘든 일인 경우에도 바로 Claim으로 대응하지 말고, 기록 근거를 남기는 수준으로 대처[5]한다.

5) 사실을 통보하는 형식을 빌어 Letter를 남기되, 상대방의 심기가 불편하지 않도록 표현하는 기술이 필요하다.

- 단, 분명한 계약 이외의 사항에 대해서는 Claim 사항을 분명히 하되, 반드시 사전에 구두로 의사를 표현한 후 즉시 Claim Letter보상요청서를 송부하여야 한다.
  -> 계약상 분명한 경우에는 Claim에 대해 너무 부정적으로만 볼 필요는 없다.

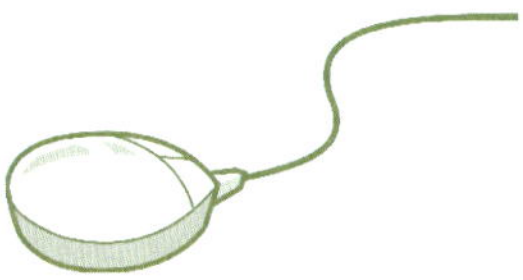

• 사업주의 문제를 도외시하지 말라.

- 경우에 따라서는 사업주가 곤란을 겪을 때 과감하게 자기 일처럼 도와줄 필요가 있다.
  -> 반드시 보납이 있다.

□ Project 주변 환경 관련

◇ 주변 상황

Project 수행은 주변 상황에 따라 여러 가지 영향[6]을 받으므로 이에 대하여 충분히 검토하고 계획에 반영한다.

아울러 수행 Project의 특성상 Stream흐름을 파악[7]할 필요가 있다. 이는 직접적인 관련은 없다 하여도 간접 영향권에 들 수 있으므로, 책임자라면 이 정도까지는 조사하고 전략에 반영할 수 있어야 한다. Project의 특성상 타당성 검토를 거칠 때 이미 원료 수급은 물론 판매 공급망까지 확보한 후 Project Lunching프로젝트 추진을 하기 때문이다. 다시 말하면 이미 원료 공급의 시기에 대해 사전 협약이 되어 있기 때문에 사업주들은 이 부분에 압박을 받기 마련이고 자칫 공기가 늦어질 경우 보상금을 지불해야 하며, 제품 판매에 있어서도 이미 수급자와의 계약 조건에 대한 책임이 있으므로 공기에 절대적인 압박을 받기 마련이다. 그러나 때에 따라서는 외부의 시황이 안 좋을 경우[8] 빨리 생산할수록 손실을 초래하는 상황도 발생하므로 이러한 정황들을 전반적으로 파악해 가며 적절한 대처를 할 필요가 있다.

6) 같은 시기에 수행하는 Project의 규모, Project 수 등에 따라 인력 수급, 지재 수급, 시공 협력사 수급, 수행 원가 등

7) 원료 공급은 언제 어디서 어떻게 공급할지, 제품 판매는 어떠한지 등

8) 생산을 늦추기 위하여 각종 핑계를 대어서 불필요한 요구를 과하게 한다든지, Punch를 과하게 지적한다든지 하는 등으로 마감을 어렵게 하며 시간을 끄는 경우

◇ 관공서 관련

Project 수행 중, 현장 시공은 현지에 가서 물리적 건설 행위를 하는 것을 뜻한다. 국내에서도 지역에 따라 그 특성 및 대처 요령이 다를 수 있겠으나, 특히 타국에서 시공 업무를 하려면 필연적으로 관공서와의 관련 업무[1]가 따르기 마련이다. 이와 관련한 업무 처리를 위한 Net-Work도 신경써야 한다.

책임자는 긴급 상황에 대한 대책을 평상시 마련해 둔다.

◇ 민원 관련

국가, 지역에 따라 약간의 차이는 있으나, 대개 개발 도상국[2]은 이러한 민원에 더욱 민감하다. 정치적으로 약하고불안정 이제 막 경제적으로 개선이 되는 지역이나 국가는 주민들의 요구가 새로이 늘어나기 쉽기 때문에 더욱 주의를 기울여야 한다. 선진국들은 각종 관련 규제 사항들이 확실히 정립되어 있으므로 그대로 따르면 되지만, 그렇지 않은 나라들은 규제가 느슨한 것에 반하여 사람들은 각종 정보들을 느리게 접하며 점차 깨우치기 때문에, 예기치 않은 사안들로 시비가 걸려서 Project 수행에 걸림돌이 될 수도 있으니 각별히 신경을 써야 한다. 근본적으로 법규에 의거한 준법[3] 시공을 하면 될 일이다.

✓ 민원성 또는 법규 위반 시비가 발생하는 사안들

- 공사 소음[4]으로 인한 지역 주민들의 불만
- 폐수로 인한 하천 오염[5]
  - 토목 공사 시 차량 출입에 의한 도로 오염
  - 비산 먼지로 인한 공기 오염
  - 산업 폐기물로 분류되는 폐자재 처리
  - 회사나 Project명이 찍힌 도면이나 포장 재료 처리

외부 유출 처리하는 폐기물들은 비록 적법한 처리 업체를 통하여 관리하였어도 영세한 업체들이 야간에 함부로 버리거나 매장 처리한 것이 발각되어 낭패[6]를 보는 수가 종종 있다. 따라서 이러한 외부 처리시에는 적법 업체 확인[7], 처리 시설, 처리 장소, 시간 등 증빙 서류를 건 별로 확보해 놓는 것이 매우 중요하다.[8] 더욱이 즉시 대처를 못하여 매스

1) 각종 인허가에서부터 Work Permit(작업허가), 사고 처리, 보안, 신변 안전, 노동 법규 관련, 환경 법규 관련, 출입국 관련 등의 업무

2) 선진국으로 발돋움하거나 개발이 활발하게 이루어지는 지역

3) 준법 처리한 사안들은 서류로 남겨 두어야 만일의 상황에 대처할 수 있다.

4) Pile 시공이나 회전기 운전, 시운전 시의 Flushing 소음, Steam Blowing 소음 등

5) 터파기 등 토목공사 작업시의 흙탕물 유출, 화학 처리 후의 폐수 처리 등

6) 회사 로고나 Project명이 찍힌 증거가 나와 곤란해질 수 있다.

7) 사업자 허가증 체크

8) 자칫 불법 행위자로 몰릴 수 있다.

컴에라도 보도가 되어 버리면 추후에 아무리 결백을 주장하여도 이미 엎질러진 물처럼 돌이킬 수 없는 사태[9]로 번질 수도 있다.

9) 사후 처리는 난관이 많다.

◇ 공사 Infra-structure기반시설

Project 수행에 직접적인 영향을 주는 사안이다.

각종 기자재 반입을 위한 물류 이동 조건, 직원들의 숙식 관련시설, 출퇴근 경로, 사회 보안, 공사 자재 확보 조건, 통신 조건[10], 기능인력 상황, 현지 Staff 확보 수준, 교통시설, 공사용 장비 유무, 현지 시공사들의 역량 및 신뢰도 등 영향권에 있는 사항들을 철저히 조사하여 준비한다.

10) 요즈음은 IT Infra-structure 기반시설 조건이 필수이다.

◇ 시장 조사

상기에 거론된 각종 현안들에 필요한 비용 산정을 위하여 현지 수준을 조사하여 예산에 반영하여야 순조로운 공사 수행을 할 수 있다. 일을 시작한 후에라도 인건비, 자재비 등의 시황은 수시로 변하므로 지속 조사를 하여 사전에 대비한다. 자재 수급은 가격과 직결되고 경우에 따라서는 가격 상승에 따라 적기에 수급이 되지 않거나 시공사의 자금 운영에 영향을 미쳐 공사 진행에 지장을 줄 수 있으므로 관심 있게 주시한다. 대부분의 시공사들은 이를 즉시 Open 하지 않고, 시간을 끌며 변명으로 일관하다 일을 그르치거나 나중에 보상을 요구하는 사례가 있으므로 조심해야 한다. 주변의 Project가 동시에 많이 진행될 경우, 또는 공단 지역일 경우, 동시에 계획 정비에 들어갈 경우에는 가용 인력의 한계 및 시간 싸움으로 인하여 인력 전쟁이 나게 되어 있다. 시장 원리에 의하여 당연히 인건비가 상승하고 업체들은 인건비를 아끼려고 싼 임금의 저급 인력으로 숫자 채우기에 급급하며 작업 진행이 더딜 수 있으니 주변 상황에도 항상 눈과 귀를 열고 있어야 한다.

◇ 현지 문화

해외 공사를 하게 되면 당연히 그 곳 현지의 문화와 접하게 된다. 싫던 좋던 현지에서 생활해야 할 뿐 아니라 현지인들의 고용도 필연적이다. 한국인들이 흔히 범하는 잘못 중 하나가 겉으로는 현지인들을 이해하고 그들의 정서와 문화에 맞춰 일을 진행한다고 하지만, 현장이라는 특수한 환경이 냉정하게 차분한 업무만 이루어지는 곳이 아니기 때문에, 결국에는 우리 방식으로 밀어붙이는 경향이 있다. 우리 방식이 틀렸다는 의미가 아니라, 현지인들이 이해할 수 있는 한계가 있어 따라 오지 못하기[1] 때문에 일이 해결 되지 않고 문제가 발생하게 된다.

또한 민족, 문화별로 문제를 해쳐 나가는 방식이나 금기 사항들이 있어 이를 잘 분석하고 연구, 상호 각 특성을 살려서 효율적인 업무 수행을 할 수 있도록 노력하여야 한다. 문화의 적응은 의외로 업무 효율에 지대한 영향을 주는 부분이다.

ㅁ 대 본사 업무

• Project Master Schedule을 기준으로 사전 협의된 공사 Schedule을 작성하였다 하더라도 하나의 Project에는 수많은 변수가 작용하므로 계획대로 진행되는 경우는 매우 드물다는 것을 인지한다.

– 초기의 계획은 지속적으로 Monitoring하고 필요사항의 수정을 반복해야 하므로, 현장에서도 설계나 구매 등 본사의 업무 진행상황을 실시간으로 파악하고 있어야 적절한 대책을 마련할 수 있다.

• 초기계획 때 함께 합의하였다고 해서 때가 되면 당연히 도면이 출도되고 기자재가 공급되겠거니 하며 무조건 계획대로만 밀고 나가는 것은 현실을 간과하는 중대한 실수를 저지르는 것임을 명심한다.

– 항상 선행 공정의 진행상황을 파악하면서 한편으로는 긴밀한 협 의를 통해 차질을 빚지 않도록 노력하고, 다른 한편으로는 계획에 차질이 있는 부분에 대해서는 현장에서도 적절히 대처하면서 진행해 나가야 한다.

• 선행 공정, 즉 도면이나 기자재의 공급에 차질이 예상되면 지체 없이 본사에 Open보고하고 이해 관계자와 상의하여 적절한 대책을 우선 수립하라.

– 최선의 방안은 초기계획대로 지킬 수 있는 방안을 마련하도록 하는 것이며, 현실적인 상황이 도저히 불가할 경우에는 시공계획의 변경도 고려하여 손실을 최소화하여야 한다.

1) 우리는 개인의 역량이나 순간 판단력, 각종 정보에 쉽게 접근할 수 있지만, 현지인들은 정보의 한계, 판단력, 추진력, 책임감, 주인 의식, 위기의식 등의 차이가 있을 뿐 아니라, 우리처럼 '빨리빨리' 급한 민족이 많지 않기 때문에 기대치 만큼 따라 오는 경우가 드물다.

2) 도면 출도 일정의 차질이나 기자재 공급 일정의 차질

- 준비가 부족한 상태[2]가 생긴 상황에서는 처음 계획만 믿고 후속 공정 준비를 하면 이에 따른 손실이 발생되는 것은 자명한 일이다.
  -> 항상 선행 공정의 흐름을 읽고 대처하는 자세가 필요하다.

• 공사 부분 중 승인 받은 부분의 실행은 회사에 대한 약속이므로 현장소장은 책임지고 관리하여 지키도록 하라.

- 현장에서는 지속적인 연구를 하여 원가절감 노력을 하여야 한다.
  -> 공법개선, 통합운영 등을 포함한다.

• 공사 초기에 현장 Set-up은 매우 중요하므로 필요시 본사의 지원을 받도록 하라.

  -> 현장 개설 초기에 완벽히 준비하면 나머지 진행이 매끄럽다.

• 현장을 이끌어가다 보면 예기치 않은 많은 변수가 나타나기 마련이다. 현장에서 처리하기 벅찬 상황이 발생하면 주저하지 말고 외부의 지원을 받도록 하라.

- 대개는 본사에 지원요청을 하기 꺼려하는 경향이 있는데, 본사에 지원요청을 두려워하지 말아야 한다.
  -> 당장 입장이 곤란해지는 것을 피하려다 더 큰 손실을 초래한다.
  -> 결과를 이끌어 내는 것이 더 중요하며 결과가 좋으면 모든 것이 수용되지만 그렇지 않을 경우 더 큰 책임이 돌아온다.[3]

3) 궁극적으로 회사에 이익이 되는 방향으로 판단해야 한다.

□ **현장관리**협력업체 관리 포함

◇ 현장소장의 역할

• 현장소장은 현장의 얼굴이다. 모든 직원에게 모범을 보이고 항상 품위를 유지하도록 하라.

- 출퇴근은 물론 각종 규정도 스스로 지킨다.[4]
- 현장에서는 반드시 안전장구 착용과 안전벨트를 매도록 규정하고 있는데, 현장소장 자신은 위험한 작업을 하지 않으니 보호장비를 착용하지 않고 마음대로 돌아다닌다고 생각해 보자.
  -> 이런 소장을 하부 직원들이 제대로 따르겠는가?

4) 예를 들어, 회사 방침에 의해 모든 건물 내에서는–현장 사무실을 포함하여–금연 규정이 있다고 할 경우에, 소장은 별도의 방이 있으므로 담배를 피우면서 하부 직원들에게는 금연을 지시한다면 효과가 있을까?

- 현장소장의 성향에 따라 다를 수는 있겠으나 일일 업무협의는 저녁에 하고 아침 일찍 간부들과 현장을 순회 점검하라.
  - 이때, 주요사항을 현장에서 해결하면 효과적이다.
- 가급적 현장소장 혼자 또는 안전, 공정 담당자와 매일 별도의 순회 점검 시간을 가져라.
  - 이 때 전반적인 진행상황이나 앞으로의 구상을 겸할 수 있다.
- 전 직원이 참여하는 안전 Patrol을 주간으로 실시하라.
  - 안전 시스템을 점검하고 효과적인 대책을 강구한다.
- 회의는 효율적으로 실시하라.
  - 2~3개의 국부적 팀 간 업무협의나 결심을 필요로 하는 사안은 가급적 별도의 시간에 사전협의[1]토록 하고, 정규 회의시에는 전체적인 공유 안건을 중심으로 하는 것이 좋다.
  - 회의는 가급적 결론을 만들도록 한다. 결론 없는 탁상 공론식 회의는 지양한다.
- 협력업체도 필요한 만큼 한 팀으로 끌어들이도록 하라.
  - 함께 참여시켜 공유 의식을 갖도록 한다.
- 공정관리는 3개월 · 6개월 Forecasting예측하여 선행 관리를 하도록 하라.
  - 즉, 담당자는 1주/3주, 팀장Superintendent는 3주/3개월, 공무와 현장 소장은 3개월/6개월 후의 일을 챙기는 선행 관리를 할 수 있도록 한다.
- 현장소장은 최소한 매월 한번 협력업체 소장과 간담회를 갖고 애로사항을 경청한 후 가급적 지원을 해주도록 하라.
  - 건의사항이나 불만사항은 1차 분석 후 우회적으로 개선시켜야 부작용이 없고 추후 자유롭게 건의할 수 있는 환경이 조성된다.[2]
- Total Management총체적 관리에 중점을 두어라.
  - 일은 시공 협력업체가 하는 것임을 잊어서는 안된다.[3]
  - 중복 부분은 통합하여 지출을 최소화한다.

    -> 협력업체는 이미 한 배를 타고 항해하는 공동운명체이다.

1) 사전협의 없이 회의시간에 상호 토론을 하여 나머지 참가자들의 시간을 빼앗지 않도록 한다.

2) 간담회에서 나온 건의사항 등을 가지고 담당자를 질책하면 안 된다.

3) 자사 관리는 물론 협력 업체를 포함하여 현장 전체의 이익을 보아 판단해야 한다. 선택 전에는 철저히 조사하고 신중히 고르되, 선정이 되는 순간 내 식구가 된다. 최대한 지원하고 보호하여 업무 환경 조성에 힘을 기울인다. 협력 업체가 잘 풀려야 현장 전체가 매끄럽게 운영이 되고 성공적으로 Project가 완성이 된다.

-> 모두에게 이익이 되는 부분은 계약적 문제도 뛰어넘을 수 있다는 유연성을 가지고 공동구매, 공동관리, 공동임대 등 다각적인 노력을 하도록 한다.

✓ **Tip**

- 회사의 방침이나 Project의 상황에 따라 차이가 있기는 하지만, 요즈음은 Project가 대형화 되는 추세이기 때문에 EPCEngineering, Procurement, Construction 전체를 주 업으로 하는 경우에는 직접 수행하기가 쉽지 않을 뿐 아니라, 추가적인 노무관리 부담이 적지 않기 때문에 필연적으로 공종별 또는 복합공종을 전문으로 하는 협력업체를 활용하게 된다. 즉, 현장의 성패 여부[4]의 직접적인 관건이 이들 협력 업체의 능력이나 협력 정도에 따라 좌우될 수 있다고 볼 수 있다.
- 평소에 능력 있는 협력 업체와의 협력 관계를 잘 유지하여야 한다. 협력 관계 유지를 위해서는 그에 따른 정당한 처우[5] 또한 필요하다.

- 직원 개인의 업무부하 및 건강상태, 가족문제 등 개인 신상에 대한 파악을 철저히 하라.

  Sheet문서화하여 담당자 외 대외비로 관리한다.

- 직원들 간의 갈등 해소에 노력하라.
  - 갈등이 없는 조직도 문제지만, 조직 내부의 심한 갈등은 생산성 저하나 의욕 감퇴 등 보이지 않는 손실을 초래하게 된다.
- 운동을 통한 정기 단합대회 등으로 일체감을 조성하도록 노력하라.
  - 단합대회 하면 술 마시고, 스트레스나 푸는 것으로 착각하는 경향이 있는데, 잘못된 생각이다.

    -> 너무 음주가무[6]에 취하면 본래의 취지는 사라지고 후유증만 커질 수 있다.
- 월간 회의 등을 통해 전 직원에게 현장의 진행상황 및 주요현안 등을 설명하며 정보를 공유[7]하라.
  - 모두가 소속감을 느끼도록 하고, 이를 통해 칭찬 및 우수 근무자 표창 등으로 근무의욕을 고취시키는 것도 좋다.

    -> 매월 시행한다고 돌려먹기식의 형식적인 시상은 의미가 없다.

4) 따라서 협력 업체와의 긴밀한 협력 관계 유지는 그 무엇보다도 중요한 요소이다.

5) 부당하게 대하거나 자사 입장에서만 유리하게 해석하고 함부로 대하면 결코 좋은 협력 관계를 유지할 수가 없다.

6) 적당한 절제가 필요

7) 협력업체도 포함시키면 효과적이다.

- **전문가 집단이 모여서 일을 하는 체제와 분위기를 조성하라.**
  - 기간제 사원이든 현지채용 사원이든 동등하게 대우하고, 자율적이고 능동적으로 일할 수 있는 체제와 분위기를 조성하여 업무 효율을 극대화한다.

◇ Cash Flow 기성 관리

- 매월 발생하는 기성은 제 때 명확히 처리한다. 대 사업주 기성도 일단 수금이 되어야 대 협력 업체에도 지불을 하는 것이 순리이겠으나 협력사의 기성은 대부분이 노임성이 크므로 좀 더 심각할 수 있다. 현장 운영 책임자라면 당연히 이 부분에 집중하여야 한다. 자금이 선순환되지 못하면 그것이 바로 부도이다. 규모가 큰 기업의 경우 어느 정도 소화할 수 있다 하여도, 현장 단위의 관리의 시각으로 보면 당연히 부도이다.
- 이점을 명심하고 초기 Planning부터 지금 흐름의 계획을 포함하고 어느 정도의 여유를 가지고 자금이 선순환이 되도록 관리하여야 한다. 이를 위하여 당연히 대 사업주 기성을 계획대로 수금해야 할 것이며, 대 협력사 또한 정상적으로 지급이 되도록 하여야 한다. 혹자는 자금 흐름의 순환을 잘못 이해한 나머지 무조건 많이 받고, 덜 주거나 늦게 주면 이익이고 좋은 것으로 착각하는데, 이는 현장 운영을 원활하게 하지 못하는 장애 요인[1]으로 작용한다. 협력 업체들의 기성은 바로 노임으로 연결된다. 이들의 자금 흐름이 원활치 못하여 임금 지불이 늦어지는 상황이 발생되면 바로 현장에 영향을 미치게 된다. 나중에는 주 시공자가 모든 상황을 해결해야 하므로, 협력 업체가 곤란한 입장에 처하거나 실수를 하면 어느 정도는 채워 주어 일을 추진하는데 어려움이 없도록 해야 한다. 다시 한번 강조하지만 선정계약된 협력 업체는 한 배를 타고 항해하는 동지라는 의식이 있어야 하겠다.

1) 실무자들 중에는 여러 핑계로 협력 업체의 기성 흐름을 고의로 늦추거나, 시간을 못 맞춰 누락시키고도 아무렇지 않게 생각하는 사람이 있다.

□ 관리자로서의 자세

^ 안전관리의 생활화!

- 안전관리와 품질관리는 더 이상 강조할 필요도 없이 자연스럽게 생활화해야 할 가장 기본적인 관리 소양임을 주지하라.
  - 특별한 한두 사람이나 그룹이 떠맡는 것이 아니라, 조직 전체가 함께 수행해야 하는 활동이다.
    특히, 안전팀이 안전관리를 하는 것이 아님을 주지하라. 안전은 시공팀에 일선 관리자로서의 일차 책임이 있고, 안전팀은 기술 지원이나 방향 제시, 교육 등 간접 업무를 맡고 있음을 명심한다.
    -> 현 시대에서는 안전과 품질을 배제하고는 어떤 작업도 할 수 없음을 의식하고 이를 생활화하여야 한다.
- 이해 관계자, 즉 사업주나 협력사를 포함하여 모두가 성공할 수 있는 Win-Win 전략이 되게 하라.
  - 어느 한쪽만의 이익을 추구해서는 결코 성공할 수 없음을 명심해야 한다.
- Project Cycle에서 알 수 있듯 「**계획**」 -> 「**실행**」 -> 「**점검**」 즉, 「Plan」 -> 「Do」 -> 「Check」의 반복 Cycle을 게을리 하지 말라.
  - 이 Cycle을 끊임없이 반복하며 최상의 생산성을 찾고 실행하여야 한다.
- 사전준비를 철저히 하라.
  - 사전준비 여부에 따른 생산성의 차이는 하늘과 땅 차이로 나타난다.
- 어려운 난관에 봉착했을 때에도 긍정적인 마인드와 자신감, 밝은 표정을 유지하라.
  - 최고 관리자의 표정이 어두우면 조직 전체가 영향을 받아 자신감을 잃고 패배감에 젖어들어 결국 실패할 확률이 높다.
- 무엇을 확인할 것인가의 목적을 가지고 현장을 순시하라.
  - 그냥 막연하게 돌아다니는 것은 의미가 없다.
- 현장은 변화무쌍하여 수없이 많은 변수가 시시각각 생겨날 수 있음을 예견하고, 변화의 흐름을 읽고 슬기롭게 대처하라.
  - 과감하고 즉각적인 행동[2]으로 옮겨라.

2) 단, 계획 변경시의 정보 공유는 매우 중요하다.

- **One Man Play는 반드시 지양해야 함을 명심하라.**
  - 혼자서는 한계가 있다.
- **같은 방법으로는 타성에 젖어 효과가 반감됨을 주지하라.**
  - 관리 방법에 변화를 주어야 한다.
    -> 변화의 흐름이 있으면 관리 방법에도 변화를 꾀한다.
- **조직관리 및 조직원관리는 가장 기본이자 핵심임을 주지하고, 모두가 기꺼이 따를 수 있도록 공정하고 엄격하게 관리하라.**
  - 합리적이고 체계적인 업무체제를 구축/관리함으로써 조직원들에게 동기를 부여하여 능동적으로 움직이게 하는 조직관리를 지향한다.
    -> 활기찬 조직은 큰 힘을 발휘한다.[1)]
- **관리는 엄격히 하되, 군림보다는 칭찬으로 힘을 실어 주도록 하라.**
  - 그럼으로써 개개인의 능력치 이상의 성과를 기대할 수 있다.
- **주인의식이 조직 전체에 정착되도록 하라.**
  - 주인의식이 곧 성과물의 품질이 된다.

1) 확실한 업무 지시와 함께 책임과 권한을 위임하고, 개인이 아닌 조직 전체가 일하는 체제를 구축/유지한다.

□ 현장에서 자주 일어나는 Trouble

◇ 측량 오차

- 측량 성과표를 반드시 작성 · 관리하고 후행 공정과의 인수인계를 확실히 한다. 인수 받은 후행 공정은 실측 성과표를 재확인한 후 시공한다. 의외로 측량을 쉽게 생각하거나, 한번 확인했다고 안심하여 그냥 맞거니 진행하다가 낭패를 보는 경우가 있다. 측량은 사람이 하는 것이고 또 할 때마다 오차가 있어서 '확인 또 확인'하여야 한다. 이 기록들이 만일의 상황, 가령 기초가 흔들리거나 상호 치수가 안 맞을 때 중요한 판단 기준이 될 수 있다.
- 측량 오차를 줄이는 또 한 가지 방법은 기준점, 즉 Bench Mark를 수시로 재확인하는 것이다. 영구 기초물이라도 한번 터파기나 메우기를 한 토양은 아무리 다짐 공사를 잘 했다 하여도 안정화 시기를 거치면서 일정 부분 움직일 수 있으므로 Bench Mark는 반드시 Pile 기초가 있는 구조물을 선택하는 것이 안전하다.

△ Bench Mark 재확인 철저!

◇ 토목 기초

- 되메우기 한 기반에 시공한 기초는 상기에 언급하였듯이 약간의 침하가 일어날 수 있고 설계시 이를 감안하지만 경우에 따라서는 허용 범위를 벗어나서 침하되는 경우가 종종 있다. 나중에 공사를 다 해놓고 지반 침하에 의한 문제[2)]로 곤란을 겪지말고, 다짐 공사의 중요성을 명심하여 철저히 Procedure절차서에 따른 관리를 해야 할 것이며, 공사가 완료될 때까지 계속 관심을 가지고 지켜 보아야 한다. 하지만 만일[3)] 이런 일이 발생하여도 당황하지 말고 기술적 검토를 거쳐서 근본적인 조치를 하면 된다.

2) 부분 침하에 의하여 Line(기준선)에 어긋나는 경우, 기기나 구조물이 기울어지는 경우, 건물에 Crack(균열) 발생, Paving(포장)한 바닥의 갈라짐, 지반에 공동 발생 등

3) 만일의 사태는 빨리 발견할수록 손실을 줄일 수 있다.

◇ 회전기기 보호

- 회전 기기는 공장에서 가장 Trouble이 나기 쉬운 기기이며, 한 번 잘못되면 수리하는데 오랜 시간이 걸리므로 평소의 관리[4)]가 중요하다. 대개 설치시까지는 신경을 쓰지만, 설치 후 방심하여 기계적 손상을 입거나, 제대로 관리를 못하여 막상 운전 Test시 문제를 일으키는 수가 있다. 이때는 이미 늦어서 Project Time공기에까지 영향을 줄 수 있다.
- 회전 기기는 기본적으로 충격에 약하며 이물질이 들어가지 않도록 마지막까지 철저히 관리[5)]하여야 한다.

4) 입고시는 물론이고 창고에서의 관리, 설치시, 설치 후의 보호 관리

5) 기기마다 제작사의 특수 요구 사항이 있으므로 반드시 숙지하고 그들의 요구대로 Preservation(보존, 보관)을 한다.

✓ 회전기기 점검 사항

- 설치 전/후의 예열 유무
  - 필요시 가설 전기 준비
- 설치 후 주기적인 Maintenance유지관리
  - Oil 주입
  - Baring
- 외부 충격으로부터의 보호
  - 가설 Protection보호 시설
- 배관 노즐 입/ 출구 봉쇄
  - 외부 이물질 반입 금지
- 정확한 Alignment정열상태

- 이를 위해 회전기기가 설치되는 시점을 기준으로 전담 관리팀을 운영[6)] 할 필요가 있다.

6) 소수의 인원으로 철저히 관리하여 나중에 문제 없이 작동되게 하는 것이 Project 전체에 큰 이득이 됨을 상기한다.

- Welding용접시 회전기기에 접지하거나 직접 용접으로 인한 Motor 손상이 자주 일어난다. 교육 등을 통해 이를 철저히 방지함은 물론 특히 회전 기기는 접지 관리에 신경을 쓴다. 또한 노즐[1]에 이물질 인입으로 인한 손상 예방도 철저히 한다.

1) Inlet/Outlet

◇ Vendor Print제작사 도면와 설계도면의 Miss Match불일치

- 아쉬운 일이지만 요즈음의 현장은 거의 모든 분야에서 인력부족 현상과 함께 경쟁력 확보 차원에서 원가 절감의 당위성으로 인한 부작용이 존재한다. 유수의 기업들도 그 명성과는 달리 외주 발주에 의한 수행이 다반사이기 때문에 예전에 비해 품질이 많이 저하되어 있다.

✓ 현장에서 흔히 발생하는 결함

- 설계 도면의 오류로 인한 Miss Match불일치
- 감독 소홀로 인한 오제작
- 기술[2] 부족으로 인한 오제작
- Packing포장시 부속품 누락
- Packing서류 불일치
- Project Specification기술 시방서과의 불일치[3]
- 납기 지연
- 품질 불량
- 제작 서류 공급 지연에 의한 설계 미반영으로 현장 수정 발생

2) 관리 또는 검사

3) 일부 부속품들의 Off-Spec

- 이러한 문제들은 시간이 지나면 제작사에서 나와 해결을 해 주지만, 일정을 놓치게 되고 대개는 여러 가지 핑계로 추가 비용을 요구하게 되어 있어 난처해지는 경우가 많다.[4]
- 특히, Package들은 설치 전 재확인하도록 한다.

4) 사전에 미리 확인하고 준비할 필요가 있다.

◇ Zn Contamination아연 오염

- Stainless Steel아연의 오염으로 인해 손상되지 않도록 세심하게 관리한다.
- Zn 오염은 Stainless 계통의 재질 손상으로 서서히 일어나며, 추후에 운전시 Crack균열으로 인한 대형 사고로 이어질 수 있으므로 철저한 관리를 요한다.
- 일반 재질과 철저히 분리 관리함은 물론, 특히 Paint Shop페인트 작업

장과는 거리 및 차단막이 필요하다. Paint Shop의 위치를 선정할 때는 바람의 방향도 고려하여 절대로 Paint 분진이 Stainless 계통의 자재와 접촉되는 일이 없도록 방비하여야 한다.

◇ Package Equipment

- Package Equipment의 사전 Study 검토 미흡에 따른 시행착오 및 Package 기기는 보편적으로 설계 시에도 Box 처리하여 Vendor 책임으로 진행하기 때문에 각종 오류가 많이 발생한다. 요즈음은 거의 대부분의 Project가 Fast Track으로 진행되기 때문에 순서에 따른 앞 공정이 확정되기 전에 뒷 공정을 같이 진행[5]하는 경우가 많으므로 완벽하게 설계에 반영하기가 쉽지 않다. 충분한 협의를 거쳐서 반영할 사항을 조사하였다 하여도, 제작 승인 과정 등 변경/추가 사항들이 실시간으로 필요한 설계자에게 전달된다는 보장이 없으므로, Package 기기들과 시공 설계가 완벽히 맞으리라는 기대는 하기 어려운 실정이다.
- 따라서 Package 입고시 반드시 Vendor as Built 서류를 입수하여 현장에서라도 설계 검토를 재확인하여 사전 조치를 취할 필요가 있다.[6]

◇ 용접 관리

- 용접의 품질은 곧 플랜트 공사의 품질과 직결될 만큼 중요한 관리사항이다. 설치 완료한 이후의 불량으로 인한 재시공은 상상 이상의 시간적 · 금전적 손실을 초래하므로 중간 과정에서 철저히 관리하도록 한다.

✓ 용접 관리 체크 사항

- NDE Non Destructive Examination ; 비파괴 검사 Back Log 미처리 목록[7]
- 무자격 용접사[8]
- 반복되는 형태의 불량
- 용접봉 예열 미처리
- 용접봉 관리 불량
- 용접봉 오용[9]
- Stub-in 용접[10]

5) 시간적 압박(공기)에 기인

6) 마감 시간에 몰려서 발견하면 시간과 돈 모두를 잃게 된다.

7) 마감시 항상 기밀 시험의 발목을 잡는다.

8) 주로 긴급 작업 투입시

9) 특히 Stainless 계통 용접봉 오용이 많다.

10) 관리해야 할 Point다. IN의 간격을 제대로 맞추는 예가 거의 없어서 까다로운 감리자를 만나면 공사 마지막에 다시 검사하고 재작업을 하게 되는 상황에 처할 수 있다. 이런 설계를 지양하고, 반드시 필요하다면 Stub-on을 채택하는 것도 하나의 방법이 될 수 있다.

◇ **대구경 Fitting 규격**

- 대구경 Fitting은 그 특성상 내 · 외 구경이 Pipe와 맞지 않으므로 사전 준비 및 검사를 철저히 한다. Fit-up 방법을 사전에 협의하여 검사시 문제가 되지 않도록 할 필요가 있다.

◇ **배관 자재의 재질 분석**

- 재질 문제는 회사의 신뢰도뿐 아니라 시간과 비용의 엄청난 낭비를 초래하므로 반드시 자체적으로 분석을 하여 불미스러운 사태를 미연에 방지하여야 한다.
- 재질 문제[1]는 의외로 흔히 발생한다. 소물량이나 긴급 조달 물량일 경우 간혹 중간 Agent공급자의 고의 또는 실수[2]로 인하여 SS304, SS304s, SS315, SS316, SS321 등의 낮은 품질로 공급[3]되어 어려움을 겪을 수 있을 뿐만 아니라, 혹여라도 이를 발견 못하고 운전하다 대형 사고로 이어질 수 있으므로 각별한 주의, 관리를 요한다. 요즈음은 PMI Test를 현장에 비치하여 사업주와 상관없이 스스로 품질을 확인하거나 비파괴 시험 전문 회사에 위임하여 사전에 점검하는 현장이 늘어나고 있다.
- 용접봉의 관리도 신경 써야 한다. 완성 단계에서 용접봉 오용이 발견되어 재작업으로 인한 시간과 비용, 신뢰를 모두 잃을 수가 있다.

◇ **배관과 제어 부분 Interface**간섭

- 회사의 업무 분장에 따른 사항이겠으나 특성상 배관 설계와 제어 설계는 밀접한 연관 관계를 가지고 있다. 제어 계측 장치에는 대기/환경 단독 측정, 기기 운전 상태 측정, 배관 Process 상태 측정 등이 있다. 이 중 특히 배관 Line의 운전 상태를 측정하기 위한 Process 측정이 많다. 이 경우 배관 Line에서 Tapping을 하게 되고 이 Line의 재질이나 온도, 압력 등의 특성과 상호 동일한 기준으로 Matching일치을 시켜야 하는데, 상세 설계 과정에서 잦은 변경이 불가피하다. 그러나 설계자들의 상호 Communication 단절로 인하여 정보 교환이 부족하면 상호 Mis-Match불일치가 되는 경우가 많다. 일종의 Human Error일

△ 자재의 재질 검토 분석 필수!

1) 특히 Alloy 계통의 재질 함량이나 Stainless 재질 불량 또는 오용으로 인한 재작업이 많이 발생한다.

2) 공장에서 직접 조달 받지 않은 경우

3) 육안 식별이 어려움

수도 있으나, 업무 System적으로 완전하지 못하여 생기는 현상이다. 어떤 경우이던 현장에서는 재시공이나 자재 부족, 시간 부족 등의 어려움이 상존하므로 스스로 확인하는 것이 최선의 방법이다. 따라서 승인된 시공 도면에 의하여 시공을 하더라도 설계의 책임으로만 돌리지 말고 사전에 현장에서 한번 더 체크하는 것이 좋다.

□ 놓치기 쉬운 관리 Point

◇ 초기공사의 비중

- 대개 기계/배관공사의 Process가 물량이 많고 관리해야 할 항목이나 변수도 많은 주요 공종이므로 집중적으로 수행 방안을 연구하게 된다. 하지만 이 모든 것들은 지하 구조물이나 기초들[4]이 없으면 아무 의미가 없다.
- 우기철에 지하 매설물이나 토목 공사를 하게 되면 특별한 대책 및 관리가 필요하므로 이 시기를 극복할 노력과 지혜가 필요하다. 전체 Project의 성패를 좌우하게 될 것이기 때문이다.
- 지하 매설 공사는 토목 기초, 구조물 기초 그리고 지하 배관망과의 Interface Sketch를 준비하면 큰 효과를 볼 수 있다. 이 정보에 따라 공사 우선 순위를 정하고 시공을 하여야 하며, 이때 Heavy Rigging Study 중량물 설치 검토도 병행하여 이동 경로를 따라 간섭 사항이나 Damage 가능성 여부에 따른 Holding Point 유보 구역[5]를 정한다. Tower Mast 사용시 필요 기초의 설계에 반영을 위해 모든 계획을 초기에 결정해야 한다. 모든 계획이 초기에 결정되어야 한다.
- 혹한기, 장기 휴무일 등을 사전에 체크하여 사전에 대비책을 세우고 계획에 반영하는 것도 잊어서는 안 된다. 일정을 검토하다 보면 우기철, 혹한기, 국가별 장기 휴일[6] 기간에도 정상적인 Progress 공정를 진행하는 것으로 표시되어 있는 계획표를 자주 보게 된다. 작업자 동원이 불가능하거나 작업을 할 수 없는 기후 조건임에도 불구하고 말이다. 이런 모순은 피하자.
- 초기공사에서 철골 구조물까지의 공정이 계획대로 진행되면 Project

4) 초기의 지하 매설물이나 토목기초 구조물을 가급적 속히 완성하고 구역별로 후행 공종에 빨리 넘겨주어 간섭을 최소한으로 줄여 주는 것이 Project의 성공 여부를 결정짓는 주요 변수인 만큼, 초기부터 세심한 수행계획을 세워 오차 없이 진행되도록 힘을 다한다.

5) 사실은 가급적 Holding을 하지 않는 것이 좋다. 지하 매설물 시공을 한 후 손상이 안 가도록 보호를 할 방법을 찾는 것이 바람직하다.

6) 우리나라의 추석 연휴, 중국의 신년 휴일, 연말 휴일 등 국가에 따라 통제가 되지 않는 장기 휴무일이 있다.

는 이미 높은 성공 확률을 확보하는 셈이다.

◇ 기기 Platform 작업판/Ladder 사다리/Grating 깔판

- 주 물량에 집중하느라 소홀히 생각해서 서로 관리하지 않다가 막상 필요할 때 당황하는 우를 범하기 쉬운 항목이다. 따라서 Tower 반입 전이나 철골 설치 전 현장에 반입될 수 있도록 초기 계획부터 설계나 구매팀과 협의를 하고 지속 관리를 하여야 한다.
- 작업 효율과 안전에 직결되는 문제이다. Tower나 Vessel 등의 중량물이나 높은 기기를 설치할 때 지상에서 같이 조립하면 비용이나 시간은 물론 안전 관리에 보다 효율적이다.
- 단, 이 경우 초기 Plan에 의하여 중량물 설치 계획에 Dress-out[1] 무게를 고려하여야 하며 기기 설계에도 반드시 반영한다.

1) 보온, Platform, Ladder, Pipe Support 등

◇ 중량물 설치 계획

- 반입이나 설치시에 간섭이 크게 일어나므로 초기부터 Study 검토하여 설계에 반영한다. 뒤에서 자세히 설명하겠지만 설치 방법, Dress out 여부, 이동 방법 및 경로, 설치 시기 등을 검토하고 설계에 반영[2]해야 하며, 가용 장비 여부도 미리 확인하여 확정[3]할 필요가 있다.

2) 제작 전에 반영

3) 대개는 약 1년 전부터 예약해야 유리하다. 워낙 고가인데다 미리 준비하지 않으면 정작 필요할 때 구할 수 없거나 비싼 비용을 지불할 수 밖에 없다.

◇ Anchor Bolt/Template

- 필요 항목이나 규격, 수량 등을 사전에 확인하여 해당 기초 타설 전에 반드시 반입하도록 한다. 기초 공사 지연의 사유가 될 뿐 아니라, 특히 다수의 Anchor bolt를 설치해야 할 기초의 경우 정밀 시공을 위한 필수 조건이다.

◇ Package 관리방안

- 담당자를 선임하여 사전에 필요한 자료를 취득하고 Study 검토하여 필요사항을 놓치지 않도록 한다. Package Item은 본 Process 설계와 Mis-Match 불일치되는 경우가 허다하므로 반드시 사전 확인이 필요하다.

◇ 시공 잡자재 수급 Network 확인

- 대개는 도급처리 자재로서 하도급 업체의 책무로 여기기 쉬우나, 이

수급이 원활하지 못하면 결국 공사에 지대한 영향을 주므로 미리 대비할 필요가 있다.

◇ 마지막 Hand-over인도를 고려한 계획

- 처음에는 물량처리 중심으로 현장을 관리하여 시간적 압박감에서 벗어나야 하지만, 어느 정도[4] 궤도에 오른 뒤에는 마감을 위한 준비를 하여야 한다.
- 특히, 최근에는 거의 모든 사업주들이 System별로 Take-over인수하기를 원하고 있다.[5]
- 조기에 System을 정의하고 이에 필요한 각종 서류를 Define정의하여 사업주와 합의 후 초기부터 Filing System문서 파일 체제을 구축하여, 공사 진행 중에라도 생성되는 각종 서류를 미리미리 이 System별로 정리해 놓으면 좋다.

4) 통상 Progress가 70% 정도 도달했을 때

5) Process상으로도 System 별로 완성해야만 효과적으로 시운전을 수행할 수 있으므로, 공사의 마무리도 이를 염두에 두어야 하는 것이다.

◇ NDE[6]를 포함한 배관 Package 관리

- 어느 현장이건 반복되는 어려움을 겪는다. 한창 Progres에 신경 쓸 때는 드러나지 않다가 막상 기밀 시험을 하려고 보면 여기저기 부족한 자료 투성이다. 그 중 가장 흔한 것이 비파괴 시험 증빙이다. 평시에 Back Log미처리 부분이 쌓이지 않게 철저한 관리가 필요하다. 마무리 시간은 황금과도 같다. 이를 등한시 하다가 NDE 1 Point Clear1개소 처리를 하는 데 하루 이틀 소비하는 경우가 허다하다. 낮에는 마감 작업 및 Punch Clear지적사항 처리 작업에 정신이 없고 밤[7]에는 비파괴 검사로 시간을 보낸다. 미처 처리하지 못한 Point가 많이 쌓이면 쉽게 처리가 되지 않는다. 반드시 Back Log이 없도록 관리하여야 한다.

6) Non Destruetive Examination(비파괴 검사)

7) 방사선 동위 원소를 사용하기 때문에 아무 때나 할 수 없다.

◇ 제어 공사 관리

- 보온 작업을 제외하면 제어 공사가 가장 후속 공정이다. 따라서 선행 공정을 뒤따르는 제어 공사는 항상 시간이 부족하게 되어 있다. 이 부족한 시간에 본 공사는 물론이고 Punch Clear지적사항 처리, Test시험 등이 한꺼번에 몰려서 정신이 없게 된다. 이들 준비도 해야 하지만 시간에 쫓기는데 Loop나 계기에 Trouble이 발생하면 더욱 정신을 못

차리고 당황할 수 밖에 없다. 이런 어려움을 해결하기 위해서는 아예 초기부터 Planning할 때 Trouble Shooting Team고장 수리팀을 별도로 구성하면 마감 시점에 큰 효용이 된다.

◇ System 관리

- 화공 플랜트 Process는 통상 25~35개의 System으로 구성되어 있다. 이 System의 정의[1]에 의거하여 관련된 모든 공종을 한데 묶어 관리하는 것을 말한다.

□ Utility System의 예

- 냉각수Cooling Water
- 공기
- 저압 스팀Low Pressure Steam
- 중압 스팀Medium Pressure Steam
- 고압 스팀High Pressure Steam
- 초고압 스팀Super High Pressure Steam
- N_2질소
- Chemical 화학약품처리

- 위와 같이 각 특성별로 구분된 System으로 구분하여 Progress완성도를 관리하고 마무리를 위한 Punch지적사항나 잔여 공사를 관리하는 것을 의미한다. 이 시기에는 각각의 System Champion시스템 책임자[2]을 지정하여 관리하는 체제 변환도 필요하다.

◇ 현장기록 관리 시스템

- 공사의 가장 취약 부분이다. 통상 바쁘다는 핑계로 현장 파견자들은 서류작업을 기피하는 경향이 있다. 그냥 그때그때 본인 업무만 처리해 나가면 된다고 생각하기 쉬우나, 정확한 기록이나 분석 작업을 게을리 하면 차후 개선, 발전에 크게 장애가 되는 것이 사실이다.
- 앞으로의 프로젝트에서는 공사 기록을 확실히 남기고 분석하여 무엇이 잘 되고 잘못되었는지를 따져 Lessons and Learned사례 연구 Process를 통해 개선해 나가야 할 것이다.

1) System Definition

2) System별 담당자

△ 관리기록 빈틈 없이 철저!

✓ Tip-만전의 준비와 철저한 대비가 중요!

- "극심한 긴박감 속에서 무엇을 판단한다는 일처럼 어려운 것은 없다. 전투가 발생하기 전에 준비가 많을수록 결과는 보다 나은 것이 된다.
  따라서, 나는 발생 가능한 심각한 상황에 철저히 대비할 필요를 느낀다."

– 샌프란시스코 49ers 미식축구팀 감독, 빌 월시 –

◇ 현장소장의 판단력과 Leader-Ship

- 현장소장은 설정 가능한 모든 변화 상황에 대해 고민하고 끊임없는 Process를 반복해야 한다. 전문가의 활용을 주저하지 말라.
  - 외부 전문가를 활용하여 효율을 극대화시켜라.
- 리더십에 변화를 주어야 한다.
  - 모든 것이 순조롭게 진행되는 상황에서는 사업의 확장성 및 성과에 따른 배분, 상호 일체감을 통한 조화로운 업무 처리, 일선 실무자들의 자발적인 참여와 협의를 통한 정책결정이 가장 바람직한 형태의 조직 운영이다.
- Project가 지연되거나 일이 잘 풀리지 않아 위기에 봉착했을 때는 서로 고통을 분담하고, 일사 분란하게 위기를 탈출하기 위해 목표달성을 위한 돌파의지를 심어주는 강력한 Top-Down 하향 지시형의 리더십이 보다 효과적이다.
  - 현장의 상황에 맞는 유연한 조직 운영이 필요하다.

△ 현장소장의 판단력과 Leader-ship이 중요!

3 견적 및 계약Estimating & Contracting

❍ 견 적Estimating

견적이란 프로젝트를 수행하는 데 필요한 물량을 기준으로 기자재, 인건비 등의 모든 비용을 추정하여 산출하는 것을 말한다.

발굴된 안건은 안건심의회를 거치며 프로젝트 입찰 여부가 결정되면 PQ[1] 심사를 통해 사업주로부터 ITB[2]를 입수 후 Proposal견적제안 업무를 실시하게 된다.

이때, Technical Proposal기술제안을 포함하여 설계, 구매, 공사 및 사업일반 관리 부분에 대한 프로젝트 견적가격을 산출하게 된다.

견적이라 함은 이 Proposal견적제안 업무 중 주로 가격비용과 관련된 산출 작업을 말한다. 산출된 가격은 여러 단계의 검증을 거치며, 이후 수주심의회의를 거쳐서 최종 Proposal을 사업주에게 제출한다.

1) Pro-Qualificaton(자격심사)
2) Inviation to Bidder(입찰 초청 서류)

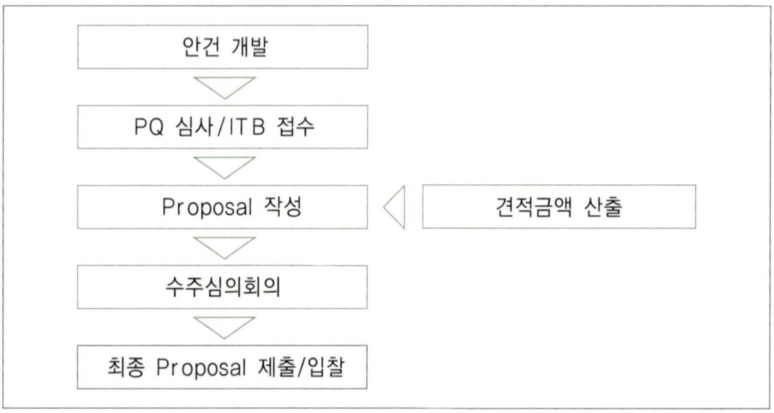

프로젝트 입찰 프로세스

△ 견적의 단계별 검증이 필수!

ㅁ 견적 프로세스

견적은 회사가 보유하고 있는 각종 Data를 기준으로 원가를 산정하고, 추가로 필요한 간접비 등 Project 비용을 산정하는 것이므로 평소에 정확한 Data 분석을 게을리 하지 말아야 한다.

그러나 현실적으로는 시황이 계속 변하기 때문에 경쟁력 있는 가격 산정을 위해 경쟁력 있는 협력업체로부터 참고견적을 받아 검증하는 편이 좋다.

예를 들어, 적용 시점이 호황 국면이라면 협력업체들의 부하도 계속 늘어나므로 단순히 시황을 분석하는 것으로는 부족하다.[1] 따라서 이런 불안정한 시장 상황을 반영하기 위해서는 아예 입찰시 상호 Partner-Ship을 형성하여 Collaboration공동 작업/협약을 맺고 입찰하는 방법을 통해 Risk를 없애는 방법도 있다. 이의 부수적인 효과는 상호 신뢰 하에 책임 있는 가격을 산정하여 경쟁력을 확보함은 물론 협력업체 입장에서도 미리 준비하고 계획할 수 있는 계획경영이 이루어질 수 있으므로 상호 Win-Win 전략도 가능한 것이다.

예시한 공사 견적에 대한 Process를 참고하기 바란다.

1) 협력업체의 Load에 따라 적정 능력을 벗어나거나, 시공업체들이 충분한 일량을 확보한 상태에서는 시장가격 수준으로 계약을 할 수 없을 정도로 가격 상승 현상이 나타나는 등 건설자재, 기자재, 인건비 등이 하루가 다르게 급상승하여 어느 누구도 내일의 시황을 장담할 수 없는 상황이 된다.

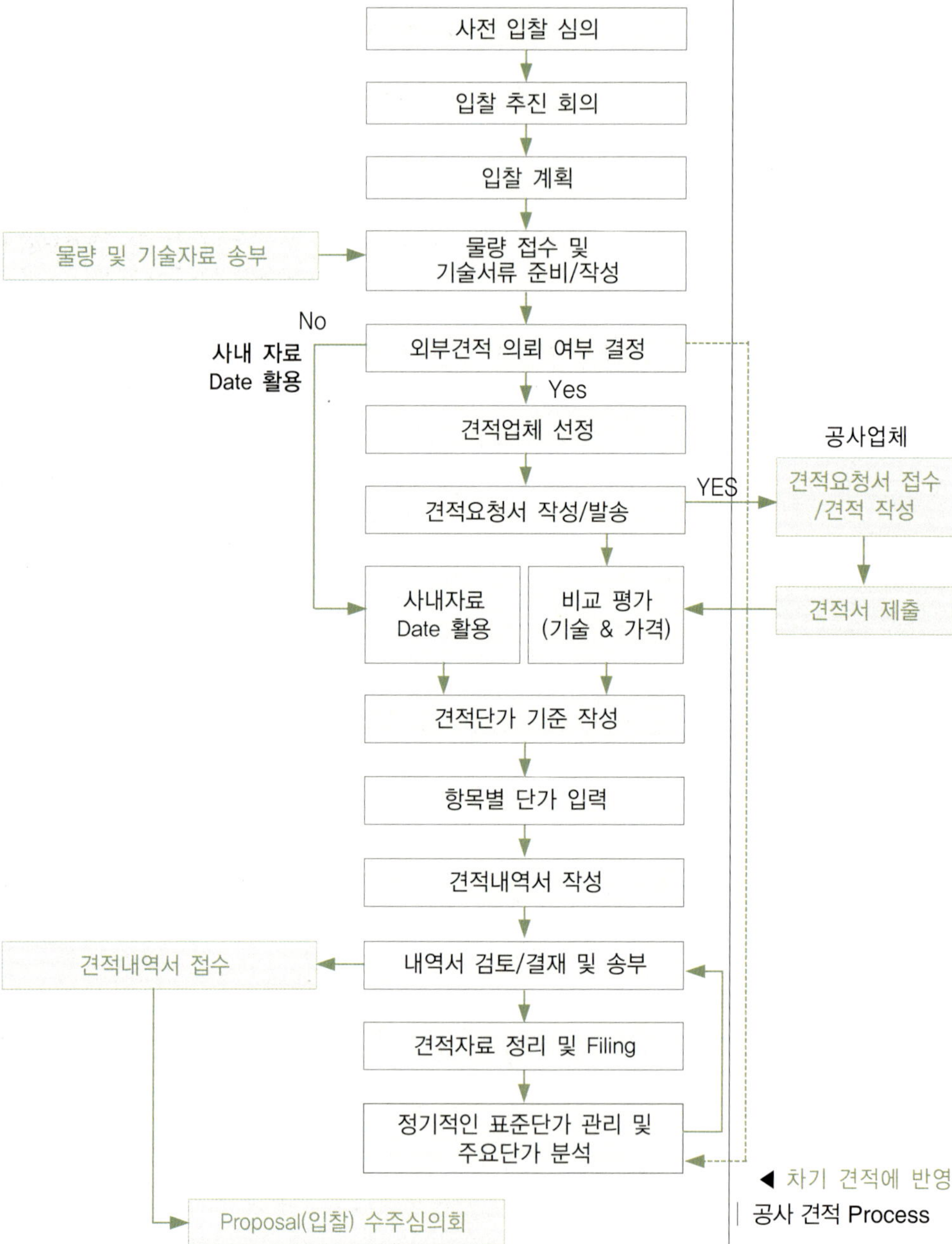

공사 견적 Process

☞ 견적 의뢰 여부는 최근 견적자료 확보시, 견적기간에 따라 결정한다.

□ 견적 물량 및 가격 검증

◇ 견적 물량 검증

공사비 산출이 이루어지고 Project 전체의 예산이 집계되면 이 가격이 과연 경쟁력이 있는 적정 가격인지를 검증하는 절차가 필요하다. 이때는 과거의 유사 Project 물량이나 물량 산출기준 등을 비교 · 검토한다.

견적물량검증회의를 통해 물량을 검증하는 이유는 수주 단계에서 경쟁력을 제고하고 실행 단계에서 수주 이익률을 달성하기 위함이다. 견적 물량 검증 절차는 다음과 같다.

견적 물량 검증 절차

ITB[1] Work Scope 확인[2]

▽

공종별 검증

▽

공종간 Interface 확인

▽

대표 물량 비교

◇ 견적 가격 검증

가격 검증이란 물량 검증과 별도로 하되, 물량 검증이 확인되었다는 가정 하에서 적용단가에 대한 정확도, 신뢰도를 재확인하고 이의 적정성 여부를 판단하는 절차를 말한다.

단가는 통계에 의한 실적단가, 시황 반영, Project 난이도, PMC[3] 존재 여부 등을 포함한 Project Risk의 반영 여부를 꼼꼼히 따져 보아야 한다.[4] 이것은 직접원가의 경쟁력과 신뢰도를 점검하는 절차로 이해하면 된다.

각 분야별 직접원가의 확인이 끝나면 이를 총집계한 후 Project에 관련된 또 다른 Factor변수, 즉 Contingency예비비, 예상 사업주 예산, 시장 현황, 경쟁사 동향, 목표이익 등 여러 가지 변수를 고려하여 경영진에서 판단하여 최종 Proposal입찰 가격을 결정하게 된다.

1) ITB(Invitation to Bidder ; 입찰 초청서)

2) 입찰서 상 역무범위 확인

3) PMC(Project Management Company ; 사업주를 대신하여 관리감독을 전문으로 하는 회사나 조직)

4) 그렇다고 무작정 높은 가격을 책정할 수도 없음을 유의한다.

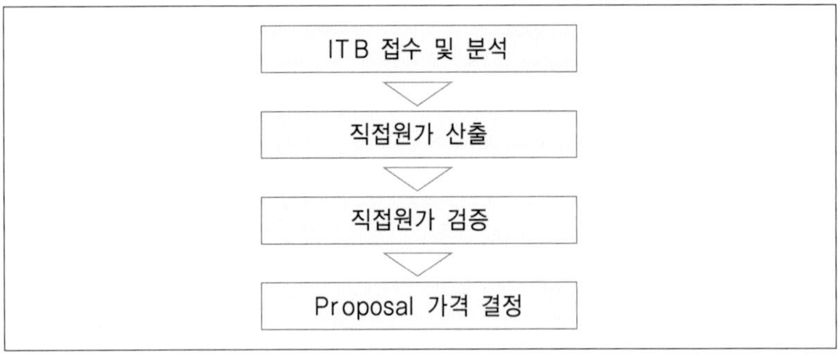

견적 가격 검증 절차

ㅁ 견적시 고려사항

◇ 견적 시스템의 필요성

견적 업무는 수주업이 계속되는 한 끊임없이 반복되는 작업으로 업무의 효율을 높일 수 있는 부분 중 하나이다. 견적작업도 하나의 Project라 생각하고, Plan을 세워 계획에 근거한 작업을 수행해야 한다.

원가를 산정하는 견적 업무에 있어서 단위 항목에 대한 기본 공수는 어느 정도의 틀이 유지된다. 즉, 통계에 의하여 기준공수를 사전에 정해 놓을 수 있다는 말이다. 따라서 공사 물량이 확정되는 순간 사전에 확정된 단위공수에 의하여 기본적인 산출 집계가 자동적으로 나오게 시스템을 구축하여, 이 수치가 Cost로 확정되기 위한 몇 가지 변수에 대해 정의하고 판단하는 것이 중요하다. 공사 견적에 대한 변수들은 다음과 같다.

공사 견적시 반영 요소

- 각 국가별 작업조 구성[1]
- 지역[2]에 따른 영향
- 작업 난이도[3]
- 지역별 협력업체 수준[4]
- PMC 참여 유무
- Plant 건설시장 시황
- 건설 기자재 시황
- 건설인력의 숙련도
- 국가별 차이

1) 각 구성인력들의 인건비 시황에 의한 평균 임금
2) 현장 위치
3) 신설, Revamping(새것으로 교환), 개보수, Tie-in(연결) 등
4) 종합건설업체 또는 단종업체

공사 견적시 위와 같은 Factor요인들을 분석하고 찾아내 반영하는 작업을 하여야 한다. 즉, 기본 공수에 의한 계산을 고정시켜 놓고 여기에 Factor변수를 적용하면 원가가 Factor변수에 의하여 변경되는 System을 구축한다. 따라서 이 Factor를 찾으면 원가 계산이 자동으로 이루어져 몇 차례 물량 수정이 있더라도 쉽게 Cost가격 작업을 할 수 있게 된다.

이와 같이 견적에는 초기의 Planning 전략[5] 수립 후 이 공사 Plan계획에 의거한 Cost가격 작업이 이루어져야 한다. 단순계산 및 서류작업은 일종의 기능 작업이므로 가급적 전산 및 표준에 의해 이루어지도록 하고, 관리자는 상기의 Factor변수를 찾아내고 결정하는 데 더 많은 시간을 할애해야 한다.

5) 어떻게 시공해야 가장 경쟁력 있게 제대로 시공할 수 있는지의 전략

어떤 Formation구성, 방법, 어느 수준의 업체를 동원해 가장 싸고 빠르게 수행할 수 있을지, 이 경우 당사의 간접 관리 인력은 얼마나 투입해야 하는지, 가설은 어떻게 준비해야 하는지 등의 사전계획 수립에 더 많은 시간을 할애하여 효과적이며 체계적으로 업무를 수행할 시스템을 갖추어야 한다.

여기에 추가로 그때그때 업체들의 견적을 받아 시황을 참고하거나, 앞에서도 거론했듯이 요즘처럼 변화무쌍한 시황에서는 처음부터 Partner협력사를 정하여 공동 입찰을 하는 것도 Risk를 줄이는 하나의 방법이다.

◇ 견적시 주요 변수의 반영

변수로서, 예측을 벗어날 만큼 급격히 변화하는 시황이나 준비가 충분치 못해 Risk가 있거나 사회적 제약이 있는 시장을 겨냥한 견적일 경우에는 그 지역에서 신뢰도가 있는 협력사들과의 사전제휴도 고려하여야 한다. 이렇듯 산술적 계산보다는 상황판단이나 사전계획에 의한 변수를 찾는 데 집중적으로 시간을 투입한다.

또한, 엔지니어링사의 견적은 사전 도면 없이 설계 물량을 기준으로 하는 것이 기본이므로 단순 작업물량 이외의 변수에 대한 대비를 소홀히 하기 쉽다. 즉, 물량과 책정단가의 계산만 하는 것이 아니라, 그 공사를 수행하기 위해 필요한 여러 간접요소들을 찾아내 List를 만들고, 이를 적정하게 반영하여 실제 수행 시 공사수행에 차질이 없도록 하는 등 세심한 주의가 필요하다.

또한, Unknown Factor[1]에 대한 Contingency대책도 고려해야 한다. 그러나 각각의 분야에서 경쟁력을 갖추고 실행의 책임을 져야 하는 이중구조를 충분히 이해하고 Unknown Risk미지의 불안한 요인에 대한 적절한 대안을 가져야 한다.

즉, 이 Factor변수에 대하여 예측 가능하도록 끊임없이 자료를 수집 · 분석하고 경험 자료를 근거로 견적시 이를 반영하되 회사의 원가구조에 맞추어 책정하여야 한다.[2] 다시 말해서, Project 전체의 예비비로 Cover반영할 것인지, 아니면 공사비로 반영할 것인지, 또 얼마를 반영할 것인지에 대한 Management 차원의 결정이 필요하다.

1) 미래에 발생할 지도 모르는 미지의 불안한 요인

2) 중복 반영하여 경쟁력을 잃어버리는 과오를 범해서는 안 된다.

❍ 계 약 Contract

3) 실비정산 계약방식

4) 확정금액 계약방식(Lump Sum Contract)

5) Project Management Institute

프로젝트 계약방식은 크게 계약원가와 일정 부분의 수익을 보장하여 계약하는 Cost Reimbursable Contract[3]와 프로젝트 전체에 대한 확정금액으로 계약하는 Fixed Price Contract[4]의 두 가지로 나누어진다.

PMI[5]에서는 프로젝트 계약방식을 좀 더 세분화하여 다음과 같이 나타내었다.

Project Contract Type

☞ 요즈음은 Project 방침이나 편의에 따라 더욱 다양한 형태의 계약도 나타난다.

Contract	Type	Contents
CR	CPPC CPFF CPIF	Cost + % of Cost Cost + Fee Cost + Fee + Incentive
FP	FPIR FFP	Fixed Price + Incentive Fixed Price
T&M		Hourly Rate + Material Cost (Unit Price)

CR : Cost Reimbursable / CPPC : Cost Plus Percentage of Cost
CPFF : Cost Plus Fixed Fee / CPIF : Cost Plus Incentive Fee
FP : Fixed Price / FPIF : Fixed Price Incentive Fee
FFP : Firm Fixed Price / T&M : Time & Material

□ 플랜트 프로젝드 계약

◇ Cost Reimbursable 실비정산식 계약제도

이 제도는 직영 및 도급제도의 장점만을 택한 제도로서, 설계도와 시방서가 명확하지 않거나, 설계는 명확하지만 공사비 총액을 산출하기 곤란할 때에 발주자가 양질의 공사를 기대할 경우 채택되는 방식이다.

발주자는 시공자에게 시공을 위임하고 실제로 시공에 소요된 비용, 즉 공사비와 미리 결정해 놓은 보수를 받는 방식이다. 이 제도는 공사비가 과도하게 높아지지 않고 시공자는 불의의 손해를 입을 염려가 없으므로 양질의 공사를 기대할 수 있으나, 시공자의 책임 범위가 현저히 줄어들어 직영일 때와 같이 공기가 연장되고 공사비가 상승하는 경향이 있다. 시공자의 비용은 변제가 되는 반면, 발주자는 총비용을 정확히 알 수 없으므로 비용 위험이 높다.

이 계약 형태는 발주자가 전체 업무를 명확히 알지 못할 때 종종 이용된다.

• CPPC[1)]

정 의	– 이 제도는 발주자가 모든 비용뿐만 아니라, 총비용의 일정 비율을 시공자의 보수로서 부담하는 계약 형태를 말한다.
특 징	– 발주자의 위험은 가장 높고, 시공자의 위험은 가장 낮다. 시공자의 부담이 전혀 없으므로 시공자의 비용 절감 노력을 하지 않을 위험이 있다.

• CPFF[2)]

정 의	– 이 제도는 CR 계약의 가장 일반적인 형태로 발주자가 모든 비용을 부담하지만 시공자가 받는 보수는 특정값으로 정해지는 방식이다.
특 징	– 발주자의 위험은 있으나, 시공자의 위험은 낮은 편이다. – 반면에 Project 비용이 증가해도 시공자의 보수는 별도의 인정된 Change Order가 없으면 고정이므로, 시공자가 고의로 지연시킬 우려는 적은 편이다.[3)]

• CPIF[4)]

정 의	– 이 제도는 비용과 미리 합의된 보수 외에도 인센티브 조항에 의한 보너스가 있는 형태로, 발주자와 시공자간의 상호 목적을 조율하는 데 유리한 제도이다.
특 징	– 발주자와 시공자가 서로 위험을 부담하는 방식이다. – 역설적으로 표현하자면 발주자와 시공자의 위험부담을 상호보완한 형태로 볼 수 있다.

◇ Fixed Price 정액도급 계약제도

총공사비, 즉 도급금액을 일정액으로 결정하여 계약하는 방식이다. 이 형태에서는 초과비용의 부담이 시공자의 몫이 되므로 발주자의 비용 위험이 크게 낮아진다.

경쟁 입찰에 의해 공사비가 정액이 되고, 총 공사비가 계약과 동시에 결정되므로 건축주가 자금을 조달하는 데 편리하다.

발주자가 업무 전체를 완벽히 이해하고 있을 때, 가장 바람직한 계약 형태이다.

1) Cost Plus Percentage of Costs

2) Cost Plus Fixed Fee

3) Project가 지연될 경우 시공자의 보수는 고정이지만, 비용은 증가되기 때문이다.

4) Cost Plus Incentive Fee

5) Fixed Price Incentive Fee

6) Firm Fixed Price

- FPIF[5)]

정 의	– 정액 계약이지만, 인센티브 조항에 의한 보너스가 존재하는 형태를 말한다.
특 징	– 발주자의 위험은 낮은 편이나, 그만큼 시공자의 위험이 증가된다.

- FFP[6)]

정 의	– 가장 일반적인 계약 형태로, 확고히 정해진 계약금액으로 시공자가 알아서 공사를 수행하는 방식이다. – 따라서 초과비용이나 남은 금액 모두 시공자의 몫이 되므로, 시공자는 비용관리를 필사적으로 하게 된다.
특 징	– 발주자의 위험이 가장 낮고, 시공자의 위험이 가장 높은 반면 기대이익은 가장 큰 형태의 계약 방식이다. – 이는 발주자가 가장 선호하는 방식이며, Scope가 명확할 때 가상 적합한 형태이다.

◇ Time 및 Material

- Time and Matrial

정 의	– 이 계약 형태는 단위시간당 또는 단위자재당 비용을 정산하는 방식으로, 단위시간당, 단위자재당 비용은 미리 정해진다.
특 징	– 작은 규모의 프로젝트에 이용되며, 비용이나 공기가 짧은 편이므로 발주자는 CR이나 FP에 비해 비용 위험부담이 덜한 편이다.

ㅁ 하도급 계약

하도급 계약 업무는 프로젝트의 공사 부분을 수행하기 위한 공종별 업체와의 하도급 계약을 맺는 것을 말한다. 프로젝트가 대형화되고 복합화 됨에 따라 공사수행을 위한 Subcontracting Plan 하도급 계약 계획은 매우 중요하다.

즉, Project의 특성, 하도급 업체의 능력을 고려하여 사전에 Planning[7)]하고 이 기준으로 견적 업무를 진행하게 되므로, Project가 Award 수주 되면 가급적 이 기준을 재검토하여 발주 업무를 진행하는 것이 좋다.

7) 어떤 업체를 어떤 구성 Formation으로 투입하는 것이 최선인지를 Planning한다.

공사 발주 업무에 관해서는 회사가 합의되는 바에 따르는 것이라 정답이 없으며, 그때그때 조직편성이나 업무분장에 따라 가장 바람직한 방향으로 결정하는 것임을 인지해야 한다.

발주 업무의 보편적인 Process는 그림과 같다.

공사발주 업무 Flow

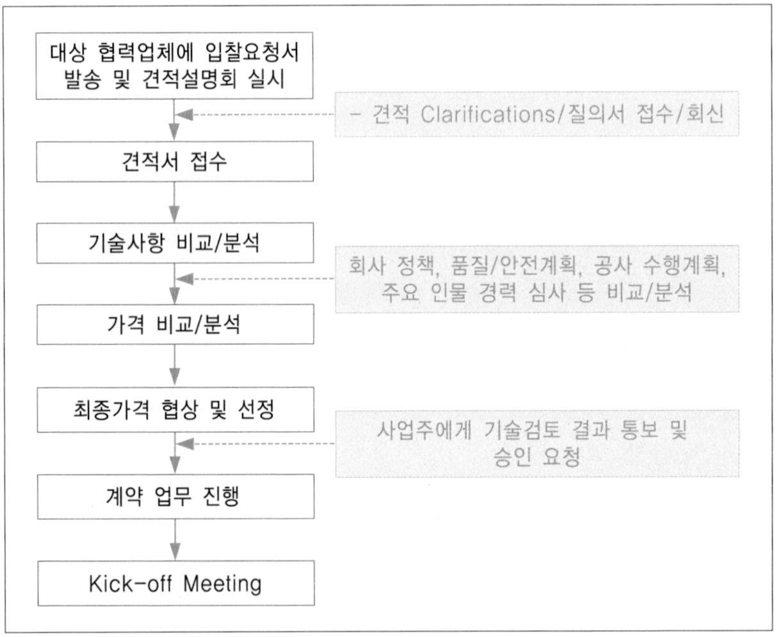

☞ 협력업체 선정 Flow Chart

협력업체 선정시 실무적인 차원의 이해를 돕기 위한 단계별 주요 사안을 알아본다.

◇ 입찰자격 심사자료

수많은 협력 시공업체 중에 입찰에 참가시킬 업체들을 선정하게 되는데, 해당 Project에 필요한 적정 규모나 실적들을 참고하여 적합한 업체를 선정하기 위한 최소한의 사항들을 살펴보면 다음과 같다.

- **협력업체 선정시 고려사항**
  - 유사 Project 경험 실적
  - 보유 핵심 관리자들[1]의 경력이나 능력
  - 공사용 장비 및 인력동원 능력

1) 프로젝트 매니저, 현장소장, 안전관리 책임자, 품질관리 책임자, 공무관리 책임자 등

– 현재의 업무부하 및 Project 예상기간 동안의 Work Load 업무부하
– 품질/안전관리와 관련한 회사의 정책
– Financial Status 자금운영 현황
– 회사 규모 및 조직
– 본 Project에 대한 참여 의지 정도
– 시장에서의 Reputation 신뢰 수준
– 사장의 경영 정신

◇ ITB Invitation to Bidder

• **일반사항** General Terms & Condition

계약에 관련된 일반 조건으로 통상 회사의 표준양식을 사용하며, Project 관련 정보, 계약 범위, 지불 조건, 보험이나 보증 조건 등 통상적인 계약사항들이 포함된다.

• **특기사항** Special Terms & Condition

해당 Project에만 관련되는 특별한 사항들이다. 특별한 정산조건, 꼭 지켜야 할 Milestone 일정, 특이한 업무 범위, 적용해야 할 특수공법 등 추가로 명기해야 할 조건들을 포함한다. 특히 Project 수행시 예상되는 분쟁의 소지가 있는 사항[2)]들은 사전에 명확하게 해 둘 필요가 있다.

2) Progress(공정달성) 산정 방법, 정산 기준, 추가 작업 인정 기준 등

• **기타 고려사항**

– 관련 도면 정보 및 시방서
– Overall Construction Schedule 전반적인 건설 일정계획
– 시공 기준 도면이 없을 경우에는 시공 물량
– 주요 기자재 공급 일정
– 사급 자재 및 도급 자재 구분
– 간접 업무 범위

◇ **견적 설명회 실시**

• 경우에 따라서는 ITB Package를 전달할 때 Project에 관련된 제반 사항 및 견적에 참고가 되는 제반 사항들에 대한 설명회를 실시한다. 또한, ITB Package를 송부하여 사전에 개략적인 검토를 할 시간을 할애

한 후 일정을 잡아 견적 설명회[1]를 실시하기도 한다.

- 입찰 초청서를 송부할 때는 회사의 위임장을 소지한 자의 기밀유지 약정서를 받아 두는 것을 잊지 말아야 한다.
- 모든 회의의 회의록을 정확히 작성하여 보관한다.
  -> 추후 계약조건에 근거가 되는 서류이다.

△ 입찰기준 부합 여부 비교분석!

• **기술사항 비교분석**Technical Bid Evaluation

기술사항 비교분석은 가격의 비교에 앞서 입찰기준에 부합하도록 충실하게 준비했는지의 여부를 판정하는 것이다. 가격이 아무리 좋아도 입찰기준에 못 미치는 경우 아무런 의미가 없기 때문이다.

다음 사항을 중점적으로 분석하여 등급을 정한다.

1) 가급적 명확하게 설명해 주는 것이 좋다.

▯기술사항 비교 분석시 고려사항

- 조직 구성
- 상세시공 계획
- 인력 및 장비동원 계획
- 가설계획
- 유사 Project 경험자료
- 투입 예상 핵심인력의 경력사항
- 현재 및 향후 Work Load 업무부하 정도
- 품질/안전관리 계획

• **가격 비교분석**Commercial Evaluation

가격 비교에서는 모든 입찰자들의 가격을 같은 조건에서 비교하는 것이 중요하다. 따라서 제반 조건 비교를 우선하여 같은 조건으로 만든 후 가격 비교를 한다.

경우에 따라서 이상한 조건을 제시하거나 가격을 누락시키는 경우가 있으므로 주의[2]한다.

2) 특이하게 싸거나, 비싼 항목이 있는지도 찾아내 확인할 필요가 있다. 혹 이해를 달리 하였을 경우에는 바로잡아 주는 것이 좋다.

◇ Clarification

기술사항이나 가격 비교분석 과정에서 발견된 부적합한 사항은 반드시 사전에 명확히 하여야 한다.

-> 이 과정을 통상 Clarification이라 한다.

◇ 협력업체 설명회

이느 정도 윤곽이 나타나면 최종확정 전 예상되는 1~2개 업체로 하여금 수행계획에 대한 설명회를 실시하도록 한다.

이때 반드시 투입 예상 현장소장으로 하여금 설명하도록 하고, 품질관리자와 안전관리자를 참석시켜 Project 수행에 관련된 이해도나 제반계획을 검증하는 기회를 갖도록 한다.

최종확정 전에 갖는 이 설명회는 나름대로 중요한 의미를 갖는다.

◇ 계 약

일련의 절차를 거쳐 최종적으로 협력업체가 선정되면 Award Notice 선정통보를 하게 된다.

이는 본 계약 행위 이전에라도 상호 준비를 하고 계약절차를 밟는 수순이다.[1)]

1) 반드시 해야 하는 절차는 아니다.

□ 계약서상 첨부 서류

- 계약서
- ITB 서류
- 모든 회의록
- 업무범위
- 합의된 가격 상세내역
- 시방서, 도면 및 적용 Codes 및 Standards
- 물량산정 기준 및 방법
- 협력업체의 제출서류 일체
- Master Schedule 주요 일정계획
- 가설계획서
- 보험

□ 프로젝트 계약시 주의사항

◇ 업체 선정

공사 발주 업무는 초기에 공사의 성패를 결정짓는 중요한 변수이다. 다시 말하자면, 좋은 시공업체와 제대로 된 계약[1]을 적시에 할 수 있으면 공사는 반 이상 성공한 것이나 다름없다는 말이다.

업체의 선정 시기 또한 중요한 변수이다. 업체 선정은 가급적 일찍 하는 것이 좋다.

대개의 경우 자회사의 이득을 우선시하는 것이 당연하지만, 이 이득의 기준을 단순히 저렴한 계약단가만을 근간으로 하는 우를 범해서는 안 된다. 이런 경우 당장 자금 사정에 여유가 생겨 계약을 잘했다고 좋아할 수 있으나, 공사가 진행되면서 앞서 계약한 금액으로 작업이 불가능하게 되는 협력사로서는 어떠한 방법을 써서라도 이를 만회하려는 노력을 할 수밖에 없다. 예를 들어 다음과 같은 문제들을 야기해 시간적으로 손해를 보거나 불필요한 추가비용[2]을 투입하여 어렵게 마무리를 하는 등 결과적으로 비용이 더 들어 모두에게 해를 끼치게 된다.

- 무리한 감축을 시도하여 공사 진행에 차질이 발생
- 저렴한 임금에 질이 낮은 인력을 동원, 사람 숫자만 채워 생산성이 떨어져 나중에는 손해를 보니 이를 보상해 달라고 억지를 부리는 행위
- 어떻게든 트집을 잡아 Claim 제기
- 한창 돈이 되는 일만 하여 기성을 올려 챙기고는 마무리를 하지 않고 배짱으로 버티기

따라서 이러한 모든 사항을 고려하여 견적 때부터 적정원가를 찾아내고 발주할 때도 적정한 공사비를 적용할 수 있도록 하되, 상기의 여러 경우가 발생하지 않도록 세심한 주의를 기울여야 한다. 즉, 모든 경우의 수를 Check List화하여 계약의 조건에 반영할 수 있도록 하여야 한다.

또한, 아무리 계약조항을 꼼꼼히 따지고 적정금액을 계약에 반영하였다 하더라도 정작 협력업체의 능력이 미치지 못하거나 회사 대표의 경영방침이 자기 이익만을 추구하는 회사라면 결과는 마찬가지일 수밖에

1) 당사 뿐 아니라 협력사도 이득을 기대할 수 있는 계약

2) 긴급비용

△ 제안서에 따른 Presentation 검증!

없음은 자명한 일이다.

따라서 업체를 선정할 때는 사전에 여러 가지 검증 절차를 거쳐야 한다. 이를 위하여 다음과 같은 검증항목을 사전 Check List로 만들고 사전에 공사계획에 대한 Presentation을 거쳐 반드시 점검한 후 최종적으로 업체를 선정해야 성공의 확률이 높아진다.

- 해당 공사에 대한 수행 능력 여부
- 해당 Project에 대한 이해 수준
- Key Personnel 핵심인력의 경험, 능력치
- 사장의 경영 Mind 자세
- 회사의 재정 상태
- 해당 기간의 Work Load 업무부하

◇ 지역적 특성 반영

지역적 특성에 맞는 업체 Formation 구성도 대단히 중요한 변수 중 하나이다.

- 특정 지역에서 경쟁력 있는 General Contractor 종합 건설사가 많이 있는지, 아니면 중견 단종업체의 활용이 더 경쟁력이 있는지
- 업체들의 능력이나 성향은 어떠한지
- 어느 규모 이상은 반드시 대규모 종합시공사를 활용해야 하는지

이런 모든 사항들은 전략적인 Planning에 의해 분석하고 판단하여 집행하게 되는 것이다.

다음의 지역적 특성의 개략적인 예[3]를 살펴본다.

3) 단편적인 예를 들어본 것일 뿐, 현실과는 다를 수 있으므로 반드시 조사해야 한다.

- **멕시코**

대부분의 업체들 계약적 약속에 대한 책임감 없이 자기들의 이익에 반하면 언제라도 공사를 접고 사라지기도 하며, 심지어는 계약 후 선수금만 받고 도망가는 등 믿을 수 없는 업체도 상당수 있다.

- **인도**

몇몇 대형업체가 있으나, 전반적으로 중 · 소형업체들이며 관리 수준이 낮고 신뢰할 만한 업체가 드물기 때문에 선정할 때 주의해야 한다. 따라서 어느 정도 현장을 일일이 컨트롤 할 각오를 하고 대비하는 것이

좋다.

특히 안전관리, 정리정돈 등의 개념은 상당히 취약한 편이다.

• **베트남**

성품이 부지런하고 손재주가 많은 반면, 사회 인프라나 플랜트 공사 경험 등은 많지 않아 일일이 리딩을 해줄 필요가 있다. 따라서 Training School 등을 운영하여 기술을 전수하면 비교적 잘 따라오는 편이다.

하지만, 짐작이 가겠지만 아무래도 품질이나 안전관리 등의 수준은 낮은 편이다.

• **태국**

플랜트 공사를 할 수 있는 대형 시공업체는 2~3개 정도뿐이고 중형 규모의 업체들이 대다수이다. 플랜트 경험은 많은 편이어서 기능 인력이 상대적으로 좋은 편이다. 그러나 요즘은 장기간의 경기침체로 인하여 우수한 기능 인력이 해외로 많이 빠져나가 거꾸로 자국 시장에서의 어려움이 예상된다.

이는 단지 단편적인 예를 든 것뿐이고 경우의 수가 많으므로 한 가지 정답이란 있을 수 없으니 철저한 사전조사, 현지조사, 타인이나 타사의 경험을 조사/분석하여 대비책을 마련하는 등의 노력이 필요하다. 지역별 특성이나 기술수준, 기술자 현황 등은 기본이나 시황에 따른 변화도 중요한 변수로 작용한다는 것을 명심하여 세심한 조사를 할 필요가 있다.

이러한 것들은 하루아침에 가능한 일이 아니므로, 철저히 사전준비를 하고 업무의 System화를 이루어 담당자가 바뀌더라도 누락되지 않고 지켜질 수 있도록 체제를 갖추어 업무의 질을 높여야 한다.

◇ 협력업체와의 계약 및 Co-Work

이러한 준비가 끝나고 최종 협력사가 결정되면 계약에 의해 문서로써 서로의 약속과 책임범위를 규정하게 되는데, 반드시 회사에 규정된 표준계약서를 사용한다. 특히, Project마다의 특성에 따른 특약사항 등은 법무팀의 자문을 거쳐 만일의 경우 법적인 문제로 인해 자사가 불리한 경우를 당하지 않도록 철저히 대비해야 함은 물론이다.

계약 시기는 가급적 빠른 것이 좋다. 초기에 확정하면 협력업체가 사

△ 하자 없는 확실한 협력사 선정!

전에 준비시간을 충분히 가지고 효과적으로 계획을 세울 수 있는 이점이 있다. 또한, 초기 수행계획을 수립할 때 당사와의 공동 작업을 통해 그만큼 시행착오를 줄이고 Project 수행 방향이나 목표를 공유할 수 있어, 한 방향으로 추진하는 데 동참하도록 유도할 수 있으므로 Project를 수행하는 데 훨씬 유리하며, 상호 신뢰 구축에도 도움이 된다.

Project를 수행하는 데 가장 중요한 변수 중의 하나는 바로 Communication이다. Communication의 기본은 Planning을 할 때 가급적 이해 관계자들이 모두많이 참여하여 공통의 언어로 공통의 목표를 설정하는 것이 가장 효과적임을 명심하기 바란다. 다음 장의 공정관리에서 언급하겠지만, Communication이 계약이고 Planning이며 Scheduling일정계획이다.

모든 Communication은 이를 기초로 이루어져야 하기 때문에 매우 중요하게 다루어야 한다.

◇ 협력업체 관리

협력업체와의 관계를 우호적으로 하고 적극적으로 도와주어 효과적으로 일할 수 있는 여건을 마련해 준다.[1] 정상적인 방법을 통해 최대한 협력업체가 일하는 데 도움을 주는 방향으로 자사가 제공해야 하는 도면이나 기자재 등을 사전에 확보해 준다. 또한, 협력업체가 일하는 데 걸림돌이 되는 각종 장애요인을 제거하여 효율적으로 작업할 수 있게 도와주어야 한다.

1) 그렇다고 무조건 퍼주기식으로 지원하라는 의미는 아니다.

그러나 협력업체 관리는 철저히 계약에 의해, 계약에 근거하여 합리적으로 관리하지 않으면 안 된다. 협력업체의 속성상 우리 쪽에서 조금의 틈만 보여도 거꾸로 Claim을 걸거나 보상을 요구하는 등, 자기들의 책임을 벗어나고자 하는 노력을 한다.

따라서 모든 협의사항이나 업무를 문서화 할 필요가 있다. 문서로 남는 근거만이 결국 만일의 상황에서 인정될 수 있기 때문이다. 모든 회의는 회의록을 남기고 협의사항도 근거를 남겨 계획에 차질이 발생하거나 하는 등의 상황에서는 반드시 이 기록물을 근거로 추궁해 들어가야 효과가 있다.

대부분 건설 경력이 많은 업자들은 이 서류행정에 약하다. 모두가 각자의 방식이 몸에 배어 있기 때문에 작업 협의나 계획을 Schedule에 근거하지 않고, 자기 방식대로 바꾸어 지시하는 경우가 너무 많다.[1)]

이렇게 되면 협력업체는 수동적인 자세로 바뀔 뿐 아니라, 업무계획에 혼선이 발생하고, 공사계획을 사전에 알 수 없어 공사가 끝날 때까지 주도적인 역할을 할 수 없게 된다.

경우에 따라서, 어떤 변경이 불가피할 때 새로운 계획은 사전에 준비된 것이 아니기 때문에 더 좋지 못한 결과를 초래할 수도 있다. 반드시 사전협의하고 문서로 확인 후 약속[2)]을 받아야 하며, 약속된 일이 어긋났을 경우 이 약속을 근거로 후속협의를 해야 한다.

마지막으로, 기성관리를 기술적으로 하여야 한다. 협력업체의 속성상 하기 쉽고 적은 투입으로 많은 기성을 올릴 수 있는 것을 우선적으로 하게 되어 있으므로 공사의 Peak까지는 별 문제 없이 진행되지만, 마무리 공정이나 소공정으로 들어가면 서서히 문제가 발생되기 때문이다.

따라서 토목공사에서는 기초공사와 공사 후반부에 벌어지는 작은 기초나 마무리공정, 배관공사에서는 대구경 배관이 초기에 이루어지고 소구경 배관은 나중에 이루어진다. 그러나 이는 투입 인력에 비해 기성고는 많지 않아 진행이 더딘 것이 보통이다. 이를 조정하기 위해서는 인정기성의 배분이 필요하며, 이는 공사 초기에 협력업체에게 분명히 하여 오해의 소지가 없도록 해야 한다.

나아가 협력업체의 입장에서도 이렇게 균형 있게 관리해야 마무리 공정도 균형 있게 투입하여 좋은 결과를 얻을 수 있다.

1) 우리 한국 사람들의 가장 취약한 부분이다.

2) 문서로 남기 때문에 함부로 약정할 수 없고, 그만큼 신중하게 협의하므로 실행 확률이 높아진다.

4 공사계획 및 수행 Construction Plan & Execution

△ 초기 공사계획이 중요!

모든 일은 계획에서 출발한다. 이 계획에 근거하여 집행하고 재수정을 반복하며 Project를 진행하게 된다. 여기서는 공사계획에 관한 제반사항들을 살펴보기로 한다.

초기의 계획이 얼마나 중요한지는 본 내용을 이해하면서 차차 스스로 느낄 수 있으리라 생각된다.

계획을 세우기 위해서는 각종 관련정보를 수집하고 기본정보를 바탕으로 Project 수행의 근간이 되는 방침을 설정, 항해의 방향을 잡게 된다. 이 방침에 의해 모든 계획이 수립되고 실제로 집행된다. 이 기본방향이 잘못되면 Project 전체가 실패로 돌아가기 때문에 매우 중요한 작업이라 하겠다.[3)]

3) 또한, 여기서는 초기공사 계획을 세울 때 필요한 지식들을 정리하고 전반적인 이해를 돕는 데 중점을 두어야 한다.

❍ 공사 수행계획 준비

건설공사 관리에 있어서 공사계획 업무는 공사의 준비단계는 물론 각 공사의 실시 단계에서도 재검토되어, 건설공사를 가장 경제적이고 안전하게 달성하기 위한 중요한 업무이다.

공사계획의 결과에 따라 Project 전체의 성패가 좌우된다는 것을 충분히 인식하여 세밀하고 적절한 공사계획의 수립 및 충분한 검토를 실시한다.

공사계획은 지속적으로 비교 · 검토하는 Base-line 기본계획이므로 매우 중요하게 다루어야 한다.

☞ Proposal 진행 과정이나 관련 특기사항들을 확인한다.

□ Project와 관련된 제반사항 확인

◇ Plant 및 프로세스 개요

- Project 명칭
- Project의 이해 및 규모
- Project 수행기간

– 현장 위치 및 주변 상황

– 사업주의 조직 구도

– 개략적인 Process 이해

– 시공 과정에서 주의해야 할 특기사항[1] 파악

-> 고압배관 Line

-> 특수 재질로서 별도 취급해야 할 부분

-> 위험이 큰 시공 부분 여부

-> 고난도 기술을 요하는 부분

-> 공정상 Critical Path에 걸리는 부분 등

◇ **계약 관련 사항**계약서 포함

– 계약 형태 및 금액

– 계약 조건

– 공사 범위물량 포함

– 계약상 Project Schedule, 주요 Milestone 일정[2]

– 지불 조건 및 방침

– 지체상금, Penalty 및 Guaranty 책임사항

– 기타 특기사항

◇ **업무 추진시 중요사항**

– 사업주나 정부의 인허가 항목 및 업무절차[3]

– Consultant 감리단과의 Coordination Procedure 업무협의 절차

– 조 달

-> 검수

-> 수송[4]

– 공 사

-> 시공 특기사항

-> 현지 Infra-structure 기반시설

-> 현지 문화 및 주민 특성[5]

-> 계약상 지정 시공업체 유무 또는 현지 업체 활용의무 등

1) 특기사항을 사전에 파악하여 초기계획에 포함시킨다.

2) 경우에 따라서는 Milestone이 기성지불과 연계되는 수도 있다.

3) 도면 제출시기, 검사항목 및 소요기간 등

4) 해양 · 내륙 운송

5) Option 사항 : 특히 현지인력 채용의무 등

-> 계약적 책임범위의 정의

-> Code 및 적용 Standard

- 대 관청 인허가 사항
- 환경관리와 관련된 환경영향 요소의 확인 · 검토
- Change Order변경작업 지시 및 Hand-over Procedure인수 인계 절차서

◇ 보 증

- 공사기간
- Workman-Ship작업 품질
- Performance수행
- 보 험

◇ 기타 사항

- 실행 예산 / 경비
- 도면 관계
- ITB 요구사항 · 계약상의 Deviation불일치, Condition조건 변경 등 계약상에 명기되지 않은 각종 문제 처리 등의 Screen List점검목록 작성 및 대책 강구
- Proposal입찰견적 자료 Study검토[6)]

6) Proposal시의 모든 자료 등 정보를 인계 받고, 이를 충분히 인지하여 계획에 반영하여야 한다.

Planning Work Flow

준비계획	기본계획	상세계획	수행계획	종료계획
• 프로젝트 숙지 (Scope, 계약 내용, 조건 등) • 현장조사	• 조직구성 • Master plan • 협력업체 선정 계획	• 공사비 확인 • 현장경비 계획 • 가설 계획 • 중량물 계획 • 자재관리 계획 • 인력동원 계획 • 작업절차서/시방서	• 공사수행 • 검사 계획	• 시운전 계획 • 기계적 준공 • 성과물 인도 • 철수 계획 • 공사비 정산 • 최종 보고서 작성

☞ Close out Book on Close of Buisiness

□ 현장조사 작업

공사 수행계획 전 공사현장의 지역조건 및 주변 Infra를 사전에 조사하여 충분히 파악하는 것은 공사계획을 수립하는 데 필수적일 뿐만 아니라, 공사를 성공리에 마칠 수 있는 기본이 된다.

현장조건은 각 프로젝트에 따라 상이하므로 공사 수행계획 수립 이전에 반드시 현장을 답사하여 그 현장조건에 가장 적합하고 경제적인 공사 수행계획을 수립하는 것이 중요하다.

또한, 현장 사전조사는 사전에 조사항목을 정하여 조사자[1]와 조사 횟수를 늘리면 오차를 줄이고 보다 정확하고 상세한 조사를 할 수 있다.

현장 조사시 확인해야 할 기본항목을 살펴보면 다음과 같다.

◇ 현장 조사시 주요 확인사항

- **조사계획 및 준비물**
  - 조사자 선정, 조사 책임 할당
  - 일정계획 및 조사방법 결정
  - 지도, Project 위치 도면[2]
  - 복장[3]
  - 카메라, 기록장, 줄자 등
- **공사부지 및 주변 환경**
  - 공사부지 확인, 부지 형태 및 표차 확인
  - 도면과 비교
  - 토취장, 사토장 위치
- **토질 분석**
- **기후 조사**
  - 강우량, 강우일수, 호우시기, 기타 기상 관련 자료 조사
  - 기온, 풍량 및 풍향 등
- **Utility**
  - 공사용 전기[4]
  - 공사용수[5]

1) 전문가 동행

2) Layout(배치) 도면

3) 습지일 경우 장화 등

4) 전압, 인입거리, 인입 루트, 인허가

5) 공공용수, 수질, 가능수량, 인입거리 및 위치

- **가설 및 시설물**
  - 사무실, 숙소, 식당, 가용 부지 위치 및 가용면적
  - 주차장 부지, 차량
  - 통신수단, 식수, 하수시설
  - 병원, 학교, 부식 조달처 및 방법
- **수송시설**
  - 반입도로[6)]
  - 도로 제약조건[7)]
  - 항만[8)]
- **레미콘 시설 및 처리용량**
- **인력동원**
  - 임금수준, 동원가능 인력, 기능수준, 노무자 숙소, 인력동원 Source
  - 외국 노동자 취업제한 여부
- **장애물**
  - 송전선, 통신선, 이동로에 장애가 되는 지하 매설물
- **환경**
  - 출 · 퇴근 방법, 루트
  - 교통량
  - 공해 규제[9)]
- **기타 관계기관 인허가 사항**

6) 노면, 노폭, 장애물, 포장, 교통량

7) 중량물 이동 시간 제한, 높이 제한, 무게제한, 교량, 터널

8) 접안시설 유무 및 수용 용량, 하역시실, 위치, 거리

9) 소음, 진동, 먼지, 배수, 주위 민원 발생 지역 여부

❍ 공사 수행방침 설정

△ 일사 분란한 Project 수행방침 설정!

배가 항구를 떠나 최종 목적지에 도달할 때까지 여러 가지 경우의 수가 있을 수 있다. 배를 운행하는 기술은 대동소이하다 하더라도 선원의 질적/양적 구성, 항로의 결정, 운행속도 등에 영향을 미치는 선장의 방침에 따라 험난한 항해가 될 수도 있고 편안한 항해가 될 수도 있다. 나아가서는 약속된 일정에 항구에 도착할 수도 지연될 수도 있다. 만일 선장이 부단하게 노력하고 경험이 많으면 항로의 상황을 잘 파악하여 태풍을 피하기 위해 어느 중간 항구에서 일정기간 머물거나, 오히려 예정보다 빨리 태풍 지역을 벗어나기 위한 노력을 시도할지 모른다.

이 과정에서 어떤 배는 모든 선원들이 일치단결하여 일사분란하게 지휘 · 통제를 받아가면서도 즐겁게 항해를 하며 목표 일정에 맞추어 항구에 도착하는가 하면, 다른 배는 선원들이 지치고 서로 반목하며 고달픈 항해를 거듭하다 겨우 항구에 도달하거나 목표 기일을 넘기는 경우도 있을 것이다.

이렇듯 시공 업무를 수행함에 있어서도 회사의 대리인으로서 현장을 이끌어 가며 모든 업무를 진두지휘하는 현장소장의 역할은 가히 결정적이라 하겠다. 따라서 현장소장의 운영방침은 Project의 성패를 결정지을 수 있는 중요한 초석이라 아니할 수 없다. 현장소장의 판단에 따라 모든 Planning의 방향이 결정되며, 이 Planning에 의한 공사수행이 Project 마무리까지 일사 분란하게 이루어지게 되는 것이다.

예로서 안전을 최우선으로 삼느냐 공기를 최우선으로 설정하느냐 또는 원가 절감을 최우선이라든가 하느냐 등의 방침에 따라, 안전관리비를 증가시키거나 안전 관련 성과가 좋은 하도급 업체를 우선 선정하거나 저렴한 가격의 업체를 선정한다거나 하는 식의 계획이 달라지는 것이다.

따라서 초기에 현장 대리인의 방침을 확인하는 것이 중요하다. 대개는 다음을 바탕으로 이해 관계자들이 공통으로 인식하며 프로젝트의 목표를 명확히 할 수 있는 방침을 세우게 된다.

• **프로젝트의 목표 설정 주요 항목**
- 회사의 경영 방침
- 세계적 추세
- 사업주의 성향
- Project 목표
- 현지의 문화나 주변 상황
- 시장 상황
- 개인적 경험

□ 총괄 건설 수행계획 Construction Overall Execution Plan

▽ **사 례 (A)**

현장운영방침 (A)

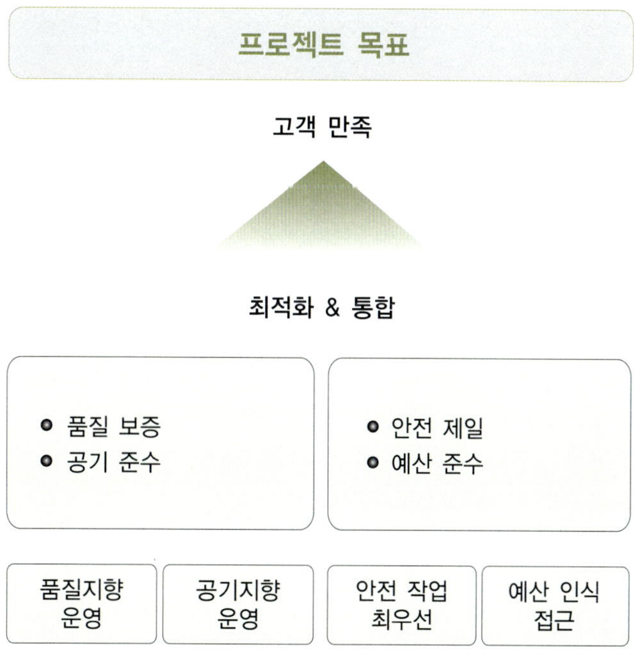

• 이 현장은 품질, 안전, 공기, 원가 등의 요소들을 Balanced Level로 유지[1]하며, 이들의 조화로운 통합을 통해 고객만족을 이루는 데 최종목표를 두었다는 것을 알 수 있다.

1) 어느 한 쪽에 비중을 두지 않고 균형 유지

▽ **사 례 (B)**

현장운영방침(B)

선진 현장 구현

고객 만족

최적화 & 통합

'A'프로젝트의 성공적 수행	철저한 기록 문화를 통한 기술 축적 및 전파	무재해 실현 및 고품질 현장 구현
[손익관리] - 공법 개선을 통한 이익률 확보 - 사전 점검을 통한 재 시공 방지 - 철저한 정산관리	[공정관리] - 계획 공정의 사전, 사후관리 - 공종별 공사기록 활성화로 자료 축적 및 전파 - 상호 긴밀한 업무 협조체제 구축 (효율적 공정관리)	[품질 안전경영] - 주요 작업 사전 위험잠재요소 발굴 - 지속적 교육을 통한 의식개혁 - 기본 지키기 실현

- 이 현장은 손익, 공기, 품질/안전경영의 토대 위에 기술축적, 무재해 달성을 통해 선진 현장 구현을 목표로 하고 있다.
  이렇듯 각 현장마다 최고책임자의 의지를 담아 이를 달성하기 위한 전 이해 관계자의 공동노력을 추구하고 있다.

❍ 현장 중점관리 사항

Project 업무내용 전반을 파악한 후에는 성공적인 공사수행을 위해 영향이 크고 중요하게 관리되어야 하는 항목들을 발췌하여 지속적으로 관리하여야 한다. 즉, 가장 어려운 공사, 기술이 필요한 공사, 프로세스 상 가장 Critical중요한 공사나 기기, 중요한 장애요인 등을 선별하여 중점관리 항목으로 선정한다.

이는 초기 파악 단계에서도 나타나지만, 공사 진행과정 또는 공사계획의 완료 시점에서 결과에 의해 추가되기도 한다.[1)]

1) 예를 들어, 필요시점보다 늦게 반입되는 기기 관련 공사 등은 전체 공기를 맞추기 위해 별도의 세부계획에 의한 특별 관리를 필요로 한다.

▫ 중점관리 Point

주로 Project 수행에 영향이 큰 Risk 항목으로서 관리가 가능한 것으로 이해하면 된다.

◇ 민 원

민원과 관련된 사안은 개인적인 이기심과도 연관되므로 실로 가늠하기 힘들 정도로 많은 경우의 수가 있다. 따라서 세심하게 조사하여 만반의 대비를 하여야 한다.

일단 민원이 발생되면 관계개선이 매우 어려울 뿐 아니라 공사 진행에 막대한 영향을 끼치게 되므로 민원사항이 발생하지 않도록 충분한 사전 노력이 필요하다.

현장에서 민원이 발생할 수 있는 요소는 다음과 같다.

▯ 주요 민원 발생 요소

- 공사로 인한 지역 주민들과의 이해관계가 얽혀 있는 경우
- 여러 마을을 통과해서 지나가는 도로 공사나 Pipe Line 공사
- 공사 소음, 진동 등으로 인하여 지역 주민들의 생활에 불편이 예상될 때
- 하수가 주민 지역으로 흘러갈 우려가 있을 경우
- 공사로 인한 토사의 붕괴 등이 우려될 때
- 공사 진입로가 주거지역을 통과할 필요가 있을 때
- 공사차량 이동으로 인한 도로오염 등이 우려될 때

△ 소음 · 진동 민원에 대비!

◇ 깊은 지하 구조물

공사 계획시 대형 Pit지하구조물, Water Pond저수조 등 크고 깊은 구조물들은 별도의 상세 분석을 통해 대비책을 마련해야 한다.

지하 구조물은 주위의 공사에 지대한 영향을 주므로 가급적 우선적으로 시공할 수 있도록 계획 초기부터 관련 부서와 협의를 하고 도면, 자재, 공사인력 투입 등 필요한 준비를 하여야 한다.

지하 매설물은 빠른 시일 내에 마무리하여야 지상공사를 순조롭게 진행할 수 있다. 통상 지하공사는 깊은 부분부터 하는 것이 좋다.

◇ 기술적 난이도가 큰 항목

- **기술적 난이도가 요구되는 기기**
  - Project의 Tubular Type Reactor반응기 등 Special Skill특수기술이 필요한 기기
  - 대형 Compressor, 대형 Boiler, Aluminum Type Plate Heat Exchanger알루미늄판 열교환기 등 Special Care특별한 관리가 필요한 기기 등

기술적 난이도가 큰 항목 예

구 분	핵 심 항 목
토목 작업	• 기초공사 및 매입시공 항목 • Anchor Bolt 위치 및 Projection보호 • Blaster Wall방폭벽의 Concrete 타설 방법 및 물량 확보 (대형 구조물임에도 불구하고 1개소의 Construction Join만 인정됨) – 세밀한 계획 – 교대 작업조 확보 및 운영체제 – Batch Plant 및 충분한 Mixer Truck레이콘 트럭 확보 – 매입 시공분 사전확보 – Concrete 타설 방법 및 양생계획
기계 작업	• Reactor반응 Tube의 공급 및 야적조건 충족 • 시공절차 및 방법 숙지 • 중량기기 선정 및 확보 • 특수 숙련공 확보 및 별도 훈련 • Vendor 요구사항에 부합되는 특수 공구 확보

◇ Critical주요공정에 걸린 주요 기기

제작기간이 특히 긴 장납기 기기 등 Critical주요공정에 작용하는 기자재 등은 초기부터 지속적으로 관리하여야 하며, 지연으로 인하여 불필요한 추가투입이나 만회작업 또는 공기지연으로 연결되지 않도록 한다.

공사를 안전하고 수월하게 하기 위한 관리항목 공사를 안전하고 수월하게 진행하기 위한 주요 관리항목은 다음과 같다.

◇ 공사에 안전 및 수월한 관리항목

- Platform작업발판, Ladder사다리, Handrail손잡이
- Grating깔판
- Dress-out사전 외부 부착 공법
- Pre-Assembly사전 조립 가능 작업
- Module화 가능한 작업
- Over Head Pipe 작업
- Permanent Road영구 도로 및 Drainage하수관
- Compressor Room의 Over Head Crane 선 시공

위에 언급한 사항들은 조금만 관심을 가지고 조기부터 준비 · 관리하면 시공 편의성이 좋아질 뿐 아니라, 안전성도 확보되고 공사비 절감의 효과까지 있으므로 꼭 챙겨야 한다.

◇ 기술인력 동원

저개발국가나 지역적으로 기술인력 확보가 어려운 국가[1] 등은 제3국 인력 수입, VISA비자 확보 등 별도의 대책을 수립한다.

하도급 업체 선정시에도 이 부분에 대한 대안을 반드시 확인하도록 한다.

1) UAE, 이라크, 사우디아라비아 등 대부분의 중동국가

◇ 기타 난공사

기타 지역적이나 환경적으로 난공사가 예상되는 공사에 대해서는 별도의 특별대책이 꼭 필요하다.

만일, 경험이 부족하다든지 하여 대책 마련에 어려움이 있으면 외부 전문가의 도움을 받아 반드시 대비책을 세워 Project 수행에 차질이 없도록 한다.

품질/안전관리 방침

품질관리 방침

품질관리는 Project가 수행해야 하는 요구사항을 만족시키기 위해 필요한 프로세스를 포함하는 것이다.

따라서 품질관리는 품질 정책, 목표, 책임을 결정하고 품질 시스템 내에서 품질 기획, 품질 보증, 품질 통제, 품질 개선 등을 통해 상기 내용을 구현하는 총괄적인 경영 기능이다.

품질은 궁극적으로 Customer Satisfaction 고객만족이 최종 목표이며, 이는 Conformance to Specification 시방에 대한 부합성과 Fitness for Use 사용 적합성의 조합으로 달성된다. 또한 검사 이전에 예방으로 이루어져야 하며[1], 경영층의 책임에 의해 전체 직원의 참여와 성공을 위한 자원으로 제공되어야 함을 이해하여야 한다.

한 회사의 품질관리 방침은 최고책임자가 공식적으로 표명한 품질에 대한 전반적인 경영의지의 표현이며, 모든 현장 구성원은 관련자[2]가 품질에 대해 충분히 알고 있음을 보증할 책임이 있다.

회사의 품질정책 및 Owner의 요구에 부합되도록 하는 내용의 품질방침을 결정하여 대내 · 외에 공표하고, 이해 관계자로 하여금 이를 이해하고 같이 실천하여 궁극적 목표인「고객 만족」을 달성하도록 하여야 한다.

안전관리 방침

안전관리란, 사업장의 모든 공정 및 공정에 산재되어 있는 위험한 요소를 조기에 발견 · 예측하여 사고가 발생하지 않도록 강구하는 제반 안전활동이다.

안전관리의 근본 이념은 인명존중에 있다. 경영자는 안전조치 및 쾌적한 작업환경을 제공하여야 하며, 근로자는 안전유지와 재해예방에 필요한 제반규정을 준수하여야 한다. 즉, 안전관리란 사고의 위험이 없는 상태로 유지시키는 업무를 뜻한다.

1) Quality is planned in, not inspected in.

☞ 검사는 품질의 확인절차이지 그 자체가 품질관리가 아님을 명심하자.

2) 하도급 업체 직원 및 기능인력 포함

◇ 안전관리의 이해

우리는 통상 안전관리를 안전관리자가 하는 업무로 여겨왔다. 따라서, 거의 대부분의 현장관리자는 안전에 대한 책임감 없이 형식적으로 흉내만 내고, 공사관리자는 공사에만 몰두하며 하루라도 빨리 시공하는 것만이 궁극적인 목표인 것으로 인식하고 있는 것이 사실이다.

따라서, 현장에서 설사 위험요소를 보거나 위험에 직면해도 의식적으로 회피하며, 시정 책임을 안전관리자에게 떠넘기는 것이 현실이다.

그러나, 객관적으로 냉철하게 돌아보면, 현장의 작업 책임은 시공관리자에게 있고, 그 작업을 하는 작업자들을 보호할 의무 역시 시공관리자에게 있다.

작업자들이 없는 시공 현장을 생각해 보라. 아무 일도 할 수 없다.

그렇다면, 이들 작업자를 보호하며 안전한 작업환경을 만들고 유지하는 것은 누구의 의무[3]이겠는가.

아마 본인들의 형제자매가 불안전한 환경이나 상태로 작업하고 있다면 가만히 보고만 있지는 않을 것이다. 안전관리자는 회사와 현장소장의 안전방침을 수행할 수 있도록 현장소장을 보좌하여 제반규정이나 업무절차를 확립하고 교육 · 전파시키며, 우리 일선 시공 관리자들의 경험이나 기술적 지식의 부족한 부분을 지원, 원활한 안전관리가 이루어지도록 지원하는 역할을 담당해야 한다.

안전관리는 구성원 모두의 책임이자 의무이다.

3) 당연히 일선 시공 담당자들이 이들을 보호하고 현장에서 안전을 책임져야 한다.

◇ 안전 방침

최고책임자가 공식적으로 표명한 안전에 대한 전반적인 경영의지의 표명이며, 모든 현장 구성원[4]은 안전에 대한 일차적 책임이 있음을 인지하고, 특히 일선 관리자는 이에 대한 투철한 책임의식으로 무장하여야 한다.

무재해 현장 구현을 달성할 수 있는 내용과 의지를 나타내는 강력한 안전방침을 정하여 대내 · 외에 공표, 모든 이해 관계자들이 이를 이해하고 실천할 수 있도록 한다.

4) 하도급 업체 직원 및 기능인

△ 무재해 현장의 구현!

❍ 현장조직 편성, 특성 및 파견계획

▫ 현장조직 편성

현장조직은 그 특성상 독립적으로 운영되는 Projectized Organization프로젝트 중심의 조직일 수밖에 없다. 따라서 현장소장을 중심으로 일사분란하게 움직일 수 있도록 편성해야 한다.

△ 현장조직 편성이 중요!

현장의 규모나 Sub-Contracting하도급 협력사의 Formation에 따라 기본 형태를 참고로 편성하는데, 현장소장 또는 공사계획 책임자에 따라 차이는 있겠지만, 기본적으로는 각 담당자들이 맡은 바 업무를 자율적으로 책임지고 수행할 수 있는 Self-Management자율관리 방식으로 운영하여 현장 인원들의 자율과 창의가 업무에 반영되도록 한다.

본 조직을 구성하기에 앞서 잠깐 기본적인 조직 형태의 특성을 짚어보기로 하자.

각 형태의 특성을 이해하고 그 구성에 맞게 편성하고 관리하는 것 또한 매우 중요한 일이다. 결국 모든 일은 사람, 즉 조직 구성원들의 손에서 이루어진다. 효과적인 조직의 운영은 Project의 성패를 좌우하는 중요한 요소 중 하나이다.

▫ 조직의 특성

일반적으로 조직의 종류는 그 성격에 따라 크게 Functional Organization기능중심 조직, Projectized Organization프로젝트 중심조직, Matrix Organization혼합형태 조직으로 나누어진다.

◇ **Functional Organization** 기능중심 조직

전통적인 건설 회사의 조직으로 기존 회사 조직을 유지한 채 각 담당 부분의 Project 업무를 수행한다. Functional Manager기능매니저가 Project 각 부분의 Coordination조정을 담당하고, 기존 조직의 조직원Staff들이 각 담당 부분을 맡으면서 Project를 수행하는 방식이다. Functional Manager는 기존 조직에서의 업무를 병행하면서 Project를 수행하게 되고 각 담당 부분의 업무로 책임한계가 정해지기 때문에 전체

Project를 효율적으로 Coordination조정하기 힘들지만, 익숙한 기존 조직 및 본사를 Project Base로 활용한다는 장점이 있고 설계 후 시공이 이루어지는 전통적인 방식의 Project를 수행하는 데 적합하다.

Functional Organization

☞ PMBok 3rd Edition

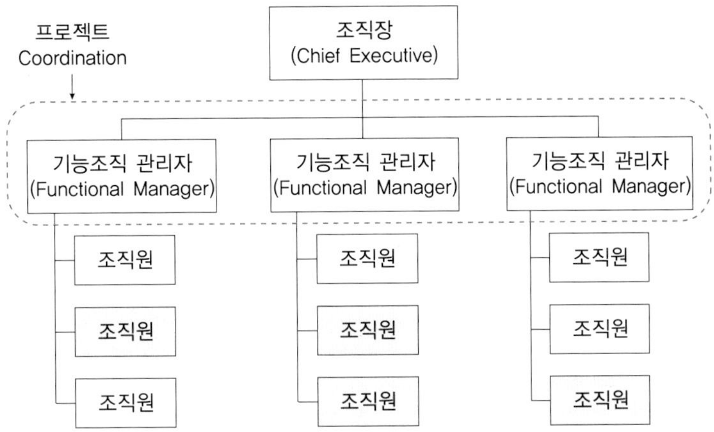

☞ 색이 있는 부부(□)은 PJT 에 투입된 인원을 뜻한다.

◇ **Projectized Organization** 프로젝트 중심 조직

Projectized Organization프로젝트 중심 조직은 특정 Project의 수행을 위해서 Project Manager 아래 하나의 독립적인 조직을 구성하여 Project를 수행하는 방식이다. 조직 자원 대부분은 프로젝트 작업에 관련되어 있고 프로젝트 관리자는 많은 독립성과 권한을 가지고 있다. 프로젝트 전담 조직은 종종 부서Department라고 불리는 조직 단위를 가지지만, 이러한 그룹들은 프로젝트 관리자에게 직접 보고하거나 다양한 프로젝트에 대한 서비스 지원을 제공한다.

Project를 전담하는 조직이므로 Project 수행 능률이 높다. 또한 Project Coordination조정 및 Communication 능력이 뛰어나므로 복잡하고 대형 프로젝트의 수행에 적합하다. 그러나 조직의 특성이 한시적이고 구성원의 업무가 Project에 국한되므로 중장기적인 회사의 전략 및 계획에 둔감해지며, 소속원들이 Project가 끝난 후 본 소속팀으로 복귀하게 되어 소속감이 결여되므로 회사 전체의 인력 운용 측면에서는 비효율적일 수 있다.

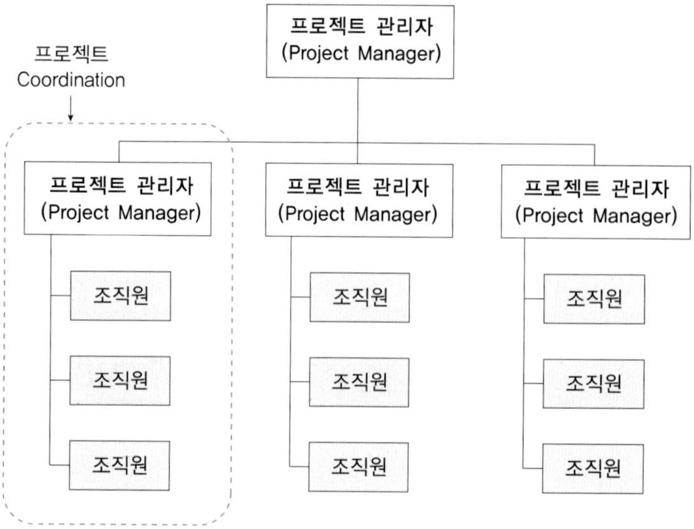

Projected Organization

☞ PMBok 3rd Edition

☞ 색이 있는 부분(□)은 PJT에 투입된 인원을 뜻한다.

◇ Matrix Organization 혼합 조직

기능 조직과 프로젝트 전담 조직 특성을 혼합한 형태이다. 구성 정도에 따라 Weak Matrix 약한 혼합형, Balanced Matrix 균형있는 혼합형, Strong Matrix 강한 혼합형로 나누기도 한다. Weak Matrix Organization은 많은 기능 조직의 특성이며, 프로젝트 관리자의 역할은 관리자이기보다는 Coordinator 조정자이거나 Expediter 홍보 담당자이다. 반면 Strong Matrix Organization은 프로젝트 전담 조직의 성격을 가지고 있고, 상당한 권한을 가진 Full-Time 전담 프로젝트 관리자 및 집행 직원을 두고 있으며, 조직 구성상 Projectized Organization에 가깝다고 할 수 있다. Balanced Matrix는 중간 형태의 조직 구성을 보여주고 있다.

대부분의 현재 조직은 다양한 수준에서의 이러한 구조에 관련되어 있다. 근본적으로 기능 조직일지라도 중요 프로젝트를 처리하기 위해서는 특별한 프로젝트 팀을 생성할 수 있고 이러한 팀은 프로젝트 전담 조직의 프로젝트 특성을 많이 가진다. 이 프로젝트 팀은 다른 기능적인 부서로부터의 전담 직원을 포함시킬 수 있으며, 자신의 운영 절차를 개발하고 표준, 공식화된 보고 System 외에서 운영될 수 있다.

Matrix Organi zation

☞ PMBok 3rd Edition

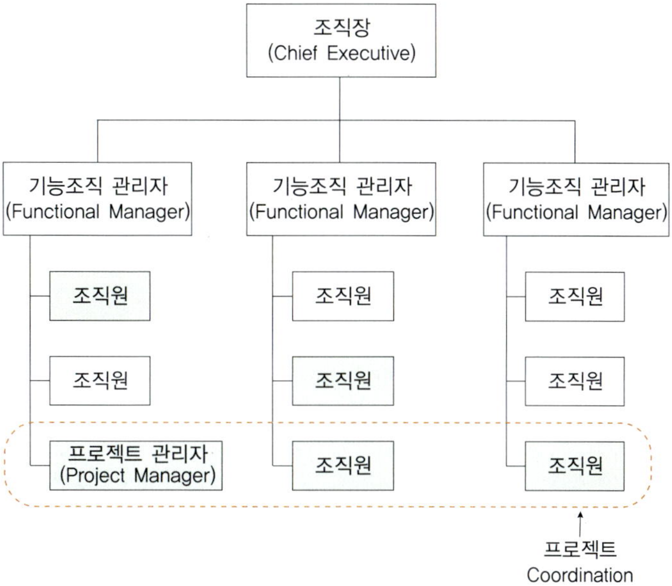

☞ 색이 있는 부분(□)은 PJT 에 투입된 인원을 뜻한다.

각 조직의 특성을 다시 한번 정리하면 다음과 같다.

조직별 특성

☞ PMBok 3rd Edition

조직구조 / 프로젝트 특성	기 능 Functional	매 트 릭 스 Matrix			프로젝트 Projectized
		약한 매트릭스	중간 매트릭스	강한 매트릭스	
프로젝트 관리자의 권한	적거나 없음	제한적	낮음 보통	보통 높음	높음 거의 전체
자원 가용성	적거나 없음	제한적	낮음 보통	보통 높음	높음 거의 전체
프로젝트 예산 통제자	기능 관리자	기능 관리자	혼합형	프로젝트 관리자	프로젝트 관리자
프로젝트 관리자의 역할	시간제	시간제	종일제	종일제	종일제
프로젝트 관리 업무 담당자	시간제	시간제	시간제	종일제	종일제

조직 형태	장 점	단 점
기능 조직 Functional	– 가장 보편적인 조직, 안정적 – 간편한 보고 계통(결재의 편의) – 전문가 집단의 관리 용이	– 기능 또는 분야업무에 치중 – 업무 우선순위 결정의 타당성 부족 – 자원 부족 시 혼란 – PM 경험의 축적 미흡
매트릭스 조직 Matrix	– 명확한 프로젝트의 목표(PM 제시) – 효과적인 자원관리 – 기능조직의 지원 – 자원의 활용 극대화 가능 – 원활한 협조체계 – 정보의 원화란 흐름 – 프로젝트 종료 후 인적자원 재배치	– 관리 인원 중복으로 인한 경제성 – One Man-Two(Multi) Boss – 복잡성 : 통제, 긴급조치의 어려움 – 자원배분시 문제점 잠재 – 철저한 운영절차 필요 – 일의 우선순위 對 한정된 자원
프로젝트 조직 Projectized	– 프로젝트 관리면에서의 효율성 – 프로젝트의 집착 – 높은 커뮤니케이션 효율	– 프로젝트 종료 후의 인적자원 문제 – 기능의 전문성 결여 – 비효율적인 자원과 중복설비

Organizational Structures

☞ Venture Tiger PMP 교재

◇ 조직 편성시 기본조건

조직 편성시 다음의 기본조건을 반영하여야 한다.

- **조직 편성시 반영 항목**
  - 관리나 운영에 편리하도록 할 것
  - 가능한 단순화하여 능률적으로 할 것
  - 유사 업무를 가능한 통합
  - 조직 각 부문 직무를 명확히 구분하여 책임소재 및 권한 명시
  - 현장소장에게 업무지시, 보고계통이 집약되어 대외 업무가 일원화 되도록 할 것
  - Staff를 될 수 있는 한 적게 구성
  - 외부에서 이해할 수 있는 조직 형태로 편성
  - 조직의 연락망 등 기타 업무 Flow를 작성

- 현장 시공이 효율적으로 수행될 수 있도록 시공 중심으로 편성할 것
- 전체적인 현장 투자가 최소화되는 방향으로 편성할 것

상기의 사항들을 고려하여 편성하되, 그 규모는 Project 규모나 Sub-Contracting하도급 협력사의 형태에 따라 변화가 있을 수 있다. 또한 기능별로 관리할 것인지 지역별로 관리할 것인지에 따라 달라질 수 있지만, 현장조직은 현장소장의 운영 방침이 반영되어 있는 만큼 각 조직간의 업무범위 및 책임도 명쾌하게 정의되어 일사 분란한 업무처리가 되도록 하여야 한다.

특히 시공팀과 Field Engineering현장 설계, 시운전팀 간의 업무가 혼선 없이 수행될 수 있도록 계획 초기부터 관련자들과의 필요한 협의를 거쳐 공사 수행과정에서 혼선이 빚어지지 않도록 하는 것이 중요하다.

Construction Site Organization
현장조직도

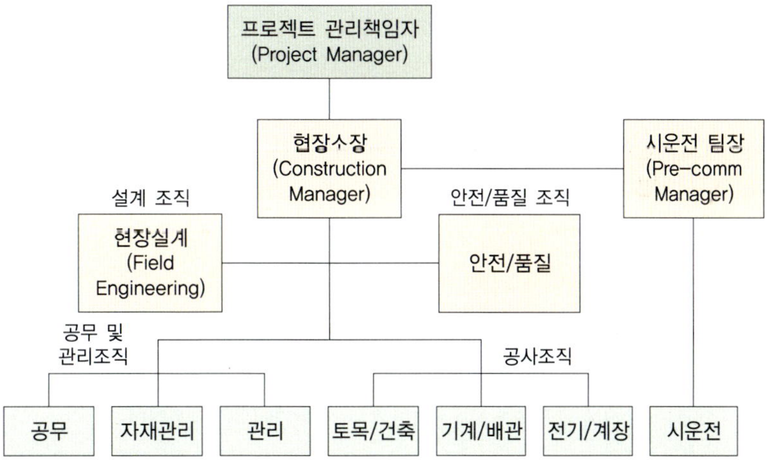

□ 파견계획Dispatch Schedule

◇ 파견계획

앞에서도 설명했듯이 단순히 조직편성표상에 나타난 모든 인력이 동시에 전부 필요한 것은 아니다. 주지하는 바와 같이 공사 진행에 따라 필요 인력의 가감이 요구되며 이를 고려하여 각 인력의 현장파견 일정계획을 세워야 한다.

각 파트별 업무책임에서도 나타나듯이 초기에는 관리, 공무, 토목 · 가설공사를 수행할 인력만 파견되고, 초기공사 수행 및 현장 Set-up 후 점차 후속업무를 위한 추가인력이 투입되며 공사가 마무리된다. 철수할 때는 역으로 먼저 복귀하는 인력과 최종 마무리까지 남아 있어야 할 인력을 구분하여 계획을 세워야 한다.

이때, 특히 시운전과 Commissioning커미셔닝 단계로 넘어 가면서 시공을 담당했던 인력 또는 필요시 충원하여 Maintenance유지·보수 조직을 새로 구성하고, Commissioning 업무를 지원하도록 고려한다.

◇ 파견계획 작성

파견계획 작성시에는 다음의 사항을 고려해야 한다.

✓ 파견계획 수립시 고려사항

- Construction Schedule건설 일정계획에 따른 파견기간을 결정한다.
- 초기 Project Study검토 기간을 고려하여 해당 공종 착수 시점보다 1~2개월 전에 Project에 투입하며 최소한 1개월 전에 파견일정을 계획한다.
- 마감공사 및 해당 공종의 Hand-over인도 기간을 고려하여 철수계획을 수립한다.
- 하도급업체의 최종정산까지 마무리하는 일정을 감안하여 계획한다.
- Commissioning 및 Start-up Operation최초 운전시 필요한 인력[1)]은 그 기간을 추가 산정하여 반영한다.
- 마지막 마무리시에는 가급적 현지인력을 활용할 수 있도록 한다.
- Dispatch Schedule파견 계획에 의하여 현장 경비, 원가가 반영되도록 한다.
  - 숙소, 차량, 사무실 등 가설계획도 반영함을 잊지 않도록 한다.

1) 마지막 Maintenance 조직 구성

Dispatch Schedule
파견계획

Client : Project : JOB NO :				DISPATCH SCHEDULE														
	Description of Function	Source	M / M	2003								2004						
				May	Jun	Jul	Aug	Sep	Oct	Nov	Dec	Jan	Feb	Mar	Apr	May	Jun	Jul
				1	2	3	4	5	6	7	8	9	10	11	12	13	14	15
					P/R FDN Start			Equip't Str./Piping Start				Install equip./ Elec cable tray & Duct						Loop check
					Temp Start		UG Piping					Install Reformer		Install field instrument				
						Pile Start				Erect rack piping			Cabling			Start hydro test		Mech. completion
								Erect P/R str.										
6	TOTAL																	
6.1	- PROJECT		48		3	3	3	3	3	3	3	3	3	3	3	3	3	3
6.2	- CONSTRUCTION		33		2	2	2	2	2	2	2	2	2	2	2	2	2	2
6.3	- ENGINEERING		20											2	2	3	3	4
6.4	- OUTSOURCING		47				1	2	4	4	4	5	5	5	5	5	4	1
	- KOREAN	K	148		5	5	6	7	9	9	9	10	10	12	12	13	12	10
	- Local	L	293		5	11	17	19	23	24	24	23	24	21	22	21	23	13
	- G Total		441		10	16	23	26	32	33	33	33	34	33	34	34	35	23

○ 협력업체 선정Sub-Contracting Plan

현장의 시공업체를 선정함에 있어 가장 중요한 것은 공사 수행계획의 협력 구도에 대한 Planning을 어떻게 구상하느냐 하는 것으로 이에 따라 많은 부분이 좌우된다.

Sub-Contracting Planning시 고려해야 할 주요 요소는 다음과 같다.

✓ **Sub-Contracting Planning시 고려사항**

- 시공업체 능력
- 지역 특성
- 당해 연도 Work Load업무 부하
- Project Work Volume업무 규모

□ 협력업체 선정 계획Sub-Contracting Planning

해외현장 공사에 있어 어떤 지역의 공사 수행을 위한 가장 경쟁력 있는 협력업체를 선정하기 위해서는 공사를 어떻게 분리하여 협력업체를 선정할 것인지를 정한다.

해당 국가의 현장별, 시기별, 때로는 국제적으로 해당 분야의 공사 발주 물량, 발주시기 등도 고려하여 수시로 변하는 여건을 감안하여야 한다. 즉, 그때그때 해당 업체들의 Work Load업무 부하와 현지 사정 등을 고려하여 그 현장, 그 시기에 맞는 계획을 짜야 한다.

□ 협력업체 선정 기준

공사계획시 프로젝트 특성 및 환경에 따라 「전체 공사를 어떻게 분리하여 협력업체를 선정할 것인가」에 대한 준비를 해야 한다.

실무 수행시 고려해야 하는 공사 Formation구성은 다음과 같다.

✓ 협력업체 선정시 공사 Formation 고려사항

- 토목공사를 수행하는 업체로 선정할 것인가.
- 건축시공 업체를 두 업체로 나눌 것인가.
- 가설공사 시공업체나 지하배관 매설공사 업체 선정에 있어 본공사 참여 업체를 대상으로 할 것인가, 아니면 별도의 전문업체를 선정할 것인가.
- 철골 · 기계 배관공사를 2, 3지역으로 분리하여 묶어서 발주할 것인가.
- 기계 · 배관공사만 묶어서 발주하고 철골은 분리하여 발주할 것인가.
- 철골은 제작회사에게 현장 설치까지 맡길 것인가.
- 배관공사 업체에 보온 · 도장공사도 포함시킬 것인가, 아니면 독립적인 전문업체를 선정할 것인가.
- 열처리, 비파괴검사에 별도의 전문업체를 선정할 것인가, 아니면 기계 · 배관공사 업체와 묶어서 발주할 것인가.

협력업체 조사용 Prequalification Form 사례

QUESTIONNAIRE FOR THE CONSTRUCTION CONTRACTOR

Please fill out the following blanks :

1. COMPANY NAME & ADDRESS

Full Name of Company
Address of Head Office
Name of Representative
Facsimile No.
Phone No.
E-mail No.

2. PERSON IN CHARGE NAME & ADDRESS

Address(In case not same as the above mentioned address)
Name of PIC
Job Position
Section and/or Department
Facsimile No.
Phone No.
E-mail No.

◇ 종합건설, 단종업체 협력시 예상효과

특히 현지의 특성, 문화, Practice통상의 예 등을 고려하여 종합시공사를 동원할 것인지, 아니면 단종업체를 여럿 동원할 것인지를 선택하게 된다. 다만 단종업체의 구성은 수행 처리할 수 있는 규모에 제약을 받으므로 어느 규모 이상[2]은 일단 종합시공사나 최소한 복수공종을 수행할 수 있는 업체로 구성하여 당사의 관리범위를 줄이고, 시공사 자체 관리력을 살릴 수 있는 방향으로 구상하게 된다. 이 경우 유사 관련공종 즉 기계 · 배관 · 철골공사를 묶거나, 혹은 철골공사를 건축공사와 묶으면 효과적인 시공을 기대할 수 있다.

1) Project 규모 2억 달러 이상

또한, 어떤 경우라도 만일의 상황에 대처할 수 있는 대안을 Planning

초기부터 마련하여야 한다. 다른 업무도 비슷한 경우가 많겠지만, 특히 공사는 본사에서 적극적으로 지원할 수 있는 사장의 경영전략도 중요하다. 그러나, 실상은 현장을 이끄는 현장소장에 따라서 그 성패가 갈리는 경우가 대부분이므로 아무리 실적이 좋은 업체라 하더라도 항상 순조로운 진행이 보장되는 것은 아니다.

또한, 어느 업체라도 손실이 예상되면 결코 공사가 순조로울 수가 없다는 것을 항상 염두에 두고 업체 선정 전에는 필요한 모든 사항을 세심하게 검토하여 반영해야 한다.

그리고 일단 업체가 선정된 이후에는 한 배를 타고 운명을 같이 해야 하는 공동체임을 명심, 최대한 지원하여 업체가 적정한 이윤을 확보하고 성공적으로 공사를 수행하도록 관리하여야 한다. 또한, 공사 수행 시 만일의 문제발생에 대비한 대안도 마련하여 철저히 관리하여야 한다.

가장 많이 선택하는 대안으로, 복수의 업체를 동원하여 공사 수행 자체의 경쟁을 유도시키면서 만일의 경우에 즉시 대처할 수 있는 방안을 마련해두는 것은 대단히 중요하다.

상황에 따라 한 개의 종합 대형 업체로 진행할 수밖에 없는 상황이 발생하더라도 대안으로 삼을 수 있는 업체를 조사 · 분석해 놓아 평소에 유기적인 관계를 유지하며 대처하는 것도 방법일 수 있다.

종합 건설업체, 단종업체 활용 비교

구 분	장점기대효과	단점예상문제점	비고대안
종합 건설 업체	– Main Con.[1] 현장인력 최소화 가능인당 매출 증가 – 미경험 지역에 대한 Construction Risk 최소화 – 대형공사 수행가능 – High Level Mgmt.[2] 가능	– General Contractor[3] 관리능력 필요 – 업체의 Claim 대비 필요 – General Contractor의 업무 수행이 원활하지 못할 때 대안이 없음	– 공사 Key Person소장, 공무의 관리 능력 향상 – Claim 전문가 양성 – 경험 General Contractor 육성 – Area별 복수업체 활용 고려
전문 건설 업체	– 공종별 전문성을 살릴 수 있음 – 세밀한 관리 가능 – 여러 대안을 구상	– 업체의 관리능력 부족 – 자사의 관리범위 증가 관리인력 증가	– 자사 관리인력의 추가 투입 반영 – 세밀한 업무체제 구축

1) 주계약자
2) 고차원 관리
3) 종합 건설 협력사

그 밖에, 지역이나 Project 상황에 따라 아예 Proposal입찰시부터 현지의 대형 시공업체와 Consortium협업을 하거나 Joint Venture합작팀 등 Partnering을 하는 경우도 있다.

상기의 여러 변수를 고려하더라도 현지 대형업체와의 Consortium, Joint Venture, Partnering을 제외하고는 대형 종합시공사라 하더라도 특수한 공종은 전문업체로 재하도급을 줄 수밖에 없다. 따라서, 이를 분리 발주할 것인지 아니면 관리를 줄이기 위해 종합사로 포함시킬 것인지를 잘 판단하여 반영해야 한다.

주로 재하도급으로 처리하는 특수공정은 다음과 같다.

□ 주요 재하도급 특수공정

- 가설 시설물 및 공사
- Site Preparation부지 정지
- Piling
- PEB[1]
- Heavy Lifting중량물 설치
- 비파괴검사
- 열처리
- Pigging
- 산업 폐기물 처리
- 화학 약품 처리 공정

1) Pre-Engineered Building

◇ **Heavy Lifting**중량물 설치

화공 Plant 현장은 보통 초대형 기기들의 설치공사가 이루어지는 장소인데, 이는 일반 시공사들이 쉽게 동원할 수 있는 장비가 아니다. 따라서 이러한 장비들을 취급할 수 있는 특수 초대형장비 전문가들을 활용해야 한다.

이러한 작업은 상당히 고가의 대금을 지불해야 하므로 이들 특수 장치물들의 설치공사는 별도로 취급, 전문회사를 동원하는 계획을 세워야 한다.

◇ Insulation 보온 작업

통상 보온작업은 부작업으로 여겨 가볍게 치부하는 경향이 있다. 그러나 주 공사를 잘 진행해 놓고 마지막 보온공사에서 마무리를 짓지 못해 일정을 놓치게 되는 안타까운 상황들이 종종 벌어지곤 한다.

공사 특성상 보온공사는 단순작업이기는 하지만 시간이 많이 걸리는 반면, 작업을 할 수 있는 여건은 Project 후반에 몰려 시간적 제약을 받기 때문이다.

따라서 중형 이상의 Project에서는 복수업체를 투입, 단시일 내에 처리될 수 있도록 경쟁체제를 구축하는 것이 좋다.

ㅁ 국가별 건설 환경

상기의 사항을 고려하더라도 해당 지역의 특징이나 현황을 모르면 제대로 판단을 할 수 없다. 따라서 다음의 예시[1]와 같이 실상을 파악하는 것이 대단히 중요하다.

단, 이는 각 국가별, 지역별, 시기별로 시시각각 변하는 것이므로 참고는 하되, 자료만 믿지 말고 실제로 현황을 다시 조사해야 하며, 주기적으로 조사, 수정, 보완하여 상황에 따라 잘 판단하여야 한다.

1) 이 사례는 과거의 단편적인 예를 들어 본 것으로, 현실적으로 차이가 날 수 있음에 유의한다.
->2007년 조사 기준

국가별 건설 환경

구분	업체 수	기업 유형	기술 수준	기타 특성
중국	108,000	– 대형화 · 전문화로 구조조정 중	– 전반적 기술 우수 – 토목 · 건축 분야 경쟁력 확보도로 · 교량 분야 설계 · 시공능력 우수	– 대형 건설기업 3~4단계 관리 – 중국 내 공사 수행시 각 산하국, 분공사별 시공 실시
태국	40,000	– 외국 업체와 현지 업체의 합작업체가 대부분 – 외국 업체들이 현지법인 설립 중	– 자국 대비 약 70~80%외국 합자회사 제외	– 순수 현지 업체의 품질 · 시공관리 능력 저하 – IMF 이후 해외 송출 인력 증가
베트남	4,000	– 국영업체를 제외한 대부분의 기업은 소규모	– 고용의 불안정성이 기술인력 양성을 악화시키고 있음	– 국영기업은 최신장비 보유 – 대부분의 민간 업체는 장비 및 인력 열악. – 단순공사만 가능
인도	100,000	– 대부분 소규모 영세업체	– 특정 대형 기업을 제외하고는 고난이도 공사 수행 불가	– 전근대적 시공방식 – 기술, 경쟁력 없음 – 공기에 대한 개념 없음
말레이시아	40,000	– 80년 이후 급성장	– 도로공사를 제외하면 대부분 외국기업에 의존 – 도급 부문 시공능력 우수	– 계약, Claim에 강함 – 신뢰보다는 업체의 이익이 우선시됨손실 발생시 타절 우려
멕시코	–	– 소규모, 자금력, 기술인력 부족	– 소규모 공사 수행 가능 – 인력 부족, 기술력 낮음	– 대부분 소규모 영세업체 – 업체의 기술력, 신뢰성 떨어짐 – 노조 강경
사우디아라비아	–	– 유럽 Style Management – 종합, 전문건설업체 공존	– 품질, 안전수준 높음 – 기술인력 수준 높음	– Claim, Documentation에 강함 – 해외 기술인력 활용

❍ 실행예산 작성 및 검토

ㅁ 공사 실행예산

실행예산이란, 공사 목적물을 계약된 공기 내에 완성하기 위해 공사 손익을 사전에 예지하고 목표이익을 명확히 하여 합리적인 현장운영 및 공사수행을 추진하도록 사전에 작성하는 예산이다. 그러므로 건설업의 특성인 불확실성을 최소화하고, 실행 가능한 최소의 비용으로 안전하게 시공되도록 작성하여야 한다.

실행예산은 공사 관리의 기준이므로 공사 착수 전 소정의 기일 내에 현장 여건을 반영하여 실행 가능하도록 편성한다.

△ 목표의식 창출의 실행예산!

ㅁ 실행예산의 기능

• Planning Function 계획 기능

회사의 경영방침에 따라 작성된 경영계획상의 목표이익 실현을 위한 제반 실행계획에 구체적인 작업방침이나 예산절감을 위한 원가절감 방안 및 기술적인 사항과 행정적인 사항 등을 포함한다. 나아가, 효과적으로 목표달성을 할 수 있도록 상세하고도 구체적인 내용을 계수적으로 표현하여야 한다.

• Organizing Function 조직 기능

현장의 공사 시공 활동을 효과적으로 수행할 수 있는 조직구성과 필요 인력을 확보하도록 한다.

조직의 규모나 파견일정에 따라 직접적으로 원가가 투입되므로 업무 완수에 필요한 조직을 구성하는 것도 중요하지만, 불필요한 원가가 투입되지 않도록 하는 적절한 조정도 필요하다.

• Direction Function 지휘 기능

예정된 건설 공작물을 완성하는 데 필요한 제반사항을 근거로 실행예산이 편성되어 있으므로 이에 근거하여 제반 활동이 유도되고 지휘된다는 것을 구성원 모두가 이해하여야 한다.

모든 일에는 비용이 수반된다. 돈이 투입되지 않고 저절로 이루어지는 것은 하나도 없다고 봐야 할 것이다.

따라서, 이 실행예산의 범위 내에서 모든 활동이 이루어지는 게 당연한 일이다.

- Coordination Function 조정 기능

회사의 경영목표 달성을 위한 과정 중, 경영 각 부분의 집행 과정에서 발생될 수 있는 각종 문제에 대하여 회사의 제반방침 및 규정에 따라, 각 부문 상호간의 업무 활동을 유기적으로 통합하여 상호 협조 하에 경영 활동을 수행하도록 하는 것이다.

- Control Function 통제 기능
  - 목표이익 실현 가능성 측정
  - 경제성의 측정[1)]
  - 예산과 실적의 비교분석
  - 표준과 실적의 비교분석
  - 예산 또는 표준과 실적과의 차이 발생 원인을 규명하여 개선을 위한 필요대책 강구
  - 차이 발생 원인이 통제 불가능할 경우에는 소정의 절차를 밟아 계획을 변경하도록 조치

1) 목표이익 및 원가절감 측면

□ 실행예산의 편성

실행예산은 회사의 제 규정에 따라 편성한다.

□ 공사 원가 계산

> ☞ 각 회사마다 원가의 구성비는 다를 수 있다. 아래의 설명은 기본을 이해하기 위하여 각각의 용어를 설명한 것임을 참고하라.

- **순 공사원가**

공사 시공 과정에서 발생한 재료비, 노무비, 경비의 합계액을 말한다.

- **직접 공사비**

공사 시공을 위해 직접 공사에 투입되는 비용으로 재료비, 노무비, 외주비, 경비, 손료 등을 말한다.

- **간접 공사비**

공사 시공을 위하여 간접 투입되는 비용으로 공사를 수행하기 위한 현장운영 제경비, 산재보험료, 안전관리비, 건설보험료, 하도급자 공과잡비, 부가세 등을 말한다.

- **재료비**

공사원가를 구성하는 다음 내용의 직접 재료비 및 간접 재료비를 말한다.

- 직접 재료비 : 공사 목적물의 실체를 형성하는 물품의 가치
- 간접 재료비 : 공사 목적물의 실체를 형성하지는 않으나 공사에 보조적으로 소비되는 물품의 가치
- 재료의 구입 과정에서 당해 재료에 직접 관련되어 발생하는 운임, 보험료, 보관비 등의 부대비용은 재료비로서 계산[1)]
- 계약 목적물의 시공 중에 발생하는 작업 부산물은 그 매각액 또는 이용가치를 추산하여 재료비로부터 공제

1) 다만, 재료 구입 후 발생하는 부대비용은 경비의 각 비목으로 계산

- **노무비**

공사원가를 구성하는 다음 내용의 직접 노무비, 간접 노무비를 말한다.

- 직접 노무비 : 공사 현장에서 계약 목적물을 완성하기 위해 직접 작업에 종사하는 종업원 및 노무자의 노동력의 대가로서 기본급, 제수당, 상여금, 퇴직급여 충당금의 합계
- 간접 노무비 : 직접 현장작업에 종사하지는 않으나 작업현장에서 사무직원, 각종 지원업무 종업원과 현장 감독자 등 간접적인 업무에 종사하는 자의 기본급과 제수당, 상여금, 퇴직급여 충당금의 합계

간접 노무비 비율표*

* 이 표는 단지 참고를 위한 통계자료이며 각 회사별, 현장 특성별 비율은 차이가 있으므로 실제 계산에 근거하여야 한다. 특히 간접비는 국가별 비율의 차이가 크므로 각별한 주의가 필요하다.

☞ 활용 예 : 공사 규모가 10억 원이고 공사 기간 15개월인 건축공사인 경우
-> 간접 노무비 비율 : (14.5 + 15+ 17) ÷ 3 = 15.5%

	구 분	간접 노무비(%)	비 고
공사 종류별	건축공사, 토목공사, 특수공사포장, 준설 등 기타전문, 전기, 통신공사	14.5 15 15.5 15	– 품셈에 의하여 산출되는 공사 원가 기준
공사 규모별	5억 미만 5~30억 미만 30억 이상	14 15 16	
공사 기간별	6개월 미만 1~12개월 미만 12개월 이상	13 15 17	

- **경 비**

회사에서 규정하는 바에 따른 경비를 산출한다.

- **일반 관리비**

일반 관리비는 기업의 유지를 위한 관리활동 부문에서 발생하는 제비용을 말하며 회사의 제반규정에 따라 적용한다.

- **안전관리비**[2)]

건설사업장에서 산업재해 및 건강재해의 예방을 위하여 산업안전보건법에 규정된 사항의 이행에 필요한 비용을 말한다.

- **산재보험료**

제규정에 따라 보험료를 산정하여 반영한다.

- **공과잡비**

공사 진행에 소요되는 제반 세금, 지급이자, 일반 관리비, 이윤 등을 포함한 비용을 말한다.

- **이 윤**

이윤은 영업이익을 말하며 회사의 기준에 따른다.

- **총원가**

– 총원가 = 순 공사원가 + 일반 관리비 + 이윤

- **도급 계약액**

– 도급 계약액 = 총원가 + 부가가치세

2) 안전관리비 산정은 국내의 경우 법규에 의한 적용 비율로 산정하고, 해외의 경우는 일정 기준이 없으므로 인진관리 활동에 필요한 경비를 별도 산정하여 실행예산에 반영한다.

<table>
<tr><td rowspan="4">총 공사
원가</td><td rowspan="3">순
공사비
원가</td><td>재료비</td><td>직접 재료비 : 주요 자재비, 부품비
간접 재료비 : 소모 재료비, 소모 공구비, 가설 재료비</td></tr>
<tr><td>노무비</td><td>직접 노무비 : 기본급, 제수당, 상여금, 퇴직급여 충당금
간접 노무비 : 직접 노무비 × 간접 노무비율</td></tr>
<tr><td>경 비</td><td>도서 인쇄비, 지급 수수료, 환경보전비, 안전관리비, 특허권 사용료, 지급임차료, 보험료, 외주 가공비, 보관비, 수도광열비, 연구개발비, 복리후생비, 소모품비, 여비, 교통비, 통신비, 과세공과, 기술료, 전력비, 품질관리비, 폐기물처리비, 기계경비,</td></tr>
<tr><td>일반
관리비</td><td colspan="2">공사원가 × 일반 관리비율</td></tr>
<tr><td colspan="2">이윤</td><td colspan="2">(노무비 + 경비 + 일반관리비) × 이윤율</td></tr>
</table>

공사원가 계산 체계표

○ 공사계획Planning 수립

□ 현장조사

앞에서도 언급한 바 있지만 초기의 수행계획을 어떻게 수립하느냐에 따라 Project가 순항할지 아니면 무수한 난관에 봉착하며 어려움을 겪을지가 결정된다.

계획을 잘 세우기 위해서는 그만큼 해야 할 업무내용이나 범위를 잘 알아야 할 뿐만 아니라 그밖에 여러 가지로 파악해야 할 사항[1)]들이 많다.

1) 나중에 구체적으로 다룬다.

기본적인 Project 관련 Study가 끝나면 세부계획을 세우기 전에 여러 가지 정보를 수집하게 되는데, 그 첫 번째 행보이자 가장 중요한 작업이 바로 현장조사이다. 이 부분은 견적작업 시에도 반드시 실사를 하여 Project 수행에 영향을 줄 수 있는 변수를 확인해야 한다. 그러나, 이 단계에서는 현실적으로 아주 세밀한 조사를 할 수 없으므로 실 수행계획을 세울 때 반드시 세밀하게 재조사를 실시하여 필요한 정보를 확인해야 한다.

현장조사에 대한 항목은 사실 한계가 없다. Project 수행에 영향을 미칠 수 있는 사항들은 무엇이든 가급적 상세히 조사하여 수행계획에 반영하도록 한다.

기 수행자료, 즉 Lessons and Learned사례 자료 등도 수집하고, 가능하다면 유사 Project를 견학하여 직접 눈으로 확인한다. 또한 Project의 그림을 그려 보고 유경험자의 경험담을 들어 보는 등 적극적으로 정보를 수집하여 Planning에 반영함으로써 수행 도중 돌발 상황이 발생하지 않도록 하여야 한다.

| Site Survey Report

Site Survey Report

1. Physical Conditons at Site

1.1 Local Climatic Conditions

(1) Rainfall

(a) Season Maximum and Average Rainfall to Effect Construction

	Period(Month)	Effect Days	Max.(mm)	Aver.(mm)
Dry Season	( )	( )	( )	( )
Rainy Season	( )	( )	( )	( )

(b) Maximum Rainfall in 1 Day : ( ) mm in ( ) month

1 HR : ( ) mm

1 Year(Avg.) : ( ) mm

(c) Days of Heavy Rainfall to Effect Construction : ( ) Days

Month	Rainfall [mm]
January	
February	
March	
April	
May	
July	

□ 계획 수립

수집된 정보를 바탕으로 계획을 수립할 때는 가급적 구체적이고 세밀하게 작성하되, 이해 관계자 특히 공사에 참여할 구성원들이 동참하여 계획 초기부터 공동 작업을 하는 것이 좋다.

시공협력사는 가급적 일찍 선정하는 것이 좋으며 공사계획을 구체화하는 작업에 동참시키는 것이 좋다. 이는 Project 수행에 있어서 공통의 이해를 돕고 같은 방향으로 추진하는 데 필요한 Communication Tool로서 상당한 역할을 하게 된다.

공장 시설물들에는 특성상 초대형기기들이 있는데, 그 무게나 크기로 인하여 취급하는 데 상당한 제약을 받게 된다. 따라서 항구에서부터 현장 설치위치까지의 운송 루트나 방법 등도 미리 계획 단계때부터 면밀히 조사하여 계획을 수립하고, 필요할 경우 일부 설치를 유보하는 등 제반 조치사항을 점검한다.

이 경우 Heavy Equipment중량물들을 설치하기 위한 초대형 장비들의 반입, 적재, 운전에 필요한 제반 준비 역시 계획에 반영[1)]하여야 한다.

또한, 장치물 중에 크기나 무게는 초대형이 아니더라도 고공에 설치되는 것들도 있다. 이들의 설치를 위한 필요사항 역시 초기부터 Planning에 반영해야 나중에 순조로운 시공을 할 수 있다.

Heavy Lift중량물 설치[2)]는 워낙 대형 장비들이 동원되므로 이 장비들의 반입[3)], 야적, 조립, 이동, 작업반지름 등을 고려한 부지나 일부 작업의 Holding유보, 기존 시설물과의 장애요소 등에 대해 세밀한 조사를 통해 계획을 세우지 않을 경우 낭패를 보게 되므로 주의하여야 한다.

특히, 기존 시설물과 근접하여 시공할 경우 더욱 유의한다.

1) 이 계획은 수시로 점검하여 변경사항 등을 Check한 뒤 즉시 반영한다.

2) Heavy Lift와 관련해서는 다음 절에서 자세히 설명한다.

3) 보통, 대형 Trailer 30~50대 분량

□ 계획의 수정

계획은 Project Life Cycle에서도 나타나듯이 초기계획이 그대로 진행되는 경우보다는 Project가 진행되면서 시시각각으로 관련된 환경이나 조건이 바뀜에 따라 지속적으로 분석/검토하여 수정하게 된다.

여기서 통상 범할 수 있는 과오가 너무 잦은 변경을 구실 삼아 아예 수정을 하지 않고 그때그때 적당히 대처하거나, 아니면 수정한 이후 이해 관계자 즉 사업주, 관련 조직구성원, 시공협력사 등과 수정된 계획을 공유하지 않아 업무에 혼선을 빚거나 상호 불신을 초래하는 경우이다. 팀플레이의 가장 기본은 정보 공유임을 명심해야 한다. 이는 우리가 조금만 생각하고 신경 쓰면 알 수 있는 부분이다.

예를 들어, 건축의 일부 골조공사에서 어떤 이유 때문에 순서를 바꾸게 되었다고 가정해 보자. 담당자는 담당 팀장과 상의하여 가장 합리적인 결정이라고 판단하여 시공순서를 바꾸기로 하고, 해당 협력사를 불러 업무지시를 하기에 이르렀다면, 이때 다음과 같은 사항을 고려해야 할 것이다.

✓ 계획 수정시 고려사항

- 당일 해야 할 일인가
- 그 다음 날 할 일인가
- 며칠 후에 해야 할 일인가
- 일방적 지시인가 업무협의인가
- 사전 협의인가 결정 후 통보인가
- 관련된 다른 부서에 통보 또는 업무협의가 있었는가
- 이 변경으로 인해 타 공정계획에 차질이 없는가
- 이 변경으로 인해 또 다른 문제의 발생 소지는 없는가
- 사업주에게 변경사항이 통보되었는가

이런 상황에서 각각의 경우에 따라 그 영향이 다르다는 것을 쉽게 판단할 수 있으므로 모든 경우의 수를 고려하여 수정하도록 한다.

또한, 모두가 정보를 공유하고 Team Work으로 움직일 때만이 그 성과를 최대한 기대할 수 있음을 명심해야 한다.

「Plan」 - 「Do」 - 「Check」의 원칙이 여기서도 나타난다. 이 모든 정보는 반드시 공유되고 사전에 분석하여, 차후에 계획을 수정할 때 같은 Process를 밟게 하는 것이 중요하다.

5 세부계획 및 시행관리

△ 공정관리의 이해와 활용방안 숙지!

❍ 공정관리Scheduling

공정관리란 프로젝트 진행에 대한 계획 및 관리를 통해 주어진 예산 및 공기 내에 프로젝트를 완성할 수 있도록 하기 위한 관리 방안이다. 주어진 공사에 대한 도면과 시방서, 매뉴얼 등을 토대로 작업순서 및 소요시간을 결정하고 전체 공사기간을 산정/관리한다.

이 절에서는 공정관리의 요소 및 작성시 유의사항 등을 중점적으로 알아보기로 한다.

◻ WBS

WBS[1]는 건설공사의 범위를 체계적으로 조직하고 정의하기 위하여 각 구성요소들을 업무 중심의 과업단위로 분류한 체계를 말한다. 공정계획 시 모든 계획의 기초가 되는 업무의 Scope범위에 대한 Planning계획과 함께 이를 정의하는 Scope Definition범위 규정[2] 또한 중요한 작업이라 하겠다.

앞으로 모든 공사계획은 WBS를 기반으로 이루어지게 되는데, 이는 중요 Project 산출물을 관리 가능한 구성요소로 분할한 것이며, 또한 모든 Project의 산출물이 여기에 나타나야 한다. 다시 말해서 WBSWork Break-down Structure에 포함되지 않은 사항은 프로세스의 책임범위 밖에 있으며 이는 책임범위 변경, 즉 Change Order의 근거가 되는 것이다.

◇ WBS 작성 및 활용

WBS를 이해하기 위하여 좀 더 세부적인 사항을 들여다 보면 다음과 같다.

• WBS의 이해 및 작성 요령

– Project의 범위를 구성하는 인도물[3]의 집합

– 고유의 식별번호인 계정부호[4]를 가짐

– 현실적으로 명확하게 산정할 수 있는 수준까지 구분하여 작성

1) Work Break-down Structure

2) Scope Definition의 결과는 WBSWork Breakdown Structure의 형태로 나타난다.

3) Project Deliverable

4) Code of Account

- 더 이상 논리적으로 분할하기 어려울 때까지 구분하여 작성
- 신속히 완료 가능한 수준까지 구분하여 작성[1)]
- 결과의 산출물을 의미 있는 수준까지 구분하여 작성
- 최종적으로 작업요소의 일정, 비용, 자원 정보가 WBS Dictionary에 표시됨으로써 완성

1) 통상 80시간을 기준으로 작성

- **WBS의 기대 효과**
  - 프로젝트 목표에 대한 통합적인 이해
  - 개인 책임의 명확화
  - Scope Change범위 변경의 최소화
  - 상세계획과 문서화의 기준
  - 이해 관계자와 의사소통 및 협력체계 등의 조화

◇ WBS의 활용 및 유의사항

- **WBS의 활용 목적**
  - Cost비용, Schedule일정계획, Resource자원 산정의 정확도 향상
  - Performance수행 측정 및 Control통제 기준 정의
  - Task일에 대한 명확한 할당 책임
  - 정확한 범위 정의에 따른 Project 성공의 핵심 도출

WBS 활용시 업무범위를 불명확하게 정의하면 Poor Scope불명확한 범위으로 인해 다음과 같은 문제가 발생하므로 주의할 필요가 있다.

- **불명확한 업무범위에 따른 문제점**
  - Cost 증가[2)]
  - 업무 혼선으로 인한 리듬의 깨짐
  - 재작업의 원인 제공
  - Project 일정 증가
  - 생산성 감소
  - 사기 저하

2) 불필요한 작업 또는 누락으로 인한 혼선

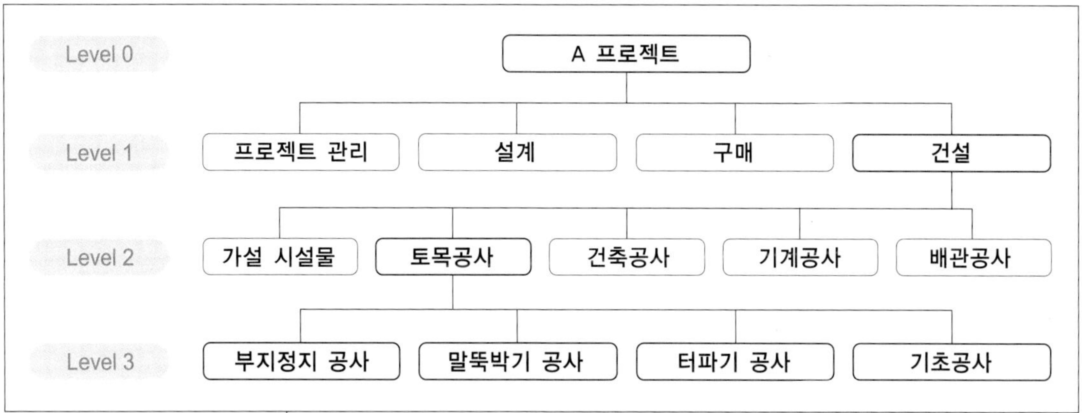

Work Break-down Structure

여기서 굳이 WBS를 자세히 설명하는 이유는 통상적으로 WBS와 Master Schedule이 복합 형태로 나타나기 때문에, 자칫 WBS를 Master Schedule의 일부 표기 형태로 인식하는 오류를 피하고 근본적인 이해를 돕기 위해서이다.

앞에서 언급했듯이 프로젝트의 업무범위를 정의하고, 이를 분류 체계에 의해 관리 가능하며 의미 있는 Deliverable인도물한 단위까지 쪼개는 Decomposition분해 작업을 한 결과가 WBS[3)]의 형태이다.

또한 WBS에 의해 분리된 각각의 Work Package에서 수행에 필요한 Duration기간, 작업의 우선순위 및 Sequence상관관계 등을 표현한 것이 Schedule*이고, 필요한 Resource자원 등을 반영하여 원가를 산정한 것이 목표 Budget실행이다.

3) 이 WBS를 Base근거로 Scheduling, Costing이 이루어지는 것임을 이해한다.

✓ **Tip***

- 모든 것들이 현업에서는 복합적으로 나타나기 때문에, 자칫 WBS를 Scheduling의 한 부산물로 생각하고 가볍게 여겨, 편의에 따라 수정하면 된다고 오판할 수 있으니 주의한다.

□ 주요건설 일정계획 Master Construction Schedule

프로젝트의 적시適時 완료를 보증하기 위한 프로세스를 일정관리라고 한다. 일정관리를 원활히 하고 모든 관계자들의 이해를 공유하며 Project Life Cycle을 통해 공통의 Communication Tool로 사용하기 위해 개발된 것이 Master Schedule[1]이다.

MCS[2] 작성시에는 Engineering설계 및 Procurement구매의 주요 일정도 상호 확인하여 관련 시공계획에 반영하여야 한다. 각 분야별 필요 일정관리의 목표를 공유함으로써 이의 달성을 통해 성공적인 공사수행의 가능성을 높일 수 있다.

- **Scheduling의 주요 단계**
  - Activity 정의 : 결과물을 만들어 내기 위해 수행되는 구체적인 활동을 식별하는 것
  - Activity 순서 : 활동 간의 의존관계를 식별하는 것
  - Activity 기간 산정 : 각각의 활동을 완료하는 데 필요한 작업 기간을 산정하는 것
  - Schedule 개발 : 일정계획을 수립하기 위한 활동순서, 활동기간 및 소요자원 분석

◇ MCS 작성시 참고사항

이미 여러 차례 강조했듯이 MCS의 작성은 Project 기본계획 중에서도 전체의 흐름을 관리하는 매우 중요한 자료이기 때문에 가급적 양질의 많은 정보가 반영되어야 한다.

그 중에서도 없어서는 안될 필수적인 기본정보는 다음과 같다.

- **MCS 작성시 참고할 주요 정보**
  - 계약상 MCSMilestone
  - Project Information
    - -> Project 특성[3]
    - -> Heavy Equipment초중량 기기 관련 정보
    - -> 시공도면 출도계획

1) 프로젝트의 전반적인 일정계획으로 상위 레벨의 목표일정 및 Milestone 등을 규정하며, 이후 모든 상세 일정계획의 Base가 되는 문서자료

2) Master Construction Schedule

3) Main Process

-> 기자재 구매계획

-> 기자재 Delivery운송[4] 계획

4) Site 도착시기

-> Project B/Q물량

-> 시운전 계획

- 유사 공사 Schedule, 동일지역 공사 Schedule 및 실적 참고
- Owner Scope사입주 억무범위인 Work Schedule의 분석 및 분제점 발췌
- 기자재 공급 조건[5]

5) Pre-Fabrication 대상 및 정도, Package Equipment 공급 조건 등

- Tie-in Work Scope연결 작업 범위 및 작업 기간
- 기 타

-> Sub-Con하도급 건설 협력사. 동원능력 및 인력동원능력

-> 대 관청 인허가

-> 현지 구매가능 자재 및 건설장비

-> Interfere-structure간섭 구조물 상태 및 문제점

-> 기후[6]

6) 우기철, 강수량 등

-> 현지 휴일

◇ **MCS**Master Construction Schedule **작성 순위 및 고려사항**

각 공사별Work로 Planning하여 Main Activity 기간을 결정한 후 인력동원 계획을 수립하게 된다. 그런데 경우에 따라서 필요 동원인력이 비현실적 즉, 들쑥날쑥하게 나타나는 현상을 보이는 경우가 있다.

이때는 현실적으로 동원인력의 변화를 Smooth완만하게 조정하는 소위 Resource Leveling자원 조정 작업을 하고, 이를 다시 공사 Schedule에 반영하는 조정 작업을 거치게 된다.

- **Scheduling의 특성**
  - Top Down Schedule Development : Schedule의 특성상 Overall 개념의 Master Level을 확정한 후, 점차 상세 업무범위, 상세 수행계획, 보다 정확한 일정자료 등을 확인하여 세부 일정을 발전시키고 개발하는 Top Down 방식을 적용하게 된다.
  - 일정계획은 Planning 전문가들에 의해 Area별, 혹은 공종별로 좀 더 세분화[7]된다.

7) Up to Master Level

- 점차 세분화된 Schedule은 Area 혹은 공종별 책임자 및 공무 담당자들에 의해 Logic Net Work 형태로 작성된다.

이 모든 과정들은 상호 공동이해 및 Communication을 위해 Owner사업주의 검토를 받아 확정시키는 절차가 필요하다.

이들 모든 Schedule들은 Construction Activity들과 함께 관련 있는 설계나 구매 업무와의 Communication을 개발하고 업무를 Lead하는 데 매우 중요한 Project Control 문서로 간주된다.

- Schedule 작성

위의 사항들을 이해하고 제반 준비가 되면 본격적인 Scheduling일정계획을 하게 된다. 이때 각 Unit, Work별 Activity를 Select선정하여 Sequence상관관계를 고려한 Activity 기간을 검토해 작성하되, 다음을 고려한다.

✓ Schedule 작성시 고려사항

- 가설공사
  - 가설공사라 하더라도, 공사 수행의 효율을 높일 수 있도록 세밀한 부분까지 고려하여 계획한다.
  - 사무행정 효율, 물류이동 효율, 중장비 이동 간섭 등을 고려한 가설계획을 세우며 Utility, 즉 물, 전기, 위생시설 등은 의외로 공사수행에 큰 영향을 주는 요인이 되므로 Peak때 부족하지 않도록 세심한 배려를 할 필요가 있다.
- Civil
  - 부지 정지작업, Piling, Equipment Foundation기기 기초, Steel/Structure철/구조물, Cable Pit지하 구조물, Drainage하수관, Road 및 Paving포장[1] 등을 고려하여 Schedule을 작성하여야 한다.
  - 큰 기초작업, 지하 구조물 깊이 순서로 계획하고 U/G지하 배관, U/G 전기작업 및 현장 내 물류이동로, Heavy Equipment중량물 운송로 등을 고려하여 이들과 간섭되지 않도록 일정계획을 통해 수립한다.
- Building
  - 건물별 Milestone주요일정, 특히 Utility System Completion 일정을 고려하여 작성한다.
- Erection
  - Heavy Equipment Erection, Tower, Drum 등 대형 Crane이 필요한 중량물[2] 순서로 설치계획을 수립하며, 설치 가능 시기에 주위 장애물들은 일정조정을 한다.

1) 가설도로 포함

2) 구조물 상부나 내부에 설치하는 중량물들은 해당 구조물의 시공계획과 연계하여 일정계획을 세운다.

- Piping
  - Pre-Fabrication사전 제작, Rack 배관, 대구경 배관, U/G지하 배관, Test 및 Flushing 등을 고려, Package Equipment 주위 배관의 특성을 반영
- 전 기
  - U/G지하 공사 및 수전 일정 Milestone, Equipment 반입 일정
- 계 장
  - DCS 반입 및 Test 일정, Loop Check 일정

Master Schedule에는 주요 Milestone일정들이 나타나야 하며 이들은 다음과 같다.

✓ **Master Schedule에 포함시킬 주요 Milestone일정**

- 도면이나 자재의 필요 시기
- 주요 공사 착공 또는 완료 일정
- 주요 건물 완공 일정
- 수전 일정
- 시운전 일정
- M/C기계적 준공 일정

특수 건설기기중장비를 사용한 Heavy Equipment Erection중량물 설치은 Unit별로 진행될 수 있도록 Sequence Plan순서 계획[3]시 유의한다.

3) 특히 장애물, 반입도로 공사, 철골, 설치, 배관의 우선순위를 결정하여야 한다.

- **Scheduling시 주의점**
  - 과밀한 Schedule은 조정한다. 동일기간에 집중된 현실적이지 못한 과밀한 작업은 일정을 조정하여 Balance를 잡는다.
  - 특수 상황[4] 등의 변수와 장애요인은 반드시 초기계획에 미리 반영하고 대책을 마련한다.
  - 공사 도중 인력 Idle[5]이 생겨날 것을 대비해 Float이 있는 부분에는 인력 Idle을 완충할 수 있는 타 공사를 Arrange배치해 둔다.
  - 도면 Issue출도;AFC(시공도면) 시기와 공사 Start착공시기를 바로 연계시키면 안된다. 도면 Issue 시기는 실제 현장 도착시기와 도면 숙지기간[6]을 고려하여 공사 착수시기를 정한다. 대개는 설계실에서 출도 되는 시기에 바로 공사 착수 일정을 잡는 실수를 범하기 쉽다.[7]
  - Civil토목, 기기 또는 구조물 설치작업에서 Erection설치은 될 수 있

4) 유난히 긴 휴무일, 종교적 휴일, 금식일, 노동생산성에 지장을 줄 정도의 혹서기나 혹한기, 집중우기 등

5) 유휴 인력

6) 협력사 포함

7) 설계실 출도 -> Owner 승인 -> 현장 송부 -> 현장 배포 및 작업계획 등 업무 Flow를 고려하여 공사착수 일정을 정해야 한다.

는 한 병행시키지 말고, 가능한 Civil토목을 선행 공사로 한다.

- 가설공사와 본 공사는 원칙적으로 병행하지 않도록 하되, 부득이한 경우에는 가설공사와 본 공사는 별도 Contractor협력사로 한다. 가설공사는 초기에 가급적 빨리 완료할 수 있도록 계획한다.

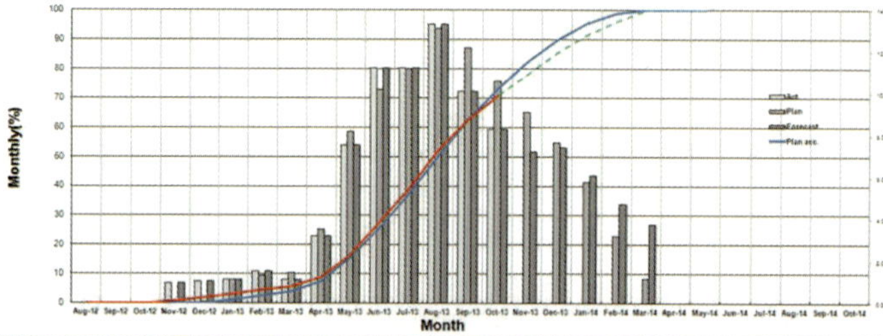

Total Construction Progress

Discription		M1 Aug-12	M2 Sep-12	M3 Oct-12	M4 Nov-12	M5 Dec-12	M6 Jan-13	M7 Feb-13	M8 Mar-13	M9 Apr-13	M10 May-13	M11 Jun-13	M12 Jul-13	M13 Aug-13	M14 Sep-13	M15 Oct-13	M16 Nov-13	M17 Dec-13	M18 Jan-14	M19 Feb-14	M20 Mar-14	M21 Apr-14	M22 May-14	M23 Jun-14	M24 Jul-14	M25 Aug-14	M26 Sep-14	M27 Oct-14	Total	remark
WO1	Plan						0.82	1.06	1.21	2.63	4.67	3.80	0.38	0.34	3.02	3.58	5.37	5.12	1.54	0.58	0.85								39.40	
	Act.				0.65	0.35	2.28	1.06	0.12	[illegible]	0.29	0.24	2.60	2.60	2.19	1.75	3.37	5.88	3.49	0.93									30.09	
WO2	Plan									3.76	4.70	3.64	[illegible]	1.02	8.22	6.48	6.78	7.35	5.27	3.60	1.40								54.72	
	Act.							0.00	0.00	0.00	0.00		2.05	1.11	4.67	4.54	15.81	1.50	0.86	0.19									30.63	
WO3	Plan					0.10	0.30	0.40	0.10	0.25	0.34	0.14	0.07	0.13	1.62	1.13	0.22	0.38											5.80	
	Act.				0.20	0.42	0.13	0.01	0.01	[illegible]	0.06	0.14	0.01	1.25	0.79	1.18	0.61	0.34	0.23										5.55	
Total	Plan					0.10	1.12	1.31	1.46	3.54	8.71	10.19	11.22	13.13	12.21	10.59	9.11	7.65	5.77	3.21	1.18								100.00	
	Plan acc.					0.10	1.22	2.53	3.99	7.53	15.74	25.93	37.15	50.28	62.49	73.08	82.19	89.84	95.61	98.82	100.00	100.00	100.00							
	Act.				0.95	1.05	1.12	1.52	1.12	3.21	7.35	11.23	11.23	13.33	10.11	8.32													96.27	
	Act. acc.				0.95	2.00	3.12	4.64	5.76	8.97	16.32	27.75	38.98	52.31	62.42	70.74														
	Forecast				0.95	1.05	1.12	1.32	1.12	3.21	7.35	11.23	11.23	13.33	10.11	8.32	7.21	7.44	6.10	4.75	3.76								100.00	
	Forecast acc.				0.95	2.00	3.12	4.64	5.76	8.97	16.52	27.75	38.98	52.31	62.42	70.74	77.95	85.39	91.49	96.24	100.00	100.00	100.00							
	Late					-1.90	-1.80	-2.10	-1.76	-1.43	-0.77	-1.82	-1.30	-2.02	0.07	2.34	82.19	89.84	95.61	98.82	100.00	100.00	100.00							

□ 일정계획 조정 Schedule Control

공정관리는 실제 진행 중인 공정과 계획공정을 Monitoring비교측정하여 공사지연 등의 문제가 발생했을 경우 공기를 만회하기 위해 공정표를 수정하거나 갱신하는 절차를 말한다.

중간관리 시점에서 수집된 공사 진행 자료와 공정표를 비교하여 공사 진도율을 산정하고 작업 기간 조정이 필요한 경우는 일성계획을 새 수립한다. 그러나 공정관리의 범위가 여기서 끝난다면 굳이 복잡한 Computer Program까지 써서 관리할 필요는 없다.

보다 중요한 Process는 예측관리* 및 변경관리에 있다. 여기서는 Project 계획에 대비하여 현재의 진행현황을 짚어 보고 실행 정도, 즉 Progress를 산정하여 기성 신청의 기초자료로 활용하는 것이 기본이다.

✓ Tip*

- 투입원가와 획득가치의 비교분석은 물론 현재의 진행상황을 근거로 향후의 계획을 재조명하고 Project의 남은 일정을 예측하는 작업이 어쩌면 더욱 중요할지도 모른다.

향후 1개월, 3개월, 6개월을 예측하고 필요시 계획을 수정하며, 또 다른 Critical Path가 나타나지 않을지 여부를 분석하는 등 미래의 일을 예측, 분석하기 위해서는 Computer Program[1)]을 사용하지 않을 수 없다.

일정관리에서는 기본적으로 현실성, 융통성, 주기적인 수정이 이루어져야 한다. 또한 EPC 프로젝트의 경우, 전체적인 Project 공정관리를 담당하는 파트는 공사가 이루어지고 있는 현장에서의 공사 Schedule 관리 인력과의 Communication을 활성화하여 현장 공사 진행이 원활히 이루어지도록 설계 도면, 자재, 기계설비 등의 도착 스케줄을 조율하여야 한다.

여기서는 기본적인 개념만 언급하므로 실무적 차원의 깊이 있는 내용은 별도의 전문자료를 활용하기 바란다.

1) 컴퓨터 프로그램을 제대로 활용하기 위해서는 관련 Resource의 정확한 제공이 필수다.

◇ 공정관리의 문제점

공정관리의 개념을 잘 이해하였다 하더라도 현실에서 제대로 활용하지 못하는 상황이 많다.

미래의 발전적 모습을 위하여 현실을 바탕으로 한 문제점들을 분석해 보기로 한다.

• **불확실한 가정을 근거한 Master Schedule 작성**

초기 Project 계획을 세울 때는 어느 것 하나 확실한 보장이 없으며, 이를 현실화시키려는 노력에도 불구하고 실행 과정은 거의 계획에 맞추지 못한다.

이를 보완하기 위해 유사 Project Template참고자료를 활용하고, 가능한 정보를 수집하여 작성하지만 여전히 현실과는 거리가 있다.

• **의욕이 앞선 무리한 목표 설정**

Master Plan 일정에 맞추어 일단 무조건[1] 계획을 세우고 본다.

수많은 변수를 안고 가는 Project 수행이기 때문에, 열심히 하다 보면 되겠지 하는 막연한 기대감만으로는 거의 대부분 목표일정을 맞추기 힘들다.

• **Problem을 감추려는 자세**

진행상의 문제점을 알고 있으나, 주위특히 상부에서 전체적으로 일정을 밀어 붙이는 바람에 굳이 문제점을 Open보고하지 않고 갈 때까지[2]끝까지 가는 경우이다. 이러한 문제가 뒤늦게, 심지어 마지막 단계에서 드러나면 만회복구할 수 있는 기회를 놓치게 된다.

• **자기 위주의 해석**

업무협의를 하고 그 협의에 근거하여 Planning을 하지만, 각자 이해나 해석을 달리[3]하는 경우가 빈번하다.

• **다른 사람 핑계만 대는 습성**

내가 할 일은 다 했는데, 남들이 잘못해서 일정을 못 맞추었다는 식으로 책임을 회피하는 행동

1) 현실적으로 달성하기 어려운 목표일정을 세운 후 고뇌를 거듭한다.

2) 실로 조직에서 가장 위험한 구성원의 자세라 하겠다.

3) 여지없이 계획에 차질을 초래할 수밖에 없다.

• **귀찮다는 식의 자세**

본인의 업무처리가 바쁘며 필요한 정보자료를 주었으니 나머지는 다 알아서 하라는 식으로, 바쁜데 귀찮게 이것저것 요구하지 말라고 하는 행태다.

◇ 문제점 내재시 예견된 결과

너무 부정적인 사례들만 늘어놓는다고 생각할지 모른다. 그러나 전부는 아닐지라도 이 중 많은 부분이 현실임을 인정하지 않을 수 없다.

결국 이러한 장애요인들이 스스로를 합리화하고, 서로 불신하여 Schedule일정관리 관리를 제대로 하지 못하게 만든다. 계획 초기에 불확실한 가정이나 무리한 목표일정을 잡게 되는 것을 감안하더라도, 적어도 실제로 가능한 일정은 알고 일을 해야 한다는 것이다.

현실적인 일정과 목표일정 사이의 문제점이나 취약점을 정확히 분석[4]하는 것 또한 중요하다. 무조건 밀고 나가는 것이 능사가 아니다.

이러한 노력을 통해 초기의 계획을 하나 하나 실현시켜 나가는 과정이 바로 Management이다. 이러한 노력에도 불구하고 현실은 변수가 많기 때문에 결국 끊임없이 계획 변경의 요인이 발생하게 된다. 매번 변경할 수는 없으나 어느 정도 변경요인이 쌓이면 계획을 수정하여 다시 분석하고 필요한 조치를 취해야 한다. 그러나 대개의 경우 잦은 변경을 핑계로 제대로 수정을 하지 않는 우를 범하고 있다. 이때부터는 그야말로 주먹구구식[5]의 관리를 벗어날 수 없다.

공사의 Peak시에는 대 물량을 처리하는 데 주력하는 것이 나름대로 훌륭한 관리 방법임이 분명하다. 그러나 일정 기간의 기회를 놓치면 결국 끝날 때까지 Schedule 변경이 불가하고, 이렇게 되면 변경된 Critical Path를 분석할 방법이 없어 관리 Point를 놓치게 된다.[6] 결국 공사의 마무리를 할 수 없게 되는 사태에 이를 수 있다.

다른 요인은 Data 입력이다. Schedule을 정확히 분석하기 위해서는 필요한 실적자료 입력이 중요하다. 하지만 대부분의 경우 일선 관리자들의 관리 Data와 Program에서 요구하는 Data의 형태분류가 달라 Data 입력시 재가공[7] 작업을 하기 일쑤다.

4) 목표를 달성하기 위해 필요조건들을 정확히 분석하는 것은 필요한 부분을 적극적으로 보완하고 지원하기 위해 반드시 필요하다.

5) 대충 Progress 숫자만 쳐다보며 물량 중심의 관리만 하게 된다.

6) Computer Program의 분석기능을 활용하지 못하고 눈앞에서 벌어지는 문제 해결에만 매달리는 실수를 범하게 된다.

7) 이 과정이 귀찮고 의외로 시간이 오래 걸리며 자료가 정확하지 않은 경우 또한 많아 포기하거나 대충 아무렇게나 입력하기 쉽다.

이를 예방하기 위해서는 처음부터 Schedule일정계획상의 WBS[1] 분류와 현장관리 분류의 체계를 맞추어야 한다. 서로 같은 분류로 System화를 해 놓으면 두 번 작업할 필요가 없고, 현장의 실적 Data가 자연히 Schedule상의 WBS에 입력되어 공정관리는 물론 정확한 실적분석이 가능하다.

1) Work Break-down Structure

◇ 공정관리 기법

• **Gant Chart**Bar Chart

Gant Chart[2]는 Bar Chart라고 불리기도 하며, 가장 직접적이며 쉽게 이해할 수 있는 공정관리 기법이다.

이 기법은 도표상에 횡선식 막대그래프를 넣어 작업의 특정 시점과 기간을 표시함으로써 계획과 진행을 비교할 수 있도록 되어 있다.

Gant Chart는 시각적인 명료성 때문에 각 공종별 공사일정을 파악하기 용이하고 특별한 지식이나 경험 없이 사용할 수 있다는 장점이 있는 반면, 작업들 간의 연결 관계가 불분명하므로 주 공정선을 파악하기 어렵다는 단점[3]이 있다.

2) 제1차 세계대전 중에 미 육군 병기국에서 병기 생산 작업을 계획하고 통제하기 위하여 창안된 공정관리 기법

3) 최근 대형 프로젝트의 실질적인 Schedule 관리에는 적합하지 않아 공정관리 현황 등의 보고서 작성에 활용된다.

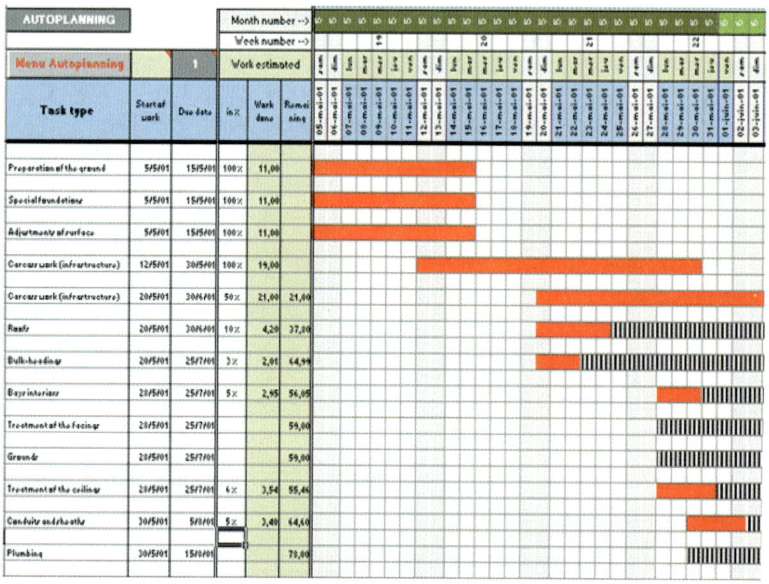

Bar Chart

• **CPM**Critical Path Method

CPM은 네트워크상 작업간의 관계, 작업 소요시간 등을 표현하여 일정 계산 및 전체 공사기간을 산정하며, 공사수행에서 발생하는 공정상의 제 문제를 도해나 수리적 모델로 해결하고 관리하는 방법을 말한다.

일정 계산을 통해 작업의 착수 및 완료시점을 파악할 수 있으며, 각 작업에서 가용한 여유시간을 알 수 있어 일정계획을 수립하는 데 도움을 준다.

CPM을 이용한 공정관리는 공정표의 작성시간이 비교적 길고 작성된 공정표의 Logic을 수정하기 어렵다는 단점이 있으나, 최근 개발된 다양한 공정관리 시스템 및 프로그램은 이러한 단점을 보완하고 CPM 기법 사용의 보편화에 일조하였다.

Tip

✓ CPM의 다른 기능으로는 공기 지연시 최소비용시간 이론에 의한 공기조정 자원평준화Resource Leveling 및 자원배당Resource Allocation에 의한 자원의 효율적 사용 등이 있다.

• **PERT**Program Evaluation and Review Technique

Critical Path Method

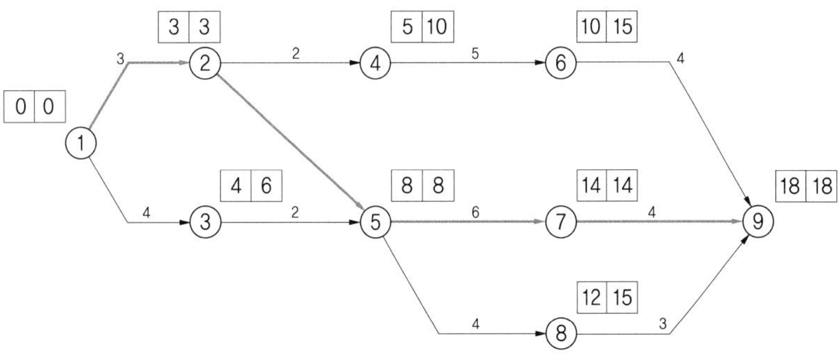

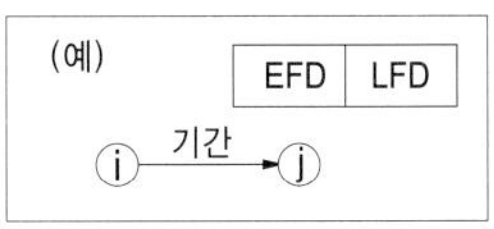

☞ 다른 차이점으로는 PERT 도표상의 작업들은 상대적으로 큰 분산을 갖는 시간분포로 가정된다는 것이다. 대조적으로 CPM은 작업기간들이 작은 분산을 갖는 것으로 가정한다.

PERT는 CPM과 함께 발전되어 온 기법으로, 작업일정 및 공사기간을 결정하고 주 공정선을 구하는 방법이 CPM과 유사하다.

두 기법의 큰 차이는 CPM이 Network상 수행할 작업에 초점을 맞춘 반면, PERT는 이러한 작업들이 완료될 수 있는 시간에 역점을 둔다.

❍ 원가관리

원가란, 기업이 생산하는 일정한 제품이나 각종 서비스를 제공하기 위해 소요된 재료 및 노무를 화폐가치로 환산한 것이다. 원가관리는 정해진 원가를 토대로 서비스를 제공하기 위해 자원의 운용에 소요되는 자금의 흐름을 관리하고 통제하는 절차를 말한다.

△ 원가관리의 이해와 활용방안 숙지!

▫ 건설 프로젝트에서의 원가관리

건설 프로젝트에서 현장 공사에 소요되는 원가는 자재비, 노무비 등의 직접비와 가설비, 경상비, 일반 관리비 같은 간접비로 나누어진다.

건설 프로젝트에서의 원가관리는 예정된 공사금액과 공사일정을 토대로 공사가 원만히 진행되고, 예산의 집행이 계획대로 이루어짐으로써 공사가 성공적으로 수행되도록 건설 자원에 소요되는 비용을 효율적으로 관리 · 통제하는 절차를 말한다.

▫ 원가산정Cost Estimates

원가산정 방식에는 크게 개산견적과 상세견적을 들 수 있으나, 최근 EPC Project 견적은 실제 완성된 시공도면을 기준으로 견적을 내는 것이 아니므로 명확히 구분하기는 어려운 실정이다.

그러나 기본개념을 이해하기 위해 각각의 특징을 살펴보기로 한다.

◇ Approximate Estimating개략견적

개략견적은 프로젝트의 설계 전 단계에서 기존 데이터를 활용하여 프로젝트의 수행 타당성 등을 알아보거나 설계 초기단계에서 Constructability[1]를 반영한 설계 대안의 경제성을 평가하기 위해 수행되며, Conceptual Estimating개념견적, Preliminary Estimate기본견적, Budget Estimate예산견적 등으로 표현하기도 한다.

일반적으로 개략견적은 설계도면과 시방서 등이 준비되지 않은 상태에서 공사비를 예측하는 것이기 때문에 얻을 수 있는 가능한 정보를 토대로 견적자의 경험과 판단에 의하여 작성된다.

1) 최적화 건설

◇ Detailed Estimates 상세견적

상세견적은 보통 설계 최종단계 또는 입찰단계에서 준비하며 Final Estimates 최종견적, Definitive Estimates 명세견적, Bid Estimates 입찰견적 등으로 표현하기도 한다.

상세견적은 상세설계의 출력인 일련의 완성된 도면과 시방서에 근거하여, 프로젝트를 수행하는 데 소요되는 재료, 노무, 장비 등에 대한 상세한 수량과 비용을 결정하는 것을 말한다.

EPC Project의 경우 실제로는 상세설계가 되지 않은 상태에서 견적을 내야 하는 상황이므로 설계팀에서 산출하는 B/M[2]도 사실은 개략견적에 가깝다고 볼 수 있다. 그러나, 축적해 놓은 많은 자료를 바탕으로 일정 부분을 가설계하여 산출하기 때문에 일단 상세견적의 범주로 간주할 수도 있다.

2) Bill of Material ; 설계에서 산출한 물량으로서 공사 물량뿐 아니라 자재구매의 양을 고려한 물량이므로 이 중 일부분은 공사성 물량으로 변환할 필요가 있다.

이 산출물량을 기준으로 필요한 기자재비나 공사비 등 직·간접비용을 산출하여 Project 원가를 산출해 낸다.

✓ Tip

- Project의 실 원가는 Project 진행 과정에서 상세설계가 이루어지면 일정 부분 변하기 마련이다
  -> 그렇다 하더라도 Management에서는 최초의 예상원가를 초과하지 않도록 필요한 제반 조치들을 취해 나가야 한다.

상세 견적서 작성 예

COST ESTIMATION FOR STRUCTURE WORK

S/N	SYSTEM	DESCRIPTION & Spec.	Size	UNIT	QTY.[Base+Alt]	Q'TY [Base]]
1	Steel Structure Work	H-SHAPE ASTM A36/JIS SS400		ton	1,500.00	892.7C
2	Steel Structure Work	I-SHAPE ASTM A36/JIS SS400		ton	12.00	12.0C
3	Steel Structure Work	ㄷ-SHAPE ASTM A36/JIS SS400		ton	180.00	125.8C
4	Steel Structure Work	LIGHT-WEIGHT C-SHAPE ASTM A36/JIS SS400		ton	70.00	45.0C
5	Steel Structure Work	L-SHAPE ASTM A36/JIS SS400		ton	200.00	90.0C
6	Steel Structure Work	STEEL PLATE ASTM A36/JIS SS400		ton	344.00	140.0C
7	Steel Structure Work	STEEL FAB. & ERECTION		ton	2,899.00	1,880.0C
		SUB TOTAL			**2,899.00**	
9	Steel Structure Work	SSPC	SP10 (NEAR WHITE METAL BLAST CLEANING)	m2	59,972.00	40,915.0C
10	Steel Structure Work	INORGANIC ZINK PRIMER	75μm (ON ST'L ST'R)	m2	59,972.00	40,915.0C
11	Steel Structure Work	POLYAMIDE CURED EPOXY	2×50μm (ST'L ST'R-MIDDLE LAYER)	m2	59,972.00	40,915.0C

□ 원가 통제 Cost Control

원가통제는 프로젝트에 투입되는 원가를 관리하고 통제하는 것이다. 프로젝트나 회사에서 설정한 원가관리 방침 등을 기술한 절차서에 근거하여 관리하게 된다.

원가의 관리항목은 다음과 같다.

◇ Contingency Management 예비비 관리

예비비관리는 프로젝트 수행시의 위험요소들에 대한 대비로 별도 설정한 비용을 관리하는 것을 말한다.

◇ Variance Analysis 계획/실적 차이 분석

프로젝트 수행 과정에서 나타나는 계획 대비 실적 차이를 분석[1]하는 것이다.

1) 프로젝트 수행시 지속적으로 분석하여 계획보다 많은 원가가 투입될 징후가 보이거나 이미 과 투입되었을 경우 이에 대한 대응 대책을 수립, 시행한다.

◇ Progress Analysis 달성도 분석

Progress 달성도란 프로젝트의 진행 정도를 나타내는 것으로, Progress Analysis 달성도 분석은 계획 대비 실적의 달성도를 파악하여 분석하는 것을 뜻한다.

◇ Earned Value Management 기성고 관리

EVM[2]은 PERT/CPM에 의한 공정관리를 이용한 과학적 계획 관리에 근거한 진도, 즉 기성관리를 의미한다. 특히 과학적 계획관리라 함은 Schedule 일정계획과 Cost Integration 비용 통합[3]을 통해 수립된 정확하고 상세한 계획으로서, 이를 바탕으로 한 정확한 Performance Measurement[4]로 지속적인 최종 사업비용과 일정을 예측하여 사전 조치할 수 있도록 하는 관리 기법이다.

2) Earned Value Management

3) 일정과 비용의 통합

4) 성과 측정

□ 원가 관리시 고려사항

◇ 원가 의식

Project를 수행하는 최종 목적은 궁극적으로 수익을 남기기 위한 것임은 두말할 필요가 없다. 양질의 Project를 공기 내에 잘 끝냈다 하더라도 수익을 남기지 못했다면, 결국 이 Project는 실패라고 할 수밖에 없다.

이는 회사의 존립 문제와도 결부된 것으로 Project를 수행하는 관련자들은 모두가 철저한 원가관리를 하여 회사에 이익이 되도록 노력[5)]해야 한다.

◇ 협력업체 원가관리의 중요성

EPC Contractor의 경우 거의 대부분이 시공 업무를 하도급 형태로 위임하기 때문에 간과하기 쉬운 부분이다. 즉, 계약이 이루어졌으니 원가관리는 협력업체의 몫이고, 당사는 Progress공정달성만 신경 쓰면 된다는 식의 사고를 갖기 쉽다.

그러나 계약단가가 너무 낮았든 관리를 잘못하였든 간에 협력업체 입장에서 손실이 발생하면 무슨 수를 써서라도 이를 만회하려는 노력을 하게 된다. 이렇게 되면 공연히 핑계거리를 만들어 Project 수행에 악영향[6)]을 끼치게 되므로 결국 원가손실로 이어진다.

이것의 또 다른 형태로는 어떠한 이유를 대서 초기에 기성을 많이 끌어내 공정을 진행하다가 마지막 마무리 시점에서 소위 돈이 안 되는 작업[7)]을 고의로 미루는 경우도 생길 수 있다.

이를 방지하고 성공적인 Project를 약속하기 위해서는 다음과 같은 노력이 필요하다.

- 기성 상태를 꼼꼼히 점검해 과기성이 나타나지 않도록 관리한다.
- 계약에 의해 선정된 협력업체에게 최대한 지원을 하여 협력업체가 손실을 입지 않게 관리해 나간다.

업체의 손해가 곧 우리의 손실임을 명심, 원가개념을 이해하고 관리해 주어야 하며 Win-Win 전략[8)]을 추구한다. 협력업체 입장에서도 자회사에 도움을 주는 관리자에 더욱 협조할 것이며, 그만큼 업무도 수월해진다.

5) Project 초기계획은 물론 수행과정 중에서도 계획과 집행을 분석하여 과투자되는 일이 없도록 관리하여야 한다.

6) 불필요한 Claim을 걸든가 고의로 작업 속도를 늦추든가 노임을 미루어 노무자들의 태업을 유발하든가 필요한 장비나 인력을 충분히 조달하지 않고 미루적거리는 행위

7) 인력 투입에 비해 기성이 오르지 않는, 즉 경제성이 없는 작업

8) 회사에 해를 끼치지 않는 범위 내에서 최대한 지원해 준다.

○ 품질관리

품질관리에 앞서 일반적인 산업에서 정의하는 품질에 대한 정의를 우선 살펴 보면 다음과 같다.

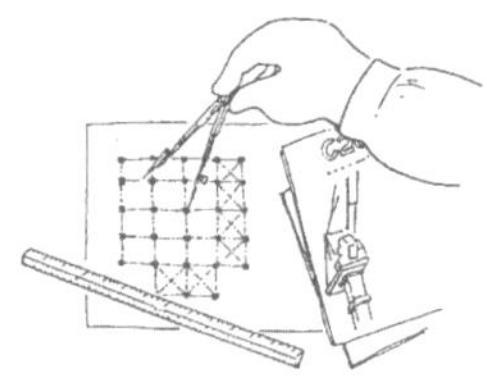

△ 품질관리의 이해와 활용방안 숙지!

✓ 품질의 중요성 -> 요구조건 일치 / 고객만족

- 품질이란 제품이나 서비스에 대해 기술되거나 의도된 요구조건을 만족시킬 수 있는 능력에 관련한 제품 또는 서비스 특성들의 총체이다.

ISO 8402국제표준화기구 품질보증용어

- 품질은 소비자의 기대를 만족시킬 수 있는 제품이나 서비스가 판촉, 설계, 제조, 유지보수 등의 과정에서 복합적으로 갖추어야 하는 특성이다.

아르망 발랭 파이겐바움Armand Vallin Feigenbaum

이러한 품질에 대한 일반적 정의는 전체 산업 분야를 대상으로 삼은 것이다. 실제 제조업을 포함한 산업 분야는 위에서 정의한 내용과 유사한 개념으로 신뢰도, 신용도, 유지보수도 등을 혼합하여 사용하고 있다. 이러한 개념들은 제품의 품질을 나타내는 개별적인 척도로 사용된다.

미국 CIIConstruction Industry Institute에서는 건설업에 있어서의 품질을 「요구조건에의 일치」[1]라고 정의하고 있다. 미국 건설협회에서 19개의 건설업체를 대상으로 품질의 정의에 대한 인식을 조사한 결과 「요구조건에의 일치, 고객만족」이라는 개념으로 인식하고 있는 것으로 나타났다.

건설 분야의 품질관리는 프로젝트 수행시 발주자가 요구하는 인도물의 품질을 보증하기 위해 프로젝트 전 과정에 걸쳐 시행한다.

품질관리는 예방이 최선의 방편이다. 사전 예방 과정의 관리를 통해 프로세스를 개선하여 완벽한 품질을 달성하고자 노력하는 것이다.

그러나 잘 알다시피 건설 현장은 그 대상이나 제품을 생산하는 기능인력이 자주 바뀐다. 때문에 항상 새롭게 System을 구축하고 정착[2]시키려는 노력이 필요하다.

업무 프로세스 정립은 물론 세부 실천계획[3]을 사전에 세우고 이에 대한 정보를 이해관계자들과 공유하며 시행한다. 또한 근거 서류는 Project Hand-over인도시 없어서는 안될 중요한 문서로 사용되니 각별히 관리한다.

1) Conformance to Requirements

2) 이를 실현하기 위해서는 정립된 품질체제하에 끊임없는 교육, 시행, 검사와 개선을 반복함으로써 품질달성의 확률을 높여야 한다.

3) 검사 항목이나 방법 등을 사전에 확정하고 결과를 증거로 남기며, Audit를 통해 프로세스를 점검

□ 공정관리Process Control

품질에 직접적인 영향을 미치는 공정과정을 철저하게 관리하기 위해, 현장소장은 공사 업무가 적절히 진행되는지를 감독하고, 현장을 지도 · 관리하는 전반적인 권리[4]와 책임을 지닌다.

품질에 직접적인 영향을 미치는 요소는 다음과 같다.

□ 품질 공정 관리 준수사항

- 공사 업무를 명확히 하는 지침서
- 적절한 장비의 사용, 쾌적한 작업환경 조성
- 표준과 기준 및 문서화된 절차와 지침 준수
- 적합한 공정 및 제품 특성에 대한 감시와 관리
- 공정 및 장비의 승인
- 최신 도면[5]
- 공정 능력의 지속적 유지를 위한 적절한 설비 보전

관리자는 각 프로젝트 별로 작성된 품질계획서, 절차서, 지침서에 따라 공사가 수행되도록 할 의무와 책임이 있다.

◇ 특수공정

특정한 제품의 사용 후에만 분명해지는 경우처럼, 후속되는 검사 및 시험에 의해 그 결과를 충분히 검증할 수 없는 공정특수공정[6]은 규정된 요건을 만족시키기 위해 유자격자[7]가 작업을 수행해야 하며, 공정 변수에 대한 지속적인 감시, 관리를 한다.

◇ 검사 및 시험Inspection and Testing

규정된 기준과 요건에 대한 적합성을 보증하기 위한 절차[8]로서 기자재, 공정, 제품의 검사 및 시험을 수행한다.

현장소장은 승인된 검사 및 시험계획ITP[9]에 따라 수입 · 중간 · 최종 검사 및 시험이 수행되었음을 보여주어야 한다. 자재 관리자는 공장검사 확인 및 수입검사를 실시하고 합격된 기자재만 현장으로 투입한다. 공사 담당자는 규정된 절차서에 따라 시공, 요구 품질에 부합함을 입증한다.

품질 관리자는 아래 사항에 대한 책임과 권한을 갖는다.

4) 각종 검사 및 시험, 특수공정 종사자의 자격을 인증할 수 있는 권한이 포함된다. 현장 품질 관리자는 현장소장을 보좌하여 시험 및 검사, 특수공정 종사자의 자격인증 여부를 검증한다.

5) 특히 신경 써서 관리해야 할 부분이다.

6) 특수공정은 용접, 열처리, 비파괴시험 등에 적용된다.

7) 장비 및 인원을 포함하여 공정 수행에 대한 자격요건이 규정되어야 한다.

8) 구매 및 설치된 기자재가 규정된 요건에 적합함을 보증하기 위한 수입, 중간 및 최종검사와 시험은 관련된 절차서에 준하여 실시한다.

9) Inspection & Test Plan

- **품질 관리자의 책임과 권한**
  - 승인된 검사 및 시험계획서ITP에 따른 중간검사 및 최종검사 실시
  - 수행된 수입, 중간, 최종검사 검증
  - 시험 및 검사자의 자격 검증

◇ 수입검사 및 시험

반입된 기자재가 요구되는 품질요건에 부합함을 보증하기 위하여 현장에서 수입검사 및 시험을 실시하며 합격품에 한해 공정에 투입한다. 현장에서의 시험 및 검사는 사업주와 사전 합의된 ITP[1]에 의거, 현장에서 검사 및 시험을 실시하고, 그 근거 문서[2]를 최종 정리해 놓는다.

현장에 반입된 기자재에 대한 수입검사의 방법과 절차는 관리기록이나 검사보고서를 참고하되, 필요시 현장에서 임의검사를 실시하여 검증한다.

✓ **Tip**

- 현장에 반입한 기자재를 긴급한 목적으로 검증 전에 불출한 경우 부적합한 것으로 확인되면 즉시 회수하거나 나중에 대체할 수 있도록 명확하게 표시/기록하여야 한다.

◇ 중간검사 및 시험

현장에 설치한 기자재는 문서화된 절차에 따라 중간검사 및 시험을 실시한다.

기자재는 요구된 검사 및 시험을 완료하거나 필요한 검사보고서가 접수되고 확인될 때까지 다음 공정에 투입하는 것을 보류한다.

◇ 최종검사 및 시험

수입검사, 중간검사 및 시험을 포함하여 규정된 모든 검사 및 시험을 수행하였다는 내용과 그 자료가 규정된 요건을 충족시킴을 증빙한다.

완성 제품이 규정된 요건에 적합함을 입증하기 위해 문서화된 절차에 따라 최종검사 및 시험을 실시한다.

완성 제품은 약속된 절차에 의해 검사되었으며 요구 품질 수준에 부합한다는 자료 및 문서의 승인 후 사업주에게 인도된다.

1) Inspection & Test Point -> 시험계획서

2) Hand-over시 계약에 요구된 시방에 부합한 제품 품질의 증거 문서로 제출해야 하므로 중요하다.

☞ 수입, 중간 및 최종검사와 시험 중 발견된 부적합 사항은 정해진 절차에 따라 조치한다.

□ 검사, 계측 및 시험장비의 관리[3]

기자재와 공정 및 제품이 규정된 요건에 적합하다는 것을 입증하기 위해 사용하는 검사와 시험장비[4]는 일정 기준에 따라 관리, 교정, 유지되어야 한다.

이는 현장에서 회사가 보유, 차용하거나 사업주 및 공사 협력업체 또는 검사 용역업체에서 제공하는 시험 장비를 포함하여 적용한다.

현장소장 또는 시험 장비를 관리하는 조직의 장은 아래 사항에 대한 책임과 권한을 갖고 관리하여야 한다.

- **시험장비 관리 책임자의 책임과 권한**
  - 필요한 측정 대상의 Acceptance Criteria승인 기준를 결정[5]하고 적합한 시험 장비를 선택한다.
  - 시험장비는 공인된 기관에 의해 주기적 또는 사용 전에 Calibration정확도 조정[6]을 실시한 후 이 보증서를 보관하고 그 보증기간을 확인하여야 한다.
  - 사업주, 공사 협력업체 또는 검사 용역업체에서 제공하는 시험 장비를 사용할 경우, 사용 전에 공인기관으로부터의 Calibration 여부를 확인한다.
  - Calibration된 시험 장비를 검사 및 시험에 사용하고, 요구된 Accuracy정확도 및 Precision정밀도를 유지하도록 시험 장비를 취급, 보관한다.

□ 부적합품의 관리Control of Nonconforming Product

규정된 요건에 적합하지 않은 모든 기자재와 공정 및 제품은 식별이 가능한 상태로 관리[7]한다. 이를 위하여 누구든 부적합한 사항을 발견하면 그 상태를 식별할 수 있도록 조치 후 문서로 남기도록 한다.

□ 시정 및 예방조치Corrective and Preventive Action

시정 및 예방조치를 시행하여 문제점 재발을 방지한다. 현재 또는 잠재적인 부적합 원인을 제거하기 위해 취하는 모든 시정조치 또는 예방

3) Control of Inspection, Measuring and Test Equipment

4) 계측 및 시험 소프트웨어 포함

5) 사업주와 사전 협의

6) 이 과정에서 신규로 Calibration을 하든 보증기간이 만료되어 Recalibration을 하든 검측장비에 따라 차이는 있지만, 대개 시간을 요하므로 만료기한을 시속 관리하여 사전에 미리 대비하여야 한다.

7) 현장의 품질관리자는 부적합품의 식별, 확인, 격리, 처분 등의 실행을 검증하며 해당 공사팀장은 부적합 보고서 접수시 부적합 사항을 해결해야 하는 책임이 있다.

조치는 문제의 정도에 상응하는 수준으로 처리한다.

시정조치 및 예방조치 결과, 업무 절차나 품질 시스템의 변경이 필요한 경우 이를 변경하고 조치 결과는 기록으로 유지, 관리한다.

◇ 시정조치

시정조치는 고객 불만 및 제품 부적합 보고서에 대해 효과적으로 조치를 하고, 부적합 원인 조사 및 결과를 기록, 보관하는 것이다. 또한 부적합 원인 제거에 필요한 조치 결과[1]가 적절한 행위였는지 입증하기 위한 관리도 포함한다.

1) 사후조치를 의미

◇ 예방조치

부적합 잠재원인을 검출, 분석 및 제거하기 위해, 제품 품질에 영향을 미치는 공정 및 작업, 검사 결과, 품질 기록, 서비스 보고서, 고객 불만 등과 같은 적절한 정보 출처를 이용하여, 요구되는 문제들에 적절한 단계를 거쳐 사전에 필요한 조치를 취하는 것을 말한다.[2]

2) 관련된 조치사항이 효과적임을 분석, 기록하여야 한다.

품질관리의 근본이 사후보다는 사전 예방조치에 있으므로 매우 중요하게 다루어야 한다.

ㅁ 품질 기록의 관리Control of Quality Records

규정된 요구사항에 따른 품질 기록은 모든 과정 및 결과를 입증할 수 있도록 기록, 보관[3]하여야 한다는 점은 이미 여러 차례 강조한 바 있다.

3) 협력업체의 품질 기록 및 조치 사항도 포함

이 기록들은 Project 인계시 꼭 필요한 중요한 증거물들이므로 만일의 사태에 대비해 분실, 훼손되는 일이 없도록 도난이나 화재 등으로부터 보존될 수 있는 환경을 조성한다.

현장 관련 Inspection Record검사 기록들은 사실상 보관이 용이하지 않다. 흔한 경우에서처럼 공사 마지막 단계에서 Hand-over인계 서류를 챙기다 보면 분실 또는 누락되기 쉬어 곤란한 상태를 겪는다. 이를 방지하기 위해 현장에서는 초기에 전 공정에 걸쳐 ITP[4]를 기준으로 필요 Item들의 Index를 만들어 Filing System을 구축하는 편이 좋다.

4) Inspection & Test Plan

수행 과정 중의 Record기록 원본은 반드시 중앙문서보관실에 보관하고 각 해당 부서는 Copy본으로서 보관 · 관리[5]하는 것이 좋다. 이렇게 하면 분실 등의 경우에도 대비할 수 있을 뿐 아니라, 중간 과정에서도 누락이 없으며 마지막 Hand-over인계시 시간낭비 없이 순조롭게 인계할 수가 있다.

5) 반드시 초기부터 Filing System을 구축하여 관리하도록 한다.

◇ Internal Quality Audits내부 품질감사

품질관리는 사후관리가 아닌 예방관리 차원에서 체계적으로 관리해야 한다. 이를 위해 품질관리가 계획대로 수행되고 있는지를 확인하고 품질 시스템의 적합성 및 효율성을 판단하기 위해 내부 품질감사를 계획, 실시한다.

□ 내부 품질감사 절차

① Project 초기 Planning시 내부 품실감사 계획 수립
② 감사요원의 자격 선정기준을 설정하고 교육 및 자격 부여
③ 감사시 지적 사항에 대한 시정조치를 취하도록 관리
④ 감사 결과는 보고서로 문서화하고 피감사 조직의 팀장에게 배포하며 경영사 섬토 자료로 활용
⑤ 시정조치 결과는 감사 지적사항을 효과적으로 해결하기 위해 검토, 기록 및 관리

◇ Training교육훈련

품질에 직접적인 영향을 미치는 활동을 수행하는 모든 인원의 능력을 극대화하고, 품질 활동의 효과적인 수행을 위해서 교육훈련[6]이 필요하다.

담당자들은 품질관리 계획을 수립하고, 이를 시행할 당사 및 하도급 협력사의 관리자들을 대상으로 상호 공동 이해를 통한 품질경영 체제 유지를 위해 필요한 교육을 실시하여야 한다.

교육훈련은 품질에 영향을 미치는 모든 인원이 그 대상이 될 수 있도록 하고 부적합 사항, 품질보증 체제에 어긋나는 Process, 반복적인 부적합 행위 등을 발견할 경우 필요에 따른 재교육[7]을 실시한다.

6) 모든 품질 업무 체제, 권한, 검사 및 합격기준, 연간 Audit 계획 등 필요한 모든 정보 제공을 포함한다.

7) 현장 작업자나 특정 Group 모두 포함

□ 현장 품질관리

품질관리를 하려면 우선 이 뜻을 이해하여야 한다.

✓ Tip

- "Quality is Planned in, not inspected in."
  ☞ 검사보다 예방계획이 중요하다.

품질관리의 수단으로 우리는 검사를 실시한다. 그러나, 이는 품질관리의 결과를 검증하기 위한 수단에 불과한 것이지 그 자체가 품질관리가 아님을 잊어서는 안 된다. 즉, 품질 관리는 사전에 철저히 그 Process나 기준 등이 계획되어야 하며, 이것의 시행과정을 통해 원하는 품질의 결과를 만들어 내는 것이라 할 수 있다. 품질관리 시행을 확실히 하기 위해서는 적정한 시스템을 갖추어[1] 접근해야지 주먹구구식으로는 목적을 이룰 수 없다.

□ 품질관리의 이해

통상 현장에서는 각 공종별 또는 업무별로 업무의 절차나 기준을 규정하는 Specification시방서이나 Procedure절차서, Manual 등의 기준서[2]가 있다. 이 가운데 특히 중요도가 높고 각별한 절차를 필요로 하는 공정에 대해서는 별도로 서류[3]를 작성, Detail한 절차나 위험요소를 분석하고, 안전하게 작업하기 위한 조치 등을 규정하여 모든 이해 관계자들과 공유, 사전에 대비하게 된다.

이러한 모든 절차들은 작업을 안전하고 제대로 처리하기 위한 하나의 방법으로써, 일종의 품질관리 영역에 포함시켜 이해할 수 있다.

모든 시방서 및 절차서에 따라 시공을 진행하다 보면, 주요 Activity마다 그리고 최종 결과까지 확인하는 절차를 거친다.

그런데, 이 확인 절차를 품질관리로 오해하는 경우가 종종 있다.

이는 앞에서 언급한 바와 같이 품질관리의 결과를 입증하기 위한 또 다른 절차에 불과할 뿐이다.

1) 모든 절차를 사전에 규정하고 절차를 검증, 원하는 품질을 달성할 수 있도록 시스템으로 구축하여 시행

2) 계약시 요구한 품질의 결과를 입증하고 상호 계약의 책무를 이행했느냐의 증거가 되는 절차이자 서류이므로 중요하게 다루어야 하며, 착공 전 사전에 상호 합의하고 시행해야 한다.

3) Methods Statement 및 JHAJob Hazard Analysis

☞ 사전에 상호 합의한 내용이 승인기준 범위 내에 들어오면, 요구한 품질 수준에 부합한다고 인정하는 확인 절차를 하게 되는데, 이는 통상 ITPInspection & Test Plan에 근거한다.

ㅁ 품질관리 프로세스

여기서는 시공 관련 절차 등을 다루었으나, 품질관리의 범위는 실로 광범위하다.

우리가 일상적으로 알고 있는 업무의 질 또한 품질의 영역에서 이해할 수 있다.

ㅁ 품질관리 프로세스

① 해당 Project에 적용할 기준 시방서나 절차서 확정
② 주요 공정에 대한 추가 Method Statement상세 방법 기준서 및 JHA 작성[4)]
③ 각종 업무 프로세스 체제 구축
④ 교육[5)]
⑤ 수시 Audit점검
⑥ 결과 확인

4) 확정 후 작업 전에 반드시 교육 및 정보 공유

5) 신규 투입자 관련 교육 포함

여기서 한 가지 추가적으로 고려할 사항은 위 품질관리 프로세스 중 「교육」 항목으로, 수시로 필요에 따른 작업자 교육은 물론 관리자들이 신규로 투입될 때[6)] 사전에 담당 업무나 업무 Process 등을 교육시키고 해당 내용을 익히게 한 후 Job업무에 투입될 수 있도록 시간을 할애하여, 충분히 준비된 상태에서 업무효율을 올릴 수 있도록 제도적인 체제를 구축해야 한다.

6) 당사 직원 및 관리자, 현지채용 인력 모두 해당

소정의 절차를 거쳐서 채용된 인력은 최대한 능력을 발휘할 수 있도록 하는 것이 중요하다. 사전에 준비도 없이 바로 Job에 투입하여 업무에 혼선을 주거나 자기 기준, 방식대로 일하여 비효율적인 업무결과를 낳는 등 능력을 제대로 발휘하지 못하는 사례가 많으니 각별히 주의해야 한다.

품질관리 Audit점검 항목 역시 간과해서는 안될 중요한 프로세스 중 하나이다. 아무리 서류를 잘 만들어 체제를 구축하고 그에 따른 교육을 실시했다 하더라도, 각자의 이해도나 이행 능력에 차이가 있을 수 있으므로 제대로 전파되고 시행되고 있는지 수시로 점검해야 한다. 이것이 곧 품질 보증을 위한 품질 관리 행위로 이해하기 바란다.

건설현장에서는 설계도면[1]에 의거하여 모든 시공이 이루어지며 수많은 수정을 반복하게 된다. 이 수정사항이 실시간으로 작업자들에게 전달되지 못해 수정 전의 구 도면을 따라 시공하여 재작업을 해야 하는 경우가 종종 있다.

잘못된 프로세스로 일을 마쳐 놓고 마지막 검사 때 잘못된 점을 발견하면, 불필요한 재작업으로 인하여 경제적 · 시간적 손실을 초래하게 되므로 신중을 기해야 한다.

작업자근로자 또한 항시 바뀔 수 있기 때문에 계속 Monitoring하여 필요시 재교육이나 프로세스를 수정하는 등의 조치를 취해야 좋은 품질을 유지할 수 있다.

1) 도면 Revision의 최신 정보를 수시로 확인하여 제공하고, 현장에서 작업하는 작업자가 올바른 도면을 가지고 시공하는지 점검하는 것이야말로 품질관리의 가장 기본이면서 중요한 활동이다.

ㅁ 품질관리 교육방법

품질관리를 이해하고 필요한 절차서나 규정 등의 서류를 갖춰 마지막 검사까지 업무체계를 구축하였다 하더라도, 이를 절차에 따라 실제로 이행하기란 쉬운 일이 아니다. 현장에서 실제로 일을 하는 사람은 내가 아니라 협력업체에서 동원한 인력들이기 때문이다. 작업자들 중에는 업무에 능숙한 사람도 있고 그렇지 못한 사람도 섞여 있기 마련이므로, 이 사람들 모두가 작업 내용을 잘 안다고 확신할 수는 없다.

근로자들이 제대로 작업할 수 있도록 하기 위한 교육 및 Audit 또한 중요하다. 관리자 교육시에는 해당 시방서나 Procedure절차서를 가지고 할 수 있으나, 작업자들을 상대로 하는 교육[2]은 가급적이면 쉽고 간단하게 핵심만 가지고 이야기해야 이해시킬 수 있으며 효과도 기대할 수 있다.

2) 상대에 따른 맞춤 교육을 실시해야 효과가 있다.

❍ 안전관리

건설공사에서의 안전관리란, 공사 과정에서 발생하는 결함으로 인한 사고의 예방을 위하여 이행되는 관리를 뜻한다.

건설공사의 안전관리는 재해로부터 인력을 보호하는 한편, 발주자와 도급자의 경제적 손실을 억제하며, 공정의 순조로운 진행과 간접적인 건설경비를 절약하는 예방공학이다.

안전관리를 잘하기 위해서는 우선 일선 관리자들이 안전관리의 의미와 관리방법 등을 정확히 알아야 하며, 프로젝트에 관여한 모든 사람들의 안전을 내가 지켜야 한다는 투철한 사명감과 책임감으로 무장되어 있어야 한다. 안전관리에 대한 수준 높은 지식을 바탕으로 어떻게 이를 밑에 작업자들에게까지 전달하여 인식시키느냐 하는 방법[3)]도 모색하여야 한다.

여기서 가장 중요한 것은 가장 많은 위험에 노출되어 있는 작업자들을 중심으로, 그들의 언어와 방식으로 교육하고 전파하는 방법을 연구해야 한다는 것이다.[4)]

작업원들의 수준과 성향, 국적, 안전의식은 천차만별이며, 심지어 해외 사업상의 경우 문맹자[5)]들도 섞여 있고 서로 말이 안 통하는 경우도 허다하다는 현실을 인식할 필요가 있다.

▫ 사고와 재해

Accident사고는 원치 않는 사상으로서, 고의성이 없는 불안정한 행동이나 조건이 선행되어 작업능률을 저하시키며, 직접 또는 간접적으로 인명이나 재산의 손실을 가져올 수 있는 사건을 말한다.

사고는 필연적으로 인명이나 재산상의 손실을 수반할 수 있으나, 인명피해만을 초래하였을 경우 「상해」라 하며, 재산상의 일방적 손실만을 수반할 때를 「손실」이라고 한다.

안전사고의 결과로 일어난 인명피해 및 재산의 손실을 일컫는 「재해」는 분류 관점에 따라 다음과 같이 분류하고 있다.

3) 세부적인 지식과 방법 등은 여러 가지 안전관리 관련 매뉴얼이나 규정들에 잘 정리되어 있으므로 별도로 관심을 갖고 학습하도록 한다. 여기서는 안전관리에 대한 기본개념과 실제 현장에서 벌어질 수 있는 상황을 중심으로 서술하였다.

4) 아무리 체계를 잘 갖추고 이론적인 배경이 정립되어 있다 하더라도, 막상 작업원들이 이해하지 못하고 이를 지키지 않는다면 탁상공론에 불과한 공염불이 되기 때문이다.

5) 현실적 대안으로 삽화, 사진, 포스터 등의 시각적 자료들을 이용하면 효과가 매우 좋다.

△ 안전관리의 이해와 활용방안 숙지!

• **재해의 관점에 따른 분류**

– 재해의 원인 : 자연적 재해, 인위적 재해

– 재해 위험 : 화학적 위험, 물리적 위험, 기계적 위험, 전기적 위험, 시설적 위험

– 인명피해 정도 : 사망, 중경상, 경상해, 무상해 사고Near Miss

□ 안전관리 요소

효과적으로 안전관리를 이해하기 위하여 다음과 같은 5가지 요소를 이해할 필요가 있다.

◇ Policy 정책

대부분의 사고는 작업자의 부주의뿐만 아니라, 조직 또는 특정 작업 내에서 관리자의 책임인 통제 관리의 실패로도 발생한다.

관리자는 품질관리, 원가관리와 마찬가지로 안전관리의 Policy방침를 분명히 하고, 단호하고도 책임 있는 의지를 천명하여야 한다.

◇ Organization

효과적인 안전관리가 이루어지기 위해서는 안전관리 정책을 효과적으로 반영하기 위한 조직적 관리가 선행[1]되어야 한다.

1) 조직 구성원들이 각자의 역할과 의무를 분명히 인지하고 그 책임을 다할 때 정상적인 안전관리가 가능하다.

◇ Plan 계획

안전관리에 대한 목표 설정 및 이를 달성하기 위한 다음과 같은 사전계획이 필요하다.

안전관리 사전계획의 요소

- 현장의 실정, 특성에 맞는 실현 가능한 계획
- 회사의 안전 Policy방침를 근간으로 하는 구체적 계획 작성
- 안전 수준 목표의 설정
- 평가 계획의 확립

◇ Measuring Performance성과 측정 **및 평가**

안전관리가 계획에 따라 제대로 수행되는지 정확히 측정[2]하는 것이 필요하다. 현 안전관리 상황을 파악해야 다음 계획에 반영할 수 있기 때문이다.

2) 실행된 안전관리 상황을 측정한 후 정확히 평가한다.

각 안전 활동에 대한 평가 기준이 설정되어야 하며, 이 기준은 작업이 반복됨에 따라 끊임없이 개선되어야 한다.

◇ KPIKey Performance Indicator **설정**

관리 방법 중에서 중점관리 Point라는 것이 있다. 목적을 달성하기 위해서는 필요한 제반 사항들을 관리해야 하지만, 그 중에서 특정 부분을 집중관리하여 최대 효과를 기대할 수 있는 것이 핵심 Point이다.

안전관리의 핵심은 정리정돈, 불완전한 요소 및 「사고가 날 뻔한 상황」[3] 제거 등으로 압축할 수 있다.

1931년 Herbert William Heinrich허버트 윌리엄 하인리히가 산업 재해 사례를 통계학적으로 분석하여 주장[4]한 바에 의하면 " 중상자 1명이 발생하는 경우 같은 원인으로 인한 경상자가 30명, 같은 원인으로 부상을 당할 뻔한 잠재적 부상자가 300명이 있다"고 하였다.

여기서 시사하는 바는, 사소한 사고 또는 사고가 날 뻔한 상황을 간과하지 않고 면밀히 그 근본 원인을 분석[5]하여 시정 조치를 취하면, 사고 발생 확률을 낮출 수 있다는 의미로 해석할 수 있다.

이것과 더불어 현장의 정리정돈[6]은 모든 것에 우선하며, 가장 기본적인 안전관리의 자세[7]로 보아 마땅할 것이다.

3) Near Miss Accident

4) 사고는 우연이 아니라 그 이전에 반드시 경미한 유사 사고들이 반복되는 징후가 있다는 것을 통계 분석을 통해 제시한 것이다.

5) Root cause analysis

6) Site Arrangement

7) 이는 불안진한 요소의 세거 노력과도 부합되며, 무엇보다도 정신무장 차원에서 반드시 필요한 행동임을 명심한다.

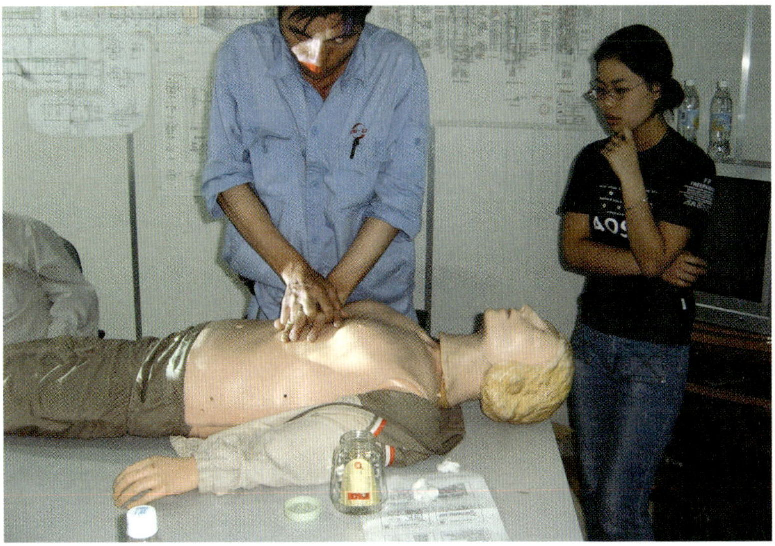

심폐소생술CPR 실습 장면

□ 안전관리 체제 및 운영

◇ 안전관리 인식의 중요성

안전관리는 안전에 대한 의식, 즉 안전관리를 왜 해야 하는지 필요성을 먼저 인지하는 데부터 출발[1]해야 한다.

좋은 정보를 제공하고 체계를 잘 구축해 놓아도 안전관리에 대한 인식이 제대로 심어져 있지 않으면 소용이 없다.

자기 가족이나 형제가 불행을 겪는 것을 원하는 사람은 아무도 없을 것이다. 그러나 우리는 현장에 나와 일하는 근로자들을 나와는 관계가 없는 사람이라 생각하고, 위험한 상황에 처해도 심각하게 생각하지 않거나 나몰라라 지나쳐 버리는 경우가 종종 있다.[2] 안전관리는 내 업무가 아닌 안전팀의 책임으로만 떠넘겨버리고 귀찮게 여기는 경향[3]도 있다.

안전은 멀리 있는 것이 아니라 우리 일상생활 속에서 함께하고 있다. 꼭 건설 현장에서 사고가 일어나야 그제서야 안전을 생각하는 것이 아니라, 일상생활 속에서 먹고 자고 출퇴근하고 사무실에서 일하고 건강을 챙기고 하는 모든 것들이 안전과 직결되어 있음을 인식하고, 언제 어디서 무엇을 하든 나와 내 가족과 더불어 안전하게 생활할 수 있도록 생활화한다.

이런 까닭으로 현장에 나와서 일하는 인력들이 비록 다른 나라, 다른 가족 구성원일지라도 현장에서 우리와 함께 일을 한다면, 당연히 내가 지켜야 하는 가족임을 인지하고 적극적으로 안전을 보장해야 한다.

✓ Tip

- 인식을 전환함으로써 안전에 대한 수단과 방법, 지식을 배우고, 재해방지를 위한 방안을 익히며 업무체제를 습득한다.
- 나아가 책임감을 가지고 이를 실천함으로써 관련된 모든 자원의 안전을 내가 먼저 지키도록 노력해야 할 것이다.

◇ 안전관리자의 책임과 의무

안전관리 관리자는 그 관리 범위 안에 있는 모든 자원들[4]을 안전하게 관리할 책임과 의무가 있다. 안전관리는 일선 관리자가 책임져야 할 제1

1) 그 다음이 무엇을 어떻게 해야 하는 업무 지식과 체계 및 수단이다.

2) 근래에 와서는 교육에 의해 많이 바뀌고 있지만, 지금까지 우리가 배워 온 과정에 문제가 있어 아직도 안전은 남의 일이라는 인식이 남아 있는 안타까운 현실이다.

3) 대단히 잘못된 생각이며 관리자로서의 자질이 없다고 보아야 한다.

4) 인력, 장비, 기자재 포함

의 업무다.

안전은 공사 관리의 최 일선에 있는 관리자[5]의 책무이지만, 결코 안전 관리자에게만 그 책임을 미룰 수 없다. 다만 안전 관리자는 전체적인 방침을 세우고, 그 방향대로 관리할 수 있도록 지원하고 교육시키며 Monitoring하여, 현장이 안전하게 유지될 수 있도록 기술적으로 지원하는 위치라고 이해하면 될 것이다.

5) 일선 관리자는 안전관리의 1차적 책임자이므로 이를 위한 지식을 습득하고 그 관리 방법을 이해해야 할 뿐 아니라, 끊임없는 애정과 책임감을 가지고 안전 관리자를 지속적으로 교육시키며, 이에 대한 관심을 가져야 한다.

◇ 안전 관련 실무

현장에서 안전관리와 관련하여 실제 일어나는 일들를 살펴 보면 다음과 같다.

- **실무 안전관리**
  - 작업 상황을 공유한다.
    - -> 현장 전체의 작업 진행상황을 공유하고, 주위에 어떤 특정 위험 작업이 진행되고 예정되어 있는지 모두에게 알리도록 한다.
    - -> 공종별 위험요소 및 공정 진행에 따른 차별적 안전관리 Point를 사전에 점검하고 대비하며 필요한 교육을 실시한다.

현장 위험물 표식

- -> Tool Box Talk, 즉 작업 전 일일 안전예지 활동을 활성화한다.
- -> 형식적인 행사가 되지 않고 실질적으로 그 날의 작업환경에 따른 안전관리 교육이 되도록 한다.
- -> 반드시 작업자 전원이 참가[6]하여 위험요소를 인지하고 스스로 안전한 작업을 할 수 있도록 유도한다.

6) 이 시간을 통해 작업자의 건강 상태도 점검한다.

Tool Box Meeting

- 안전에 대해서는 초기부터 엄격한 규율 적용이 필요하다.
  - -> 초기에 허술하게 관리하거나 경미하다고 눈감아주는 식으로 넘어가면 영원히 관리가 안 된다는 것을 명심, 개설 초기부터 엄격히 관리한다.
  - -> 안전관리 규율[1]을 지키지 않으면 작업이 불가하다는 점을 강하게 인식시킬 필요가 있다.
  - -> 개중에는 안전관리가 너무 심하고 까다로워 작업 진행이 잘 안 된다거나, 비용이 많이 든다는 등의 불평[2]도 있을 것이다.
  - -> 안전에 관한 제반 준비사항이 완전하면[3] 작업이 더 수월하게 계획대로 진행될 뿐 아니라, 안전한 작업환경 속에서 더 효율적인 작업이 가능해진다.
- 안전 관련 사항을 하부 작업자에게 끝까지 이해시킬 수 있는 방안을 끊임 없이 연구[4]해야 한다.
  - -> 특히, 해외에서 시공 업무를 할 때 더욱 유의한다.
  - -> 외국의 근로자들 중에는 언어가 달라 말이 안 통하거나, 심지어 문맹인 경우도 있다는 점을 잊으면 안 된다.
- 관리자 스스로가 모범을 보이도록 한다.

1) 대개 초기에는 반발이 있어 힘이 들지만, 당연히 지켜야 한다는 인식이 퍼지면 따라오기 마련이고, 이는 궁극적으로 모두에게 이익이 된다.

2) 이는 대부분 사전에 안전관리를 무시하고 작업을 진행하려다 제제를 당하게 되어 계획에 차질을 빚는 경우로서, 여기에 휘둘리면 곤란하다.

3) 사전에 미리 준비

4) 교육 수준이 높은 관리자 기준의 안전교육뿐 아니라, 상대적으로 교육 수준이 떨어지는 근로자들도 이해할 수 있도록, 그들의 눈높이에 맞는 단어와 문장을 이용하여 쉽게 이해할 수 있도록 한다.

현장 안전관리 표지

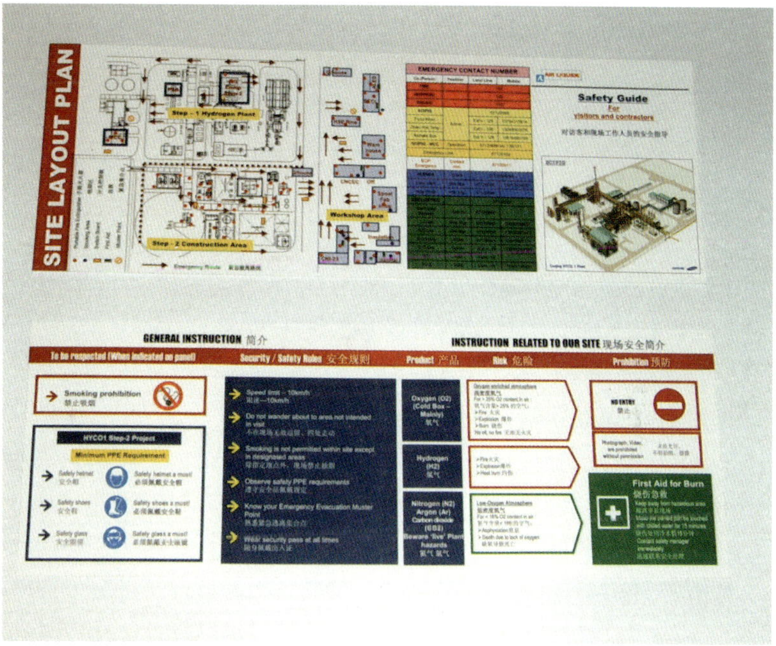

• **현장 점검**

현장 정리정돈은 안전관리의 출발이자 기본이다.

최소 하루에 한 번 이상 각 공정의 선임자들과 함께 현장을 순시[5)]하며 미비한 사항들을 현장에서 지시하고 즉시 개선한다.

순회시에는 형식적으로 막연히 돌아다니지 말고, 다음의 사항에 대하여 구체적으로 점검하고 지적[6)]한다.

-> Scaffolding비계 설치 상태

-> 개구부 상태

-> 고소高所 작업 안전관리 상태

-> 개인 보호구 착용 상태

-> 현장 청소 및 자재 정리정돈 상태

-> 터파기 보호난간 설치 상태

-> 공구/도구 상태

-> 전기선 상태

5) 현장소장 부재시에도 차 선임자가 반드시 실시하도록 제도화한다.

6) 지적사항은 즉시 시정하고, 그 결과를 보고하도록 체제를 만들어 놓는다.

□ 현장 안전 주요 점검사항

- 현장에 투입되는 모든 인력은 작업 전에 건강검진을 받도록 하여 건강상태를 체크한다.
- 교육은 지속, 반복적으로 실시한다.
- 각종 장비 및 인양장비, 공 · 도구들은 수시 및 정기검사를 실시하고 외부에서 잘 알아볼 수 있도록 Color Tag를 붙여 관리한다.
- 안전에 관한 상벌제도를 엄격히 실시한다.
- 아침체조는 사고방지에 상당한 도움을 준다.
  - 작업 전 긴장된 몸을 풀어주고 건강상태[1]를 점검할 수 있으며, 안전의식을 고취시키는 데에도 중요한 역할을 한다.
- 시운전시 Gas 가스, Steam Blowing 스팀 세척, Drain Point 폐수 부위 등은 특별히 관리, 누구나 인지할 수 있도록 관리한다.
- 야간 작업시에는 비파괴검사 계획을 반드시 확인하고, 작업구역이 중첩되지 않도록 한다.

현장 안전관리는 정리정돈 및 청소가 그 기본이고 출발[2]이다.
이는 아무리 강조해도 지나치지 않다.

1) 몸 상태가 좋지 않은 사람은 체조를 할 때 보면 나타난다.

2) 현장이 깨끗하게 잘 정리된 상태에서 작업을 하게 되면 그만큼 위험요소가 줄어들 뿐 아니라, 개개인의 의식도 달라지기 때문이다.

현장 안전교육

○ 조직관리

앞서 조직의 편성 및 파견계획 작성에 대해 설명한 바 있다. 여기서는 이렇게 편성된 조직 구성원들이 현장에 투입되어 제대로 역할을 발휘할 수 있도록 하기 위한 조직의 관리에 대해 살펴보기로 한다.

조직 편성에 대한 계획 후에는 인선人選[1]이 중요하다. 그러기 위해서는 적재적소에 적합한 인력을 확보하는 데 노력을 기울여야 할 뿐 아니라, 이렇게 투입한 인력이 전체적으로 제 능력을 발휘할 수 있도록 조직을 관리/운영해야 한다.

조직을 제대로 관리하지 않으면 훌륭한 인재를 확보하여 투입한다 하더라도 자칫 오합지졸이 되기 십상이고, 게다가 능력 있는 인력[2]일수록 각자 자기 방식대로 행동함으로써 오히려 조직에 해가 될 수도 있다.

여기에서는 기본적인 인간 심리나 조직 관리의 기본적인 생리[3]를 간단히 요약해 조직관리의 필요성에 대해 접근해 보기로 한다.

ㅁ 개인의 성격 파악

개개인의 성격을 파악하여 특정 상황에서의 행동 양식을 예측하고, 이에 따른 능력과 직무와의 적합성을 판단[4]하여 현장에 배치한다.

또한 어떤 대상에 대해 호의적 또는 비호의적으로 반응하는 태도를 관찰한다. 부정적 태도가 심한 사람은 결근이나 이직률이 높을 것이며, 직무 불만족으로 인한 업무효율 저하를 예측할 수 있다. 반대로 매사에 긍정적이고 협조적인 사람은 직무만족도 면에서 높은 성향을 나타내며, 따라서 업무효율도 높은 편이다.

해외 현지에서 채용하는 Local현지 근로자들은 임시직이라는 생각이 강해 평상시에 잘하던 직원도 다른 곳에서 약간이라도 더 좋은 조건만 제시 받아도 미련 없이 떠나는 경우가 많으므로 이에 대한 대비를 하고 있어야 한다. 이들의 특징은 사전에 아무런 징후를 보여주지 않다가 갑자기 사라지곤[5] 하는데, 주로 월급을 받은 직후에 벌어진다.

작업자들의 이런 습성을 모르고 있다가 어느 날 갑자기 사라지면 업무 인수인계[6]가 되지 않아 당황하게 되는 경우가 있다.

△ 조직 관리의 이해와 활용방안 숙지!

1) 계획한 대로 각 기능이 제 역할을 발휘해야 원활한 조직 운영이 가능하다.

2) 이들을 일사 분란하게 움직이고 통제하기 위해서는 조직 관리를 체계적으로 이해하고 관리하려는 노력이 절실하다.

3) 현장소장과 같이 조직을 관리하는 책임자적 위치에 있는 사람들은 절대적으로 이 부분을 연구할 필요가 있다.

4) 조직원 개인의 직무만족 정도를 가늠할 수 있을 뿐 아니라 업무효율에도 영향을 준다.

5) 아무런 사전 통보 없이 출근하지 않는 경향이 있다.

6) 평상시에 업무 과정을 기록하여 대비하는 것이 좋다.

□ 개인의 행동을 변화시키는 요인

개인의 행동을 변화시키는 요인으로 학습 강화를 통해 행동을 수정하는 방법과 동기부여를 통한 방법이 있다. 학습을 강화하고 바람직한 행위의 증가에 대해서는 적절한 보상은 물론 장애 요인들을 제거해 줌으로써 행위의 변화가 긍정적으로 유도되도록 한다.

개인에게 동기를 부여하는 방법으로 「기대 이론」, 「공정성 이론」, 「목표설정 이론」을 생각할 수가 있다.

「기대 이론」은 긍정적 기대값을 부여하여 동기를 유발하는 것이다. 그러나 공정성이 결여되면 기대값이 반감되거나 신뢰를 잃어 의미가 약화되므로, 공정성 보장이 우선시되어야 그 효과를 기대할 수 있다.

「목표설정 이론」은 구체적이며 측정 가능한 목표를 부여하는 것을 말하며, 중요한 결과 영역에 초점을 맞춘 목표라야 한다. 이 목표는 도전적이며 현실적으로 실현 가능성이 있는 것으로서, 시간적 제한을 두고 성과에 대한 보상이 연계되어야 한다.[7)]

7) 동기부여를 위해서는 관리자 혼자만의 목표여서는 의미가 없고 혜택을 기대하는 개인이나 집단이 수용하는 목표이어야 한다.

✓ Tip

- 「기대 이론」에 근거한 기대감과 「목표설정 이론」에 바탕을 둔 구체적이고 도전적인 목표에 공정성이 뒷받침되고 그에 따른 성과보상을 함으로써 동기부여를 통한 긍정적 효과를 만들어 낼 수 있다.

□ 리더십Leader-ship

조직 관리를 위해서는 리더십이 중요하다. 리더십에는 행위 이론과 상황 이론이 있는데, 제시된 그림을 보면 쉽게 이해할 수 있다.

그림과 같이 바람직한 리더십[1]이란 과업 중심적이고 조직원을 배려하며 종업원 중심적이라는 것을 알 수 있다.

1) 조직의 경험과 능력에 적합한 리더십 발휘가 필요하다.

바람직한 리더십

☞ Vecchio R.P.(2002), Organizational Behavior: Core Concepts, pp. 151, 5th edition, Thomson Learning

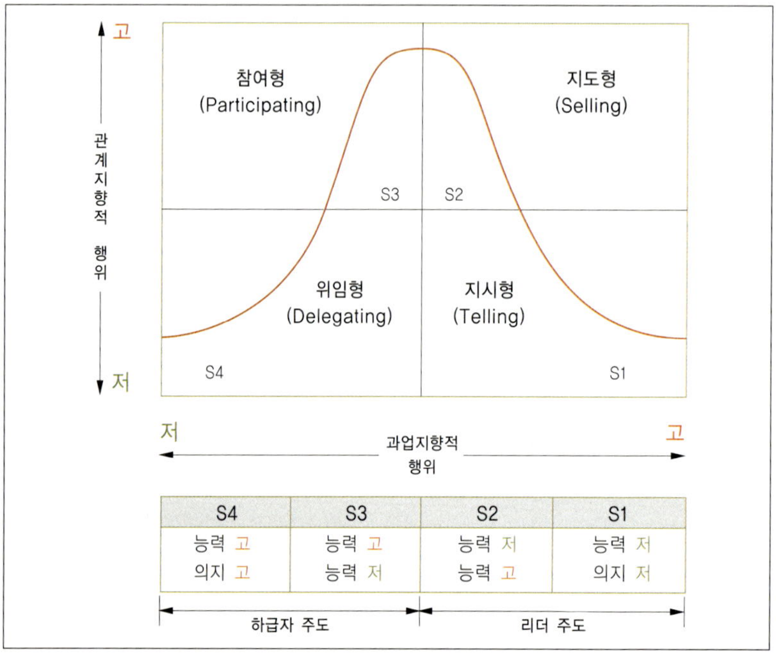

상황대응 리더십 Chart

☞ Hersey P. & Blanchard K.(2000), Management of Organizational Behavior, Prentice-Hall, p. 152.

조직을 이끌어가다 보면 크고 작은 갈등이 빚어지게 된다. 이를 잘 관리하지 않으면 예기치 않은 데서 조직이 흔들리게 된다.

조직 관리에서의 갈등이란 제한된 자원과 힘의 획득을 위해 이해 당사자들이 서로의 목표 달성을 방해하거나 좌절시키기 위해 의도적으로 노력하는 과정이라고 정의할 수 있다.

개인 간의 개인적 갈등과는 다른 시각에서의 정의이지만, 다음에 제시한 그림을 보면 갈등관계가 어디서 나타나고, 이를 관리하기 위해서는 조직을 어떤 분위기로 이끌어 가야 하는지를 쉽게 알 수 있다. 이 그림에서 시사하는 바와 같이 어느 조직이든 갈등이 없을 수는 없으며, 오히려 갈등이 너무 낮은 수준이면 무기력하고 그냥 대책 없이 편하게 흘러가는 조직으로 해석되기 때문에 성과 역시 기대할 수 없다.

갈등의 결과

☞ Brown L. D.(1986), Managing Conflict of Organizational Interfaces, Addison-Wesley, p.8.

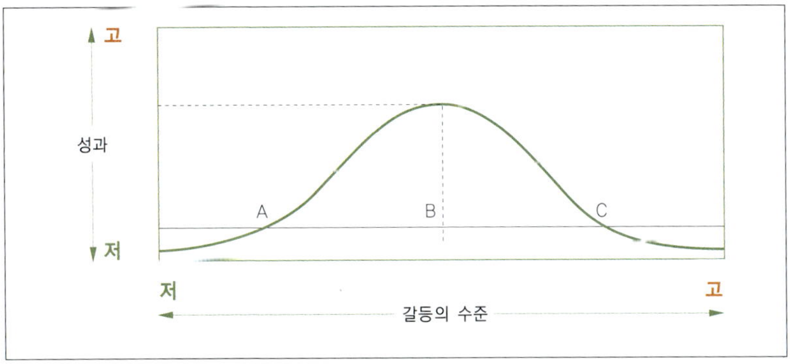

갈등해결 전략

☞ Thomas K.(2000), Conflict and Negotiation Processes in Organizations, Handbook of Industrial and Orga-nizational Psychology, p. 668.

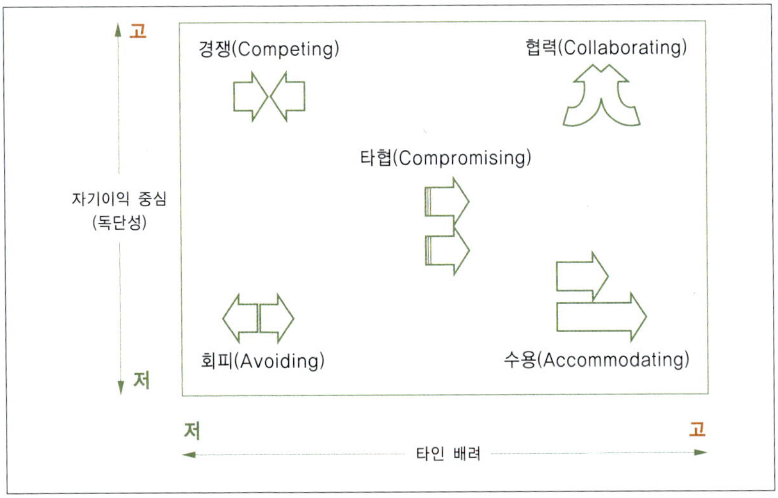

적정 수준의 갈등이 존재하고, 이를「갈등해결 전략」그림에서 보듯 바람직한 갈등해결 방안을 찾아서 해결해 나가는 것이 건강한 조직이며, 좋은 성과를 기대할 수 있다.

ㅁ 커뮤니케이션Communication

커뮤니케이션이란, 공동의 이해를 위해 개인이나 집단 간에 서로 정보를 교환하거나 의미를 전달하는 과정이다. 더 나아가 단순한 과정보다 정보에 대한 의도나 이해[1)]까지 전달되면 보다 정확한 커뮤니케이션이 이루어졌다고 볼 수 있다.

커뮤니케이션에는 통제, 동기부여, 감정표현, 정보전달 등 여러 기능들이 있으며, 이 기능들을 방해하는 장애요인 또한 존재한다. 이러한 장애요인을 이해하고 제거해 나갈 수 있으면 훌륭한 커뮤니케이션을 할 수 있으므로, 여기서 장애요인들을 잘 살펴 볼 필요가 있다.

장애요인들로는 커뮤니케이션을 시도하는 사람의 의사소통 기술 결여, 지나친 전문용어 사용 등으로 인한 이해의 어려움, 자기 나름기준으로 Filtering해석하여 정보를 전달하는 경우[2)] 등이 있다.

그 밖에도 상호 Feed-back이 결여되어 정보가 정확히 전달되었는지의 여부가 불분명한 경우, 지위나 권력의 격차 때문에 충분한 대화를 나눌 수 없을 때, 시간은 부족한데 정보는 과부하 상태여서 정보를 제대로 소화하지 못할 때, 부적절한 매체의 선택, 통신장비 결함 등의 요인들도 장애요인으로 볼 수 있다. 이러한 요인들을 염두에 두고 정확한 커뮤니케이션이 되도록 노력해야 한다.

앞에서 언급한 바와 같이 현대사회는 다민족 · 다국적 사람들이 함께 모여 일을 하기 때문에 우리 방식대로만 진행할 수는 없다. 즉, 조직 관리에 있어서 빼놓을 수 없는 중요한 사안이라 할지라도 의미가 다르거나 해석하는 방법이 다를 수 있다는 말이다. 따라서 문화간 Communication의 차이를 이해[3)]하는 것이 중요하다.

이들 문화 간에는 같은 문제를 가지고도 이해를 달리하거나 해결하는 방식이 전혀 다른 경우가 종종 있으며, 각 국가별로 금기시하거나 선호

1) 이해가 전달된다는 의미는 뜻을 이해한다는 말이며, 반드시 상호 동의한다는 뜻은 아니다.

2) 반대로 듣는 사람이 선택적으로 듣고 정보를 취하는 경우도 마찬가지이다.

3) 우리 방식, 우리 생각대로만 Communication을 시도하면 낭패를 보기 십상이다.

하는 행동들도 있으므로 잘 파악해 두어야 한다. 관리자들은 이점을 충분히 이해하고, 타 지역이나 타국에서 현장을 운영하는 경우 특히 관심을 가지고 배려하여야 한다.

✓ Tip

- 여기서 언급한 이론들은 쉽게 이해할 수 있으리라 생각되어 별도의 부연 설명은 최소화하였다. 결국, 조직을 건강하게 관리하는 능력을 관리자가 갖추고 있느냐의 여부에 따라 업무 성과가 크게 좌우됨을 명심한다.

□ 조직 변화

현장 조직은 Peak 때를 상정하여 편성하지만, 공사 진척도에 따라 적정하게 확대 또는 축소하여 운영에 문제가 발생되지 않도록 한다.

공사 진행시 초기 계획에 따라 점진적으로 인력 투입이 이루어지며, 공사 마무리 시점에서는 비교적 가동률이 낮은 부문을 겸임[3] 처리하고 철수시킨다.

3) 업무 겸임시 인수인계를 원활히 하기 위해서는 평상시 업무 내용을 기록 · 정리하는 습관이 중요하다.

❍ 인력 및 장비동원 계획

□ 인력동원 계획

인력은 공사 수행에 필요한 자원요소 중 기자재와 더불어 가장 중요한 자원 중의 하나로서 공사 수행에 필요한 인력을 산출, 이를 바탕으로 Schedule과 연계하여 동원 계획 및 현장의 여러 가지 가설계획을 반영한다.

☞ 공사실적, 작업효율 등을 지속적으로 Monitoring하고 비교/분석, 초기계획과의 차이를 파악하여 필요한 조치를 취하는 것이 중요하다.

필요한 인력자원의 동원에 실패하면 공사 수행을 성공적으로 완료할 수 없으므로, 이에 대한 여러 가지 경우의 수를 대비하고 연구한다.

◇ 계획 작성에 필요한 정보 및 자료

인력동원 계획을 세울 때는 다음과 같은 특성을 고려한다.

- **인력동원 계획시 고려 사항**
  - 과거 자료[1]
  - Commercial Data[2]
  - 지역별 평균 생산성
  - 공사물량
  - 공사 Schedule
  - 특수공정[3]
  - 특수장비를 필요로 하는 작업[4]

1) 유사 Project의 실적 자료

2) 표준품셈

3) 특수기술이나 경험을 필요로 하는 작업

4) Heavy Rigging, Bolt-Ten sioning

◇ 인력동원 계획작성

인력동원 계획은 다음과 같은 절차로 작성한다.

▯ 인력동원 계획 절차

① 지역적 특성, 노동생산성 및 작업 난이도 등을 감안한 해당 Project의 적용 품셈을 정한다.

② 각 공종별 공사물량을 소화하기 위한 필요인력을 공사물량과 해당 Project 적용 품셈을 기초로 산출한다.

③ 각 공종별 Master Schedule주요 일정계획 수준의 Activity에 산출된 필요인력을 Allocation배치시킨다.

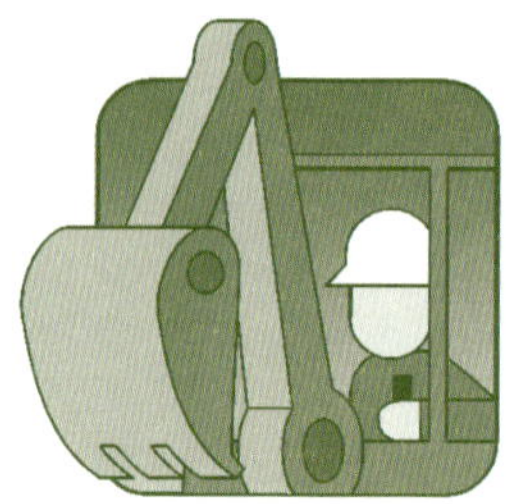

△ 계획성 있는 인력 및 장비계획 철저!

④ 각 공종별로 각각의 'S-Curve'에 의한 계획을 반영한다.

⑤ 공종별 인력 분포배치가 끝나면 전체 Schedule에 반영하고, 월별 Summary를 한다.

⑥ Summary 결과를 검토하고 필요인력 동원 수에 너무 급격한 변화가 있으면 Manpower Levelling인력 조정을 통해 완만한 증가 · 감소가 이루어지도록 조정한다.

-> 인력동원에 있어 필요한 기능을 갖춘 인력이 항시 대기하고 있는 것이 아니므로 필요 인력을 늘리는 데 시간이 소요될 뿐만 아니라, 감축시킬 때에도 함부로 정리하는 것이 어렵다.[5]

5) 갑작스런 동원이나 정리는 불필요한 추가 Cost의 요인이 되기도 한다.

⑦ 인력동원 계획의 조정이란, 작업계획의 기간이나 시기를 조정하는 것을 말한다.

⑧ 이러한 일련의 조정 결과는 공사 전체의 Master Schedule과 S-curve, Progress Curve와 Matching일치이 되도록 하는 것이 중요하다.

⑨ Indirect Worker간접 인력가 누락되지 않게 계획한다. 간접인력은 상기의 Progress Curve공정달성 곡선와 무관하게 산출한다. 간접인력에 해당되는 인력은 다음과 같다.

-> 창고의 자재관리 작업원[6]

-> Maintenance유지·보수 작업원

-> Civil Laboratory토목 실험실 작업원

-> Waste Area쓰레기장의 폐기물처리 작업원

-> 분전반, 전기, 기기 공구 보수요원

-> 기타 운전요원, 경비요원, 안전요원 등

6) Unpacking 포함

◇ 인력동원 대책

인력동원 계획의 수립 후에는 이를 어떻게 동원할 것인가에 대한 계획이 필요하다. 현지 기능인력 현황을 파악하고, 현지 가용인력이 부족할 경우 외부 동원 가능 Source를 알아본다. 이 경우 국가적 또는 지역적 제약조건 여부를 파악[1)]한다.

집중 우기철, 농번기나 장기휴무로 인해 현지문화 특성상 인력의 대이동이 예상되는 지역은 별도의 대책을 세운다. 예컨대 회교국[2)], 중국[3)] 등의 긴 연휴에 의한 장기간 공백은 공사 진행에 막대한 영향을 주므로 이를 반영하여 대책을 수립한다.

대개의 경우 하도급 시공업체를 활용하여 공사를 수행하는 추세이므로 업체 선정시에는 상기 사항들을 분명히 확인하고 그에 대한 대책 및 책임의 범위를 명확히 한다. 따라서 실적이나 실 동원 능력이 있는 업체를 선정하는 것이 중요하다. 나아가 가능하다면 Contingency Plan비상계획을 세워 필요시 직접 인력을 동원할 수 있는 체제를 마련해 놓으면 좋다.

1) 특정 국가는 정책적으로 외부인력 수입에 제한을 두는 경우가 있고, 어떤 지역은 같은 국민이라 해도 타 지역 사람들의 유입을 금지하는 민족도 있다.

2) 라마단 금식기간 및 그 후의 긴 휴무일

3) 춘절春節: 설날의 긴 연휴

□ 장비동원 계획

업체 선정시에는 Heavy Rigging중량물 설치을 위한 특수 장비를 제외한 일반 건설기계를 해당 협력사를 통해 동원할 경우, 이것의 동원능력을 분명히 확인하여야 한다. 또한 주위 시황이나 동원가능 장비 등으로 보아 해당 장비가 공사 수행기간 동안 부족할 것이라고 판단될 경우에는 별도의 대책[4)]을 수립한다.

각 공종별 필요한 종류나 수량을 파악한 후에는 Idle Time유휴 시간을 검토, 통합운영[5)]이 가능한지 파악하고 원가를 줄일 수 있는 방법을 적극적으로 모색한다.

4) 이 경우, 국내 혹은 제3국의 장비를 동원할 때의 문제점이나 경제성 등도 다각적으로 검토한다.

5) 장비 통합운영의 경우 또 다른 편중이나 혼선으로 인한 손실을 막기 위해서는 세밀한 Planning과 관리가 수반되어야 한다.

❍ 자재관리

▫ 플랜트 프로젝트에서의 자재관리

프로젝트를 준비하고 수행하는 데 있어 처음부터 마지막까지 가장 오랫동안 준비하여 실행하고 또 정리해야 하는 부분이다. 그러나 다른 어떤 업무보다 중요함에도 불구하고 가장 소홀하기 쉬운 업무가 바로 자재[6] 관리이다.

6) 자재 없이 공사를 하는 것은 상상할 수 없다.

제때 자재를 사용하기 위해서는 Project 초기부터 이를 관리해 나가야 한다. 그러지 않으면 조달하는데 시간이 소요되어 바로 사용할 수 없을 뿐 아니라, 어렵게 구한 자재를 분실하거나 손 · 망실로 인하여 쓰지 못하는 경우도 생길 수 있다. 이와 같은 상황이 발생하지 않도록 구매부터 운송, 반입, 보관, 불출 등 일련의 관리 업무를 행하게 되며, 이를 통틀어 자재관리[7]라고 이해하면 된다.

7) 자재관리 계획과 더불어, 자재관리의 주체는 누구이며 그 책임은 누구에게 있는가를 짚어보고, 적절한 관리계획을 세우도록 한다.

자재관리에 대한 업무분장은 다음과 같다.

- **자재 관리 업무분장**
  - 현장소장 : 현장소장은 자재관리 전반에 대하여 총괄한다.
  - 자재관리 팀장 : 자재관리 전반[8]에 대한 수행 및 관리감독, 통관업무 지원, 자재관리 전반에 대한 자료 수집 정리 및 Trouble 사항에 대하여 소장에게 보고한다.
  - 자재창고 담당자 : 실물자재에 대한 입출고, 검사, 저장관리 및 Trouble 사항에 대하여 자재팀장에게 보고한다.
  - 문서 / 전산 담당 : 자재 관련 문서 정리, 배포, 보관 등 행정 업무, 전산 시스템 운영 등을 담당하며, 자재에 관한 현황 유지 · 보고, 입출고 / 재고현황 관리[9] 등을 담당한다.

8) 조직의 구성, 구성원 업무의 규정 · 수행

9) 적정/과부족 관리 포함

자재 일선 관리의 주체를 살펴보면 다음과 같다.

- **일선 자재관리 주체**
  - 자재관리의 주체는 Main Contractor주 계약자[10]이다.
    -> Sub-Contractor하도급 협력사에게 인도한 자재 또한 책임을 피할 수 없다.

10) 주 계약 업체, 원 도급업자

- 자재관리의 주체는 Material Controller자재 관리자이다.
  -> Store Keeper[1), Handler[2) 등은 관리자가 아니다.
- 자재관리의 주체는 Construction Supervisor[3)이다.
  -> Material Controller자재 관리자도 Supervisor관리자의 도움 없이 자재 수요 예측은 어렵다.
- 자재 출고 신청시 Construction Supervisor건설 관리자는 신청 자재가 계획된 작업에 필요한지 여부를 확인할 의무가 있다.
  -> 적정한 자재를 불출, 불필요한 추가 관리를 하거나, 자재가 분실되어 공사에 지장을 주는 일이 없도록 한다.
- Construction Supervisor건설 관리자는 철저한 시공계획에 의거, 부족한 자재가 발생하지 않고 적시에 투입될 수 있도록 자재 담당자와 지속적인 Communication을 한다.
  -> 재고현황이나 입고계획 등을 파악, 사전예측을 하여 공사에 지장을 주는 일이 없도록 할 책임이 있다.
- Construction Supervisor는 출고된 자재가 올바르게 사용되도록 관리하여야 한다.

ㅁ 계획 수립

자재관리 계획의 출발은 자재 공급 일정 수립이다. 다시 말해 언제 어떤 자재가 얼마나 필요한지, 또 공급되는지를 검토 후 이를 고려하여 계획을 세운다.

또한, 공사자재 Peak시의 공급물량을 기준으로 자재를 비치하여 수행도중 당황하지 않고 일사 분란하게 처리될 수 있도록 계획을 세운다.

계획 수립 시에는 다음 사항을 고려하여야 한다.

1) 창고 관리인, 자재 보관업자
2) 자재 취급자, 물품 처리인
3) 공사감독관

△ 자재관리 계획 수립 철저!

✓ 자재관리 계획 수립시 고려사항

- Project Overall Schedule[4)]에 의한 예측 시행
- 공사 Schedule과 Delivery Schedule운송 일정계획[5)]을 기준으로 수립
- Package Item[6)]의 Schedule과 관리방안 별도 준비
- 사업주 공급 Item의 구분 및 Delivery Schedule을 별도 표시
- 사업팀 구매부서 설계 담당자들과 사전 협의하여 Overall Schedule과 실제 공급예측 시기의 차이를 미리 파악하고, 공기에 영향을 줄 수 있는 Item품목의 대책 강구
- 가설공사용 자재는 우선 공급하거나 현지구매 고려
- 해외현장의 경우 내륙운송 및 통관에 소요되는 시간 예측

자재야적 계획을 세울 때는 효과적이고 경제적이며 입출고 관리가 편리하게 시설을 구비하도록 한다.

사재야적 계획시 고려해야 할 사항은 다음과 같다.

✓ 자재야적 계획시 고려사항

- 제작장 및 설치장소와 가능한 근접시켜 동선을 최소화한다.
- 옥내 보관품과 야적 내상을 분리하여 필요한 건물과 Open Space Area[7)]를 산출한다.
- 손 · 망실, 도난 등을 고려하여 소형 경량물, 고가품의 보관 장소를 별도로 정하

현장 야적장

4) 프로젝트 전체 일정, 종합적인 공사 계획

5) 자재의 인도 일정계획

6) 일괄 공급품, 해당 자재 품목 일체

7) 공지空地 구역

고 현장 전체의 경비 외에 별도의 경비계획을 세운다.

- 운반용 장비[1]의 출입이 용이하도록 준비한다.
  -> 창고, 야적장
- 자재관리 요원의 사무실 및 작업자의 휴식공간을 마련한다.

1) 지게차, 크레인, 트레일러 등

◇ 본사에서의 사전계획

Planning 단계에서 제일 먼저 시작할 것은 사업주와의 계약서를 검토하는 것이다. 이는 다음에 열거하는 사항과 함께 본사에서 준비해야 하는 필수사항이며, 이를 근간으로 향후 수행할 자재의 조직과 Infra-Structure[2]의 규모를 가늠할 수 있다.

2) 기반 시설, 구조

사업주 계약서 검토와 더불어 전반적으로 확인해야 할 사항은 다음과 같다.

✓ 사전 계획시 검토 및 확인사항

- 사업주와의 계약조건에 따른 자재관리 업무 Scope[3]
- 각 공종별 물량
- 사 · 도급 List
- 현장 위치에 따른 지역적 특수성 파악
- 공사업체와의 업무분장 계획 수립
- 가설 시설물과 관련하여 FMCField Material Control Room, 창고 및 야적장 계획 수립
- 특수자재 파악 및 특별 관리방안 고려
- 기자재 공급 Vendor[4]의 Contact Point[5] 확보
- 기자재 운송경로, 관련 업무절차, 담당자, 운송 및 통관시 예상 문제점 파악
- Packing포장 및 Shipping Procedure[6] 확보[7]
- 본사의 구매 및 검사, 조달 관련 담당자와 업무 연계 절차 및 유대관계 확인
- FMC 관련 전산체계 구축 · 점검 및 현업 적용시 필수 구비사항 확인
- 자재 관련 Specification시방서 및 Procedure절차서 확보[8]
- Field Material Control Procedure현장 자재관리 절차서 작성
- Equipment Delivery기기 납품일정 확인 및 시방 Data 작성
- U/G Piping Material지하배관 자재, Cable, Template참고자료 및 직매용 Anchor Bolt/Nut 입고시기 확인[9]
  -> 직매용 Bolt는 기계와 토목 Inform Cross Check정보 상호 확인 필요
- 대 사업주 Invoicing기성 청구 관련 자재입고 Report Format 확인

3) 업무별 책임한계, 소유권한, Spare Parts예비부품, 인수인계 등

4) 판매 회사, 판매처

5) 접점接點, 접촉 루트Route

6) 하역荷役, 선적船積 절차/방법

7) From 수출입 파트

8) 배관 자재 Specification설명서, 사양, Marking Specification마킹 사양 등

9) 특히, Pipe의 경우 12m 단위의 발주물량 확인

- 계획된 「현장 자재관리 방안」에 대하여 자체 Presentation 실시
  현장 공사 초기에 사용되는 자재는 직매용 Anchor Bolt, Grounding Work 관련 자재, 그리고 지하배관 자재 등이 있다.

대부분 초기 준비를 할 때는 설계가 완료되기 이전에 구매 준비를 하게 된다. 현장 개설 후 준비 과정에서 지속적으로 관련 부서[10]들과 협의하고, 그 수정사항을 반영하여 최종 구매조치를 하지 않으면, 상호 수정 시점 차이에 의해 종종 업무착오[11]를 겪게 되므로 주의한다.

자재 관리자는 지속적으로 정보를 Update하여 업무에 반영하고, 관련 팀에 정보를 제공하여 미리 대비할 수 있도록 지원하여야 한다.

10) 기계팀뿐 아니라 토목팀도 포함

11) 상세설계 과정에서 기계설계는 변경되었는데, 미처 토목설계에 반영되지 않아 Anchor Bolt가 누락되거나, 잘못된 Type이 입고되어 재시공하는 경우가 종종 있다.

◇ 현장에서의 관리

현장에서는 공사일정 대비 실행상태를 확인하고 수정하는 일이 빈복된다. 구매팀에서 작성한 PSRProcurement Status Report와 공사계획상 요구되는 기자재 납기를 비교·검토하여 관련 부서와 계속 협의함으로써 가급적 공사계획에 차질이 없도록 관리하는 것이 중요하다.

특히, 플랜트 공사에서의 배관자재는 다른 공종의 자재에 비해 종류나 관리가 복잡하므로 Computer Program을 활용한다. Computer Program은 설계 자료와도 Link연계되어 배관자재 관리에 없어서는 안될 필수요건이므로, 운용체계에 준비[12]를 철저히 할 필요가 있다.

이것의 운용에 있어서는 기초 Data의 적기適期 입력이 선행되어야 한다. 도면은 수정되었는데 변경된 정보가 수정되지 않았다든가, 심지어 자재가 현장에 도착했는데도 관련자료가 Up-date되지 않아 현장 입출고 정보를 입력할 수 없는 상황[13]이 발생하기도 한다.

내부의 업무조율과 함께 사업주 Counter Partner담당자와의 초기 업무 Set-up도 중요하다. 현장 입고된 기자재에 대하여 사업주가 입회검사를 한다고 하면, 사업주에게 Delivery Schedule운송 일정과 Inspection Time검사 일시, 장소, 참석자 등의 Inform정보을 주어야 하며, 관련된 모든 자료를 사전에 준비해 둔다.

그러나 이렇게 되면 부수적으로 따르는 업무의 양이 늘어나고, 시간 소모 사유가 발생할 소지도 많다. 또한 사업주가 입회검사에서 지적한

12) 운영자, Internet체제, 본사와의 업무연계 등 필요한 사항을 준비한다.

13) 자재관리에 큰 혼선을 초래하므로 본사와 지속적으로 Coordination조정, 협의하여 실시간 자료를 받아야 한다.

문제들이 Clear해결될 때까지 자재 사용이 Holding유보되기 마련이다.

따라서 계약적 책무에 따라 다를 수 있으나, 가급적 기자재 현장입고 검사는 자체적으로 실시하게끔 방향을 잡는 것이 유리하며, 이를 위해 계약자의 System이나 Procedure에 대한 신뢰를 이끌어 내어 사업주가 당사를 믿을 수 있도록 해놓는 초기 Set-up이 필요하다.[1)]

ㅁ 현장관리 주요사항

◇ 현장 부임 초기에 수행하여야 할 사항

현장에서의 자재관리 계획을 수립하고, 현장 부임 후 계획대로 업무를 수행하기 위하여 신경 써야 할 사항들을 살펴보면 다음과 같다.

• 현장 부임 초기 주요업무 수행사항

- 자재 관리에 필요한 현지인력 채용/교육
- Computer System 구축
- 가설 시설물 관련 Computer Room, 자재 창고 및 야적장 공사 진행 감독[2)]
- 자재 하역, 이동, 야적 등에 필요한 기반시설 구축
- 현장 자재관리에 필요한 Tool, 소모품, 장비 준비[3)]
- 자재 배치도 작성
- 자재 통관에서부터 현장입고까지의 Route경로 답사/점검
- 공사업체와의 업무분장 관련 Meeting 실시
- 계획된 「현장자재 관리방안」에 대하여 대 사업주 Presentation 실시[4)]
- 긴급 소요 자재에 대한 공급처 파악 및 개략적인 단가 확인[5)]
- 각 공종별로 공사 Schedule에 맞추어 자재가 현장 입고될 수 있는지의 검토
- 배관자재의 경우 Shop-Fabrication이 가능한 Line부분을 Report로 작성, Isometric Drawing[6)] 별로 공사에 제공하여 Shop-fabrication을 조기에 착수할 수 있도록 지원
- 배관자재의 경우 입고자재에 대하여 식별관리를 용이하게 하기 위

1) 일단 사업주의 신뢰를 얻고 나면 나머지 업무 수행은 훨씬 수월하게 진행할 수 있다. 프로젝트 초기부터 믿음을 쌓도록 노력한다.

☞ Material Receiving Report와 Inspection Report를 분리하여 작성하는 것도 이와 맥락을 같이 한다. Receiving Report만 사업주에게 Official하게 Notice하여 기성 청구가 지체 없이 이루어지도록 하는 것도 하나의 요령이다.

2) 창고 내에 자재 보관용 선반 설치를 포함, Lighting, Fence, 소화기, 경비원 배치 및 Open Storage Area의 Gravel 포설, 자연배수 설비 등의 필요한 조치

3) Tentative Color Marking용 Paint, Camera 포함

4) Report Format 등 확정

5) 신용거래 협약 작성

6) 근거리 화법

한 Table표을 작성하여 관련자에게 배포 및 교육 실시[7)]

- Painting 관련 업무 확인 및 운송경비 절감방안 강구
- 자재입고 Schedule 접수
- Sleeve Pipe 물량 확인

◇ 배관자재 관리

Stainless 재질이나 Alloy합금 등 특수자재는 품질이 문제가 되어 곤란을 겪는 경우가 있으므로, 이에 대한 사전확인 등의 준비가 필요하다.

품질에 대한 불신은 전체 자재를 다시 검수해야 하는 등 공사 수행에 막대한 지장을 줄 뿐만 아니라, 회사의 신용이나 이미지에도 악영향을 주는 결과로 확대될 수 있다. 사전에 자체적으로 입고검사를 하여 스스로 관리하는 자세가 필요하다.

특히 현장 설치 후 마무리 시점에서는 사업주 측에서 인계 받을 준비를 하게 되는데, 대개 자체적으로 몰래 Spot Check임의 검사를 하다가 불량이 발견되면 공식적으로 문제제기를 한다. 이때는 이미 어떠한 조치를 취할 시간이 없으므로 주의하여야 한다.

대구경 자재는 특성상 Pipe와 Fitting이 규격이 잘 맞지 않을 수 있으니 시공팀과 사전에 협의하여 대비책을 마련해 놓아야 한다.

배관자재의 경우 초기에 지하 배관자재를 별도로 관리하여 작업을 진행하게 되며, 지상 배관작업 시점에서는 현장 설치에 앞서 Shop에서 사전 Spool 제작을 하게 된다.

대개의 자재공급 계획 시에는 전체의 몇 %를 언제까지 공급할지에 대한 계획을 갖고 이에 따라 작업 계획을 세우게 되는데, 바로 여기에 문제가 있다. 대개 이 몇 %라는 숫자가 초기 설계, 즉 3 inch 혹은 4 inch 이상의 대구경 중심으로 몇 %를 의미하는데, 여기에 함정[8)]이 있다.

설계에서는 그 시점에 대구경 Line배관 밖에 물량 산출을 못하는 입장이지만, 시공을 하는 입장에서는 소구경 배관이나 Fitting, Valve류가 없어 Spool이 미완성 상태로 임시 야적됐다가, 자재입고 후 다시 Shop장으로 이동하여 이중 작업을 해야 하는 손실을 감수하거나, 아니면 이를 포기하고 현장으로 보내 현장 설치분으로 변경하는 등 계획에 따른

7) 특히, Primer Painting 이후

8) 일반적으로 전체의 몇 %라는 의미는 초기 설계단계에서 대구경 위주로 산출된 것으로서 소구경 배관, Fitting, Valve류 등이 자재 공급 계획에서 배제되어 있음을 유의한다.

Spool 제작이 불가능하므로 결국 비용과 시간이 증가할 수밖에 없다.[1] 그러나 현장에서 심각하게 여기는 관리자가 드문 것이 안타까운 현실이다.

자재 관리자나 현장소장, 배관 담당자들은 계획 초기부터 사업, 설계, 구매와 이 부분을 명확히 하고 철저히 관리할 필요가 있다.

1) 초기 배관자재 공급분에 반드시 소구경, Fitting, Valve류를 어느 정도 같이 공급할 수 있게 협의한다.

◇ 도난 방지

현장에서의 자재 도난은 항상 골칫거리다. 어렵게 구매하여 반입한 자재를 분실하면 공사에도 지장을 초래하고 경제적 손실 또한 무시할 수 없다. 자재 도난에 대한 대비는 실로 중요한 사안이 아닐 수 없다.

여러 가지 방안이 있을 수 있으나, 그 중 몇 가지를 살펴 보자.

• 도난 방지 방안

- 현지 채용인의 정확한 업무분장을 실시한다.
  -> 각 담당자들이 기자재 입고 시점에 대한 Inform정보을 빠르게 받아 Unpacking Inspection포장 해체 후 검사을 진행할 수 있도록 하고, 서류와 실물을 확인하여 철저한 기록 관리를 한다.
- 야적장 및 창고 내에 CCTV를 설치/운영하고 이를 공공연히 노출시킴으로써 외부로부터의 침입 의욕을 감소시키는 간접 효과를 노린다.
- 절도 현장 신고자에 대한 포상금 제도를 운영하는 것 또한 도움이 된다.
  -> 현장에서는 자재 분실방지를 위한 경비체제가 가장 골치 아픈 일 중의 하나이다. 할 수 있는 모든 방안을 모색하여 만전을 기하여야 한다.

△ CCTV 설치효과 기대!

◇ 보관 관리

실내 보관, 야적 보관 등을 미리 구분하고 각각의 Map위치도을 작성하여 언제라도 자재를 확인할 수 있도록 정기적으로 재고관리를 하며, 불출관리를 철저히 하여 장부상 재고와 실물을 수시로 확인한다.

여기까지가 통상의 자재관리라고 할 수 있으나, 우리는 이것이 끝이라고 보면 안 된다. 현장을 운영하다 보면 무수히 많은 사람들이 작업에 관여하게 되며, System과 입출고 관리를 철저히 해도 불출한 자재가 필요 장소[2]에 쓰이지 않고 현장 구석구석 아무렇게나 널려[3] 있는 모습을 자주 목격하게 된다.

따라서 설사 자재 관리자가 직접적인 시공 책임이나 일단 불출된 자재에 대한 책임이 없다 하더라도, 수시로 현장을 돌아보며 자재 상태[4]를 점검하여 필요한 조치를 하고, 잘못 불출되거나 과 불출한 자재에 대해서는 반납하도록 하는 노력이 필요하다.

◇ 예측관리

자재 관리에서는 사전 입고계획에 의거하여 자재를 검수하고 보관·불출하는 것을 기본 원칙으로 하고 손·망실, 도난 등으로부터 해당 자재를 안전하게 보호해야 한다는 것은 대부분 이해하고 있을 것이다.

여기서 더 나아가 현장 Progress진척도에 따라 현장 팀과 지속적인 Coordination조율을 하여 향후 필요한 자재를 파악[5]하는 것 또한 필요하다. 이를 위해서는 현장의 상황을 잘 파악하여 사전조치를 취해야 한다.

자재 반입은 긴급하게 조달할 수 있는 소량을 제외하고는 대개 시간이 오래 소요되기 때문이다. 재고 자재 현황을 수시로 현장 팀에 제공하고 협의를 통해 필요 물량을 미리 확보해 놓는다.

△ 향후 예측관리가 중요!

2) 막상 필요할 때 자재를 찾지 못하고 애를 태우다가 급기야 긴급 조치재불출 후 나중에 갑자기 튀어나오거나, 심지어 흙 속에 파묻혀 있다 발견되는 수도 있다.

3) 수령해 간 자재가 적시적소에 사용되지 않아 창고에 쌓이거나 현장에 방치되어 굴러다니기 일쑤다.

4) 여러 날 동안 같은 장소에서 사용하지 않고 방치되어 있는 자재가 없는지 살펴본다.

5) 예를 들어, 2~3개월 혹은 6개월 후에 어떤 자재가 얼마나 필요할지를 미리 파악

○ 가설계획

구체적인 가설계획 Item항목은 회사의 가설계획 기준을 참고로 하고, 가설 Area부지는 사용 가능한 Area를 필요 규모별로 분배하여 Out Line배치을 정한다.

본 공사용 건물 중 Non-Process Building 등을 이용 가능한 경우, 본 공사와 간섭이 없고 물류 이동 간의 간섭이 없으면 조기착공을 고려할 수도 있다. 단, 임시 사용에 대해서는 사전에 Owner사업주의 양해를 얻어야 하며 승인이 되면 설계와 공사를 조기 착공한다.[1)]

가설계획을 세울 때는 임시 시설물의 개념으로 대충 세우지 말고 본 공사계획과 마찬가지로 상세하게 계획을 세운다. 특히 공사 도중 가假시설물이 부족하거나 장애[2)]가 발생하여 재시공을 하는 상황이 발생하지 않도록 신경 써야 한다.

식수나 전기, 임시 업무 시설도 여유롭게 준비한다. 초기 계획시 비용을 아낀다고 가설 사무실이나 시설물을 부족하게 지어 공사 Peak시 허겁지겁 추가로 건립하는 등의 실수를 해선 곤란하다.[3)]

전반적으로 부지가 부족한 경우가 많은데, 잉여토양 적치장 및 철골야적장 등은 초기에 많이 필요하다가 공사가 어느 정도 진행되면 필요 면적이 줄어 든다. 반대로 Cable, 보온자재 야적장 등은 공사 후반부에 많은 부지를 필요로 하는 부분이다. 이들의 필요 시기 등을 잘 분석하여 효율적으로 활용할 수 있도록 계획한다.

□ 가설계획 항목Item

가설계획 Item항목은 건축물, 구축물, 급 · 배수시설, 발전 · 배전설비 등이 있으며, Site현장 및 Camp숙소로 나누어 계획한다.

1) 사용 후 Repair Cost수리 비용 문제 고려

2) 대개 중장비 운송시 간섭이 발생하는 경우가 많다.

3) 추가경비의 부담뿐 아니라, 본 공사에 지장을 주는 경우가 빈번하다.

□ 가설 건축물

◇ 현장 사무소

Peak시의 인력을 기준으로 하며 현장 조직도에 따른 사무실 상주인원을 대상으로 그 인원 및 용도를 예상한다. 업무 효율을 의식하여 Sub-Contractor하도급 협력사의 사무실이나 사업주 사무실을 같이 고려하는 경우도 있으므로 각각의상 · 단점을 잘 판단하여야 한다.

현장 사무실

◇ 현장 내 Staff직원용 Shed그늘막

현장 여건에 따라 Area구역 책임자, S/V현장관리자 등 현장 관계자의 작업실창고이나 휴게소[4]가 필요할 수 있으나, 이는 초기 Planning시 별도로 준비하기보다는 공사를 진행하면서 시점 별로 필요 여부를 판단하여 효율적으로 운영하면 된다.

공사 마무리 시점[5]에서 각종 Punch Clear지적사항 조치 작업이나 배관 기밀 시험, 시운전 Flushing 작업 등이 시작되면, 현장에서 그때그때 즉시 수행해야 하는 일들이 많으므로 적극적으로 활용한다.

4) 현장이 크거나 사무실에서 멀 경우 도면 열람이나 직원들의 간단한 휴식 장소로 이용하면 좋다.

5) 이 시점이 되면 각종 Gasket이나 Fitting류 등이 수시로 필요하게 되므로 전진 배치하여 현장 가까운 곳에 위치시키면 활용도가 높다.

◇ 자재 창고

자재 창고 및 야적장 계획시 고려사항은 다음과 같다.

- **배관자재 창고**
  - Pipe를 제외한 Fitting, Flange, Valve 등으로 분리 보관한다.[1]
  - 선반 Layout 물품 설치 장소를 결정한다.
  - Computer Program을 사용하여 자재관리를 하는 경우 창고에 단말기를 설치하여 관리사무소를 만든다.
  - 작업원 휴게실을 고려한다.
  - 참고사항은 다음에 따른다.
    -> 바닥은 Truck, Fork Lift 등의 출입이 가능한 Concrete Paving포장을 고려
    -> 건축물은 철골, 목조, Tent House 등을 고려
    -> 크기는 보관율, 선반 Type, 반 · 출입 회수 등에 따라 결정
    -> 자재가 섞여 사용되지 않도록 관리
    -> Unpacking포장 해체 장소를 고려하여 창고 내에 Space 확보
- **기기자재 창고**
  - 주요 기기들은 가급적 Just-in-Time적시도착 관리를 하여 입고와 동시에 현장에 설치[2]하는 것이 좋다. 특히, Package와 함께 입고된 부품들의 확인, 보관/관리에 주의한다.
  - 선반[3]은 창고 양쪽에 배치한다.
  - Spare Part 보관 Area장소를 감안하되, Owner사업주용과 건설용을 구별하여 보관한다.
- **전기 · 제어자재 창고**
  - 계기류는 온도나 습기, 먼지 등 환경 변화에 민감하므로 반드시 Air-Conditioning 시설을 갖추도록 한다.
  - 보관 Item은 전선, 조명기구, 배전반, 제어반, 소형단체 Motor, 계기류, 공사 자재를 대상으로 한다.
  - Cable Drum, 공사 자재 일부[4] 및 계측기[5]는 옥외 보관한다.
- **보온 및 보냉재 창고**
  - Tent House 또는 야적[6]하여 지면으로부터 30cm 이상의 이격 거리를 확보하여 보관한다.

1) 대구경 등 Item품목에 따라서는 포장 Grade를 올려 옥외 보관하는 편이 Cost비용가 절감되는 경우가 있다.

2) 단, 부속품Accessary 중 나중에 설치할 부품들은 창고에 분류하여 보관

3) Tray, 촉매, 충전물, Castable재, Bolt/Nut, Gasket 등을 구분하여 보관한다.

4) Cable Tray, Crate 등

5) LG, Display

6) Vinyl비닐 포장

◇ 휴게소 및 식당

식수 인원을 고려하여 식당 면적을 고려하되, 직원식당은 가설 사무실에 같이 배치[7]하는 편이 좋다.

계약조건에 따라 식당을 개설할 수도 있고 아니면 단순 배식장소[8]로 이용할 수도 있다.

7) 업무에 지친 직원들이 최대한 편리하게 이용할 수 있도록 배려한다.

8) 식사만 하는 장소

✓ Tip

- 해외의 경우 대개 식사를 제공하지 않기 때문에 작업원들을 위한 식당은 식사 장소 외에 안전교육장, 휴식처로 활용되는 것이 보통이다.

◇ Workshop 작업장

- **Pre-Fabrication Shop** Piping

Pre-Fab. Shop은 예상 물량, Sub-Contractor 숫자에 따라 그 크기나 배치장소를 정하게 되는데, 가용 부지에 따라 최대한 물류이동 및 임시야적이 용이[9]하도록 계획한다. 원자재 보관, 작업공간, Spool 임시보관 등의 흐름이 원활할수록 작업효율이 높아진다는 것은 자명한 이치이다.

Pre-Fab. Shop 계획 요소는 다음과 같다.

- Work Flow에 따른 기기 Layout 배치 계획
- 제품, 재료 Storage Area 보관 구역 계획
- X-Ray, 자재 흐름 체제[10] 및 작업장, 간이 Office, 재료 보관 선반, Tool Room 공구실 등의 Plan

9) 자재 야적장과 Workshop이 가까우면 이동작업 동선이 짧아져 그만큼 유리할 수 있다.

10) 원자재 입고 -> 보관 -> 제작 -> 야적

Pre-Fabrication Shop
Piping

• Blasting Shop 표면처리장 / Painting Shop 페인트장

보통 Paint Shop과 함께 배치한다. 외부에서 작업하는 경우도 있으나, 현장 내부에 설치할 경우 풍향을 고려하여 현장 방향이나 특히 배관 작업장과는 차단이 필요하다. Blasting 표면처리 작업을 할 때 날아오르는 미세먼지는 작업불량의 요인이 될 뿐만 아니라, Paint 분진은 용접 부위의 오염 원인이 되어 심각한 품질상의 문제를 야기시킬 수 있기 때문이다.[1)]

1) 물류 이동 효율을 고려하면 가급적 가까이 배치하는 게 좋겠지만, 이러한 장애 요소들이 있으므로 사전에 충분히 여러 여건들을 체크하여야 한다.

✓ **철근 가공장/ 거푸집 제작장**

- 토목 · 건축 공사를 위한 가설공간은 공사 위치에 따라 이동하면서 활용하므로 별도로 준비하지 않아도 되지만, 주 가설재 야적공간이나 철근 가공장, 토치장 등은 면적을 많이 차지하므로 미리 확보해 두어야 손실이 적다.

◇ Maintenance Shop 유지 · 보수장

대규모 현장 등에서 공사용 장비를 직접 운영하는 경우에는 유지 · 보수를 위한 제반 시설을 준비하여야 한다. 그러나 현장 가설 부지 등이 대개는 협소하므로 외부시설을 활용하거나 최근에는 주로 임대장비를 사용하므로 별도로 고려하지 않는다.[2)]

급유시설[3)]은 가능하면 마련해 놓을 것을 권장한다. 장비들이 급유를 위해 외부로 출입하게 되면 외부에서 어떤 상황이 발생했는지 알 수 없을 뿐 아니라, 시간적 소모도 크기 때문이다.

2) 현지 사정에 따른 필요 여부는 상황에 따른 판단에 의한다.

3) 안전 관련 시설을 확실히 구비한다.

◇ Civil Laboratory 토목 실험실

필요 여부는 Owner 사업주의 요구, Job Scale 작업 규모에 따라 결정하되, 현장에 시설할지 외부 설비를 활용할지를 판단한다. 모든 사항을 반드시 직접 처리할 필요는 없을 것이다.

◇ Mosque

회교 국가의 경우나 회교도를 채용하여 업무를 진행할 경우에는 반드시 이들이 자유롭게 기도할 수 있는 장소 기도 공간를 비치하여야 한다. 요즈음은 예전보다 많이 유연해져서 사무실 직원의 경우 사무실 내에 작은 공간을 마련하면 되지만, 지역 자체가 회교국인 경우는 보다 많은 작

업자들이 있으므로 별도의 기도실을 마련한다. 이때, 회교 지도자의 자문을 받아 기도실 방향을 메카 쪽으로 향하게 하고, 바로 옆에 손과 발을 씻을 수 있는 시설[4)]을 구비한다.

4) 물을 많이 사용하므로 화장실을 함께 시설하는 것이 좋다. 특히 남녀가 유별하니 별도의 공간을 분리하여 설치하여야 한다.

□ 가설 설비

◇ 도로 및 주변 Area건설기기 통행 Route

각종 작업이 동시에 이루어지고 수많은 작업자가 동원되는 건설 현장에서 물류이동의 효율은 상당한 비중을 차지한다. 토량을 나르거나 기자재 또는 장비를 이동시킬 때 도로가 제대로 구비되지 않아 작업이 늦어지고 불필요한 비용이 발생하면 큰 손실로 이어질 수 있다. 따라서 물류이동을 감안한 가설도로 계획을 염두에 둔다. 최근에는 아예 Permanent영구 도로를 표층까지 먼저 시공하여 활용한 후 마지막에 보수 및 마감을 하는 방법을 쓴다. 이 경우 시공 중간에 도로 유실을 최소화하기 위해 Ditch배수로나 Drainage배수시설를 먼저 시공[5)]할 수 있으면 좋다. 특히 우기철의 공사나 비가 많이 오는 지역의 공사는 도로 확보에 각별히 신경을 써야 한다.

5) 초기 설계부터 협의를 하여야 하며, 예상 부위에 Road Cross Sleeve를 미리 묻어두도록 한다.

◇ 급 · 배수설비

사무실, 토목공사 그리고 추후의 배관 수압시험이나 Tank류 수압시험 등에 대비하여 가능한 충분한 양의 급수를 확보한다.

기존의 급수 망시설이 열악한 지역에서는 물탱크 등도 고려한다. 일시에 대량의 물이 필요한 수압시험, Line Flushing배관 세척용은 별도의 대책을 수립한다.

특히, 화장실 오 · 배수설비를 제대로 계획한다. 최근에는 환경문제가 점점 강력한 제재 사항으로 떠오르므로, 이로 인한 불미스런 사태가 벌어지지 않도록 초기부터 규정대로 준비하도록 한다.

◇ 발 · 배전설비

현장에서 사용하는 가설 전기 설비 시에는 가장 부하가 크게 걸리는 때[6)]를 위주로 계산하여 필요량을 산정한다.

6) 용접기와 열처리 장비, 현장 사무실의 냉방 시설 등

사우디아라비아 등과 같이 전기 Infra-Structure사회기반시설가 부족

한 지역에서는 주로 발전기를 사용하므로 논외로 치더라도, 플랜트 건설 현장에서는 배관 용접작업이 주된 작업으로 이루어지므로, 가설 전기가 부족하여 작업에 지장을 주는 일이 없어야 하겠다.[1)]

◇ Fence울타리, Guard House경비실, **가설 조명**

☞ **필요 여부를 판단하여 계획에 포함**

◇ Concrete Batching Plant

지역적 특성, 현장 주변 여건 또는 수급 시황에 따른 판단에 의한 준비가 가능하다.

검토 결과에 따라 직접 운영하거나 전문 업체를 동원하여 준비하는 방법도 있다. 이 경우는 별도의 세부 사항[2)]을 준비하도록 한다.

Plant의 용량은 여유를 가지고 충분한 양으로 하되, 만일을 위해 유지보수에 필요한 부속품 확보, 원 자재 수급의 보장이 중요하다. 검토 결과 주위에 상업 Plant가 많은 지역은 복수의 업체와 단가 계약 경쟁으로 운영하는 것이 유리할 수도 있다.

Concrete Batching plant

1) 그렇다고 시설을 너무 크게 할 경우 비용이 증가하므로, 적절한 계획 하에 필요한 용량을 준비한다.

☞ 전기설비를 할 때는 작업 효율이나 편이성 등을 고려하여 Feeder급전선, 자동송급장치를 계획하도록 하되, 공사 중 간섭이 일어나지 않도록 모든 사항을 고려하여 가설 계획을 세우도록 한다.

2) Plant 확보, 부지 확보/운영, 원 자재 확보, 시험실 준비 등

3) 매각, 소각, 매설

◇ 건설 폐기물 처리

통상 계획에서 누락시키는 경우가 많으나, 포장 해체 재료, 생활 폐기물, 산업 폐기물 등의 처리[3)] Area 계획을 작성한다. 계획시에는 Local Regulation현지 규정 상의 문제 및 재료별 구분 방법 등을 충분히 Check 하되 인가된 전문처리 업체를 활용하는 편이 좋다.

◇ Toilet

작업자용 Toilet는 Site부지 내에 설치하지 않고 사무실 근처에 설치하여 관리 및 급 · 배수설비가 편리하게 한다.

Plant 규모에 따라 Site 내 설치도 생각해 볼 수 있지만, Site 내에는 가급적 간이 화장실로 준비하고 주기적인 청소 및 위생 점검 체제를 운용하는 것이 효과적이다.

◇ 세차장

☞ 필요에 따라 작업용 차량, 통근용 차량 등의 세차장을 계획

❍ 중량물 설치계획Heavy Rigging Plan

Heavy Rigging은 프로젝트의 Critical Path주공정[1]으로서, 공사 계획상의 한가운데 있는 Milestone주요 단계일 뿐 아니라, 자칫 소홀했다간 Project 전체를 실패로 몰고 갈 수 있는 중요한 Activity수행 활동이다.

Heavy Rigging이 중요한 이유는 한 순간의 작은 실수라도 대형사고로 이어질 수 있으며, Project의 성패에 결정적 타격을 줄 수 있는 시공 과정 중 가장 위험한 작업이기 때문이다. 대개 대형장비를 필요로 하는 기기들은 해당 Project에서 가장 크며 무겁고 높이 설치되는 중량물[2]들이 대부분이기 때문에 자칫 부주의로 인한 손상이라도 생길 경우에는 결코 주어진 Project 기간 내에 새로운 제작 · 공급이 불가능하다고 봐야 한다.

또한, 이 기기들은 설치 또는 운송시 그 크기나 무게로 인해 주변 장애물을 제거해야 하는 작업[3]임을 명심할 필요가 있다.

1) 계획 초기부터 전문가와 함께 신중하고 상세하게 종합계획을 세워 나간다.

2) 엄청난 무게와 부피를 가지면서 제작기간이 긴 기기

3) 작업 간섭이 극심하여 공사 진행에 막대한 영향을 끼치므로 결코 실수를 용납해선 안 된다.

✓ **Tip**

- 통상 현장에서는 잠깐의 Event성 Show에 불과해 보이나, 이는 Project 초기부터 Activity가 끝날 때까지 한시도 방심하지 않고 철저하게 관리한 결과임을 명심해야 한다.

ㅁ 주 기기 설치Major Lifting의 정의

통상 Major Lifting주 기기 설치는 별도의 Rigging Plan인양 계획을 필요로 하며 Project 수행계획 초반에 반영한다. 통상 주위의 간섭을 많이 받는 작업이기 때문에 부분적으로 시공 작업을 Holding유보해야 하는 경우가 발생하므로, 초기에 계획하지 않으면 나중에 어려움을 겪는다.

◇ **Major Lifting주 기기 설치이 필요한 기기**

- 설치중량 50t 이상의 기기
- 높이나 중량의 제약으로 인하여 Multiple Crane이 필요한 경우
- 설치부피가 커서 Crane Boom이 Vertical수직, 직각이 불가할 경우[4]
- 그밖에, 설치높이가 20m 이상이며 일정 무게 이상인 기기

이상의 기기들은 일단 검토 대상이며, Project에 따라서 20t 이상의

4) Bridle Angle이 필요한 경우

기기는 모두 Rigging Plan을 요구하는 경우도 있다. 이 중 Crane Load Chart상 300t 이상의 Crane이나 Mast Lifting이 필요한 기기들[5]은 다시 Heavy Lifting으로 List-up하여 별도 분류 · 관리한다.

5) 일반적으로 동원 불가능한 특수 장비로 분류

◇ Rigging Study인양 준비 및 초기 준비작업

위의 「Major Lifting의 정의」에서 초기 검토에 의해 분류된 관리 기기 중 설치기준 시방으로 보아 가장 크고 무거우며 설치 위치상 난이도가 높은 기기 등 3~4개의 Critical중대한 기기들을 대상으로 실제 Rigging Plan인양 계획을 작성해 보고, Optimum[6]한 상태에서 특수하거나 가장 큰 용량이 필요한 Crane을 중심으로 공사 Planning을 해 나간다. 나머지 기기들은 그 밑의 범주에 포함되어 별도의 조치를 취하지 않아도 처리가 가능하기 때문이다. 그러나 실제로 공사를 수행할 때에는 당연히 모든 Rigging Plan을 작성해야 한다.

6) 가장 크고 많은 부하가 걸리는 상황을 설정

여기서 초기 Planning은 설계 반영, Specialist 동원계획 차원의 접근이다.

-> Rigging Specialist를 포함한 가장 큰 그룹의 장비 동원계획

ㅁ 중량물 인양Heavy Rigging의 특성

◇ Engineering 특성

Crane 선정이나 Rigging Study인양 준비시에 Lifting Type, Lug돌출부, 귀 위치, 무게중심 등의 제원은 대단히 중요한 Factor요인로 작용하기 때문에 신중히 검토[7]하고, 설계 Engineer와의 협의/조정이 필요하다. 이들을 설계에 반영 불가능한 경우에는 Crane의 용량이 상대적으로 커질[8] 수 있고, Rigging Requirement요구사항에 따라 설계를 변경하여 반영하여야 한다.

Mast Lift의 경우 Mast 기초를 설계에 반영해야 하므로 Permanent 구조물과의 간섭 및 설치작업 후 철거 등을 고려한 설계[9]가 이루어져야 한다.

7) Lifting Type이나 Lifting Lug 위치에 따라 기기 설계를 변경해야 하므로 이 Simulation은 매우 중요한 작업이다.

8) Cost나 장애요인 증가

9) 지하 구조물 공사시 현장에서 미리 시공하도록 계획에 반영한다.

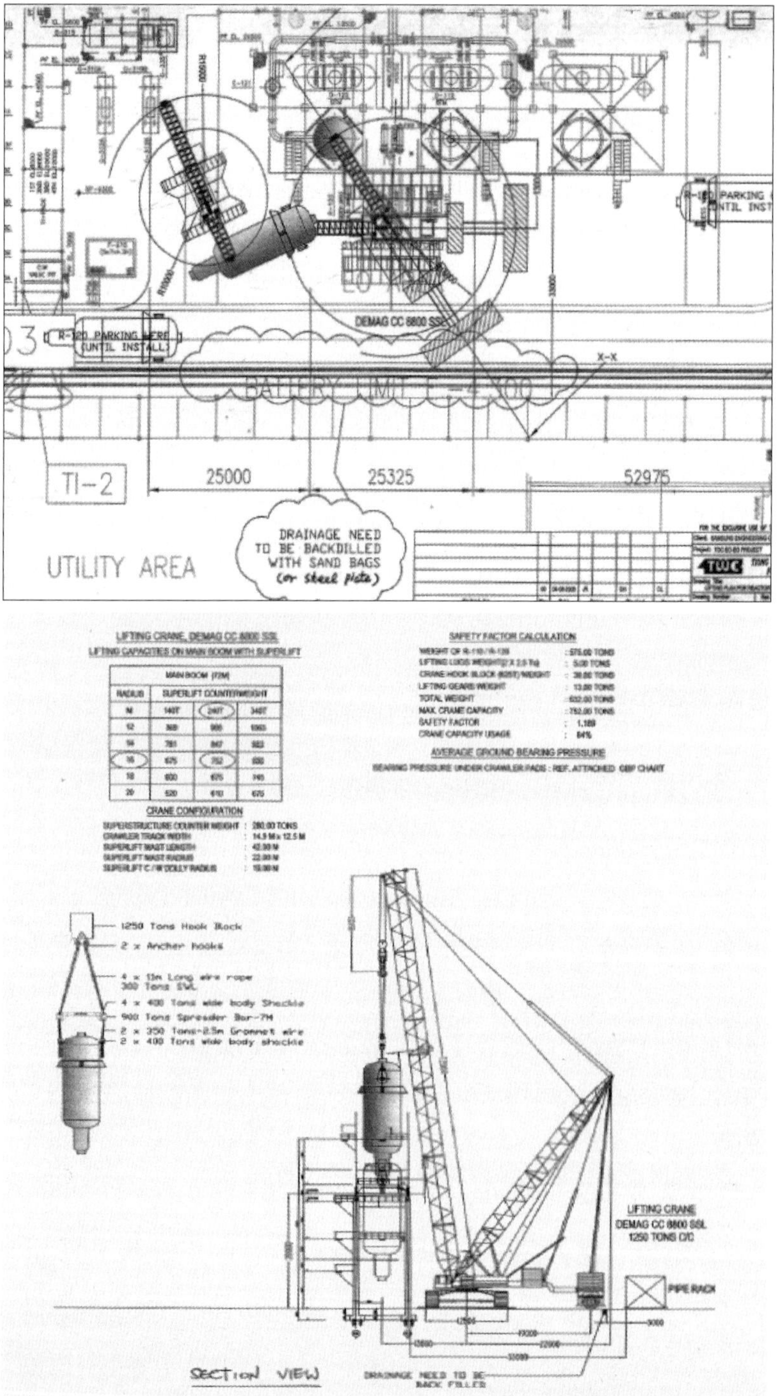

Heavy Rigging Plan

◇ Crane의 종류 및 특성

크레인은 그 종류가 천차만별이고, 사용목적에 따라 형식과 운동 방식 등이 상이하며 명칭 또한 일정하지 않다. 건설현장에서 많이 사용되고 있는 크레인의 일반적인 종류와 특징은 다음과 같다.

Crane의 종류과 특성

종 류	특 성
① Mobile Hydraulic Crane	– 일반도로 주행가능허용하중 12 Tons) – Capacity양중 용량 : 5~700 Tons
② Truck Mounted Telescopic Crane	– 일반도로 및 고속도로 주행 – Telescopic Boom이 상용 트럭에 장착된 형태 – 이동이 용이하나 양중 능력은 Mobile Hydraulic Crane에 비해 제한적
③ Rough Terrain Crane	– 험지 수행 용이 – 일반도로 주행 불가 – 건설현장까지 별도 운송 필요 – 양중 능력은 Mobile Hydraulic Crane에 비해 제한적
④ Lattice Boom Crane Crawler Crane	– 하부가 Crawlcr로 구성되어 험지 사용 용이 – 필요한 Boom길이는 지상에서 조립 – 장기간 사용에 적합 – Hydraulic Crane 중 양중 능력이 가장 좋음
⑤ Tower Crane	– Vertical Lattice Boom과 Rotary Horizontal Boom, Counterweight 구성 – 이동이 없는 장기간 사용에 적합 – 빌딩, 대형건물 등과 조선소에 주로 사용

◇ Crane 선정시 고려사항

- 현장 접근
  - 현장까지의 접근 도로 폭
  - 회전 반경
  - 도로 경사와 기울기
  - 통과 높이 규제
  - 현장 토질 상태
- 설치 기기
  - 기기의 중량
  - 기기의 Dimension[1]
  - 설치 위치
  - Crane 회전 중심과 목적 위치까지의 길이
  - Evaluation of the Location to be installed or Dimension[2]
- Crane Packing Area 크레인 포장 구역
  - 통과 높이 규제
  - Boom 회전 반경
  - Counterweight 평형추, 균형추 회전 반경
- 작업 기간
  - 단기 작업 : Mobile Crane 이동식 크레인 선호
  - 장기 작업 : Crawler Crane 크롤러 크레인 ; 무한궤도 기중기 선호
- 기타
  - 사업주 특별 요구사항
  - 공사 일정
  - 장비비

1) 길이*L*, 폭*W*, 높이*H*

2) 설치 장소와 위치 산출

□ 중량물 설치 특수 계약자의 특성

Rigging Special Contractor의 주요 특성은 다음과 같다.

◇ Rigging Special Contractor중량물 설치 특수 계약자 **특성**

- 대형 장비 업체나 초대형 장비는 세계적으로도 제한적으로 가용하기 때문에, 시황이나 필요 시기에 따른 장비 가용 유무 및 희소성으로 인하여 가격 변동 폭이 크다.
- 업무 특성상 대개 사전 계획에 의해 움직이므로 충분히 시간적 여유를 가지고 예약하지 않으면 안 된다.
- 한 번 이동에 따르는 준비가 상당 기간 필요하다.
  - 국가 간의 이동일 경우가 많으며 세관 업무, Transportation[3]운송 준비기간이 필요하다.
- 필요 장비를 미리 사전에 예약해 놓지 않으면 필요한 시기에 적정한 가격으로 동원하기가 쉽지 않다.
  - 특수한 장비나 경험을 바탕으로 하는 일이니만큼 사용자의 Need필요보다는 공급자의 조건에 따라 끌려갈 가능성이 높으므로, 충분한 시간을 가지고 사전 작업할 것을 권장한다.

3) 육상 · 해상 운송 혼합의 경우가 많고 대형 Trailer가 30~50대분, 한 번 이동에 3주 이상 소요된다.

□ 인양 준비Rigging Study

- Rigging Study는 초기의 Rigging Plan인양 계획을 기준으로 다음의 사항을 확인하여 수행하고 시공계획 및 설계에 반영한다.
  - 기기 설계 반영[4]
  - 토목기초 설계 반영
  - 운송루트 검토[5]
  - 시공계획 조정[6]
  - Dress-out 여부 결정
- Rigging Plan인양 계획은 사용 장비의 특성에 따라 다소 차이가 있으므로 시공업체의 선정이 끝나면 일차적으로 시행했던 Simulation모의시험을 다시 한 번 하여 계획에 반영된 사항을 재검토한다.
- 실행 3~4개월 전에는 설계 완성 도면을 접수하여 시공회사 Special-

4) Lifting Lug 위치, Lug Type, 보강 설계 등

5) 각종 장애물, 도로 조건, 교통통제 등

6) 설치작업과 간섭되는 부분은 Holding

ist로 하여금 실제 Detail Rigging Plan상세 인양 계획을 작성하도록 하고, 이해 관계자들의 최종 검토를 받는다.

-> 이 단계의 검토가 실제 설치시의 계획이므로 세심히 확인한다.

- Dress-out외부 부착물 작업 적용 여부에 따라 작업시간, 대기시간, 필요 자재, 총중량 등을 계획하고, 실제 마지막 Rigging Plan에 반영한다.
- 대형장비 이동 시에는 간섭 부위를 다시 한번 확인하고 도로 상태, 작업 장소 지내력地耐力[1] 등을 사전에 점검하여 계획에 한 치의 오차도 없도록 한다.
- Unloading하역, Dress-out을 위한 임시 거치장소를 마련한다.
- 작업 반지름을 고려하여 Holding Area유보 구역를 파악한다.

-> 통상 전면부 공간 파악은 잘 되고 있으나, Crane의 Counter weight균형추가 돌아가는 뒷 공간의 간섭을 간과하여 대형 사고로 이어질 수 있으니 각별히 주의한다.

1) 지반의 최대 지지 하중

□ 외부 부착물 작업Dress out

- 주로 Tower, Vessel대형 기기에 부착되는 배관, 전기나 제어용 Conduit Pipe전선관, Platform작업 발판이나 Ladder사다리 등의 철제류, 더 나아가 보온 작업까지도 지상에서 사전 작업을 하여, 해당 장비의 설치 시간이나 비용을 줄여주는 것을 말한다.

-> 작업할 때에는 설치 중량이 늘어나고 자칫 균형이 안 맞거나 Sling Wire 에 걸리는 등의 장애가 있을 수 있으므로 세밀한 검토 하에 허용 범위까지만 시공한다.

- Dress-out 시공시 너무 오래 작업을 하고 있으면 주위 작업 중단으로 인한 2차 영향뿐 아니라, 대형 Crane 등 인양 장비의 대기 시간이 길어지므로 적합한 규모와 시간, 작업 범위 등을 정한다.
- Dress-out 작업은 현장 초기부터 계획하여 필요 도면이나 자재를 확보해 놓는 것이 선결 과제이다.

-> 통상 Dress-out에 필요한 자재는 설치 시에 구하기가 어려워 별도의 준비가 없으면 확보가 불가능하기 때문이다.

Dressing 작업 (a)

☞ Tower 설치 전 지상에서 Plat-Form을 설치하고 있는 장면

-> 이 경우 Sling Wire 상부는 Dress-out 하지 않는다. 위쪽에 보이는 크레인은 Over Head Pipe Support를 설치하고 있는 모습이다.

Dressing 작업 (b)

☞ Plat-form용 Support가 부착되어 있는 모습

-> Tower 앞에 길게 놓여 있는 것이 Over Head Pipe이며, 설치 전 수압 시험까지 마치면 더 효율적이다.

□ 중량물 운송Trampotation 및 설치Rigging

Rigging Study와 더불어 Transportation Route Study장비 반입 루트의 점검 또한 빼놓을 수 없는 사전계획 중 하나이다.

하역이 이루어진 항구에서부터 운송에 장애가 되는 모든 사항[2)]들을 체크하고 대비책을 마련해 두어야 한다.

2) 접안시설 여부, 접안시설의 Capacity 적합성, 운송도로 조건, 교량이나 전선 등의 장애물이나 간섭물, 높이 제한 시설물 등

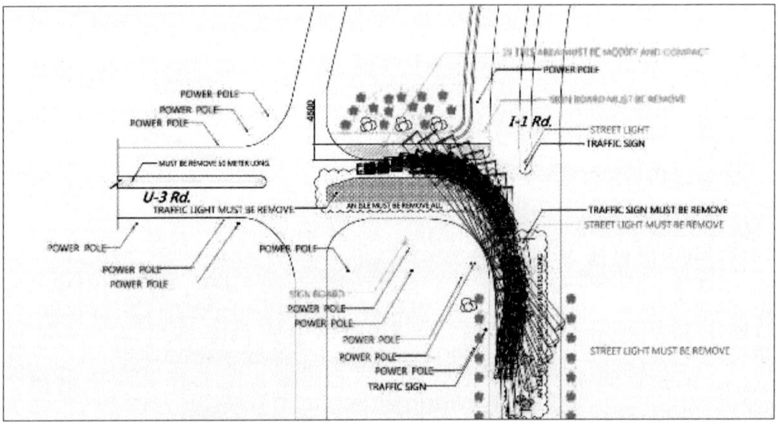

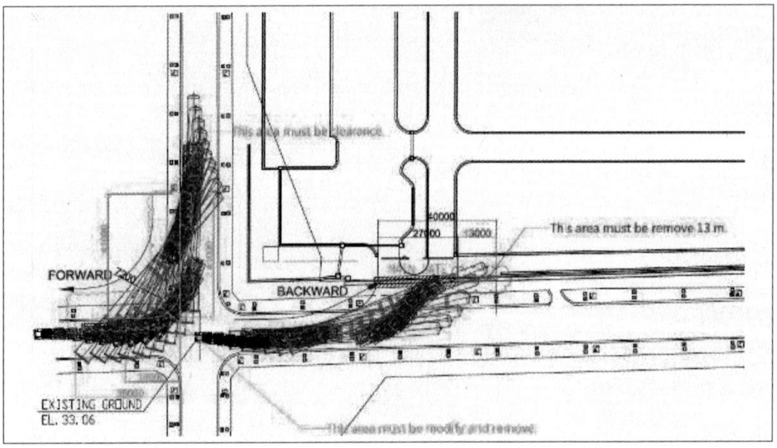

Heavy Rigging Transportation Route Study

◇ Tall Tower 운송

통상 Tall Tower 운송은 통관을 포함하여 현지 전문업체에 일괄도급을 주는 것이 보통이다. 따라서 이는 운송업체의 소관이므로 현장 반입까지 알아서 처리하겠지 하는 안이한 자세로 임할 수가 있다. 하지만 업무에 차질이 생기면 그 직접적인 피해는 결국 우리 쪽으로 돌아오기 때문에 관련자와 사전에 협의하고 운송 일정에서부터 지속적으로 Monitoring하여 진행상황을 Check한다.

• **Tall Tower 운송시 확인사항**

- 통관 관련 서류와 준비
- 운송 계획
- 도로 상황
- 운송 중 간섭사항
- 현장 내 반입로 상태

①

②

Tall Tower 운송

사진의 「① 자체 기중기를 이용하여 하역하는 모습」, 「② 현장에 도착한 Tower를 설치 위치로 움직이는 모습」에서 볼 수 있듯이 대형 기기는 운송이나 설치 시에 상당히 넓은 면적이 필요하므로 작은 부주의에도 막대한 손실이 발생할 수 있다. 또한 이러한 대형 기기가 설치될 때까지 주변에 장애가 되는 시설물들의 공사가 순연되어야 하므로 철저한 준비 및 Project 초반부터 집중 관리하여 가급적 빠른 시일 내에 완료하도록 한다.

도로 이송

사진의 ③, ④, ⑤는 SPMTSelf Propelled Module Trailer로 도로 이송 중 장애가 되는 전기선을 들어 올리고 통과하는 모습으로, 사정상 전기/통신선을 절단하고, 통과 후 다시 복귀하는 경우도 있다. 따라서 충분한 시간적 여유를 두고, 사전 인허가 준비 작업이 반드시 필요하다. 이때, 특히 공장 지대와 같은 곳은 단전의 경우 생산 차질의 우려와 영향등의 이유로 좀처럼 승인을 얻기 어려우므로, 사업 초기부터 긴밀한 협의가 필요하다.

사람의 크기와 비교하면 장비의 크기를 짐작할 수 있다.

③

④

⑤

반응기 운송

사진에서 보는 반응기는 비교적 작은 크기이지만 Vessel 내부가 Tube로 들어차 있어 중량이 매우 많이 나간다.
-> Trailer 2대를 연결하여 끌고 가는 것으로 그 무게를 짐작할 수 있다.
지면에 약간의 굴곡이라도 있으면 무게 중심이 한쪽으로 쏠려 대단히 위험하기 때문에 운송로가 평평하고 강하게 다져져 있는 모습을 볼 수 있다.

이상의 사례에서 볼 수 있듯이 Plant에 따라 초대형 기기는 하역, 운송부터 특수 장비를 이용하여 이송하므로, 미리 운송 루트를 전문가와 사전 답사하여 장애물들에 대한 대책을 세운다.

이 밖에도 교통, 통신, 전기, 도로 사용, 교량 통과 허가 등의 관련 기관 승인[1]이 필요하므로, 해당 항목에 대한 제 비용도 책정한 계획이 이루어져야 한다.

교량이나 고가도로 등은 설계 규정상 허용 하중중량이 정해져 있으므로 관련 기관의 해당 부서와 사전 협의하고, 보강 또는 우회 도로를 만들어서 통과할 수도 있다.

그밖에 대형 기기의 경우 회전 반경에 따라 보강 공사를 해야 하는 상황[2]이 종종 발생한다. 처음부터 끝까지 도로 및 지반 상태를 면밀히 조사하여 필요한 경우 토목 공사를 실시하며, 장비 운송이 완료되면 모두 원상 복구해 준다.

이렇게 대형 기기를 공사 현장에 무사히 이송했다 하더라도 방심의 끈을 놓아서는 안 된다. 필요한 제반 사항에 대한 완벽한 준비[3]를 하지 않으면 자칫 고가의 장비를 대기하여 시간, 비용측면의 손실을 초래할 수도 있으니 철저한 준비가 필요하다.

◇ 기타 사항

초대형 Rigging 장비들은 부피가 상상 이상이고 부품의 양 또한 엄청나므로, 이들의 임시 적치 및 조립을 위한 부지를 어느 장소에 어떻게 마련할지에 대한 준비도 빠트리지 말아야 한다. 이를 간과한 나머지 대형 장비가 현장에 들어오고 나서야 갑작스레 준비하다 예기치 않은 사고나 본 공사에 지장을 주는 사례가 많다.

아울러 이들의 철수 시점에서도 본 공사에 영향을 끼치지 않는 장소를 따로 확보[4]해야 한다.

이러한 장소는 대개 Heavy Rigging중량물 설치 업체와 사전에 상의하여 필요 부지와 사용 기간 등을 파악, 가설 부지 활용계획에 반영한다.

1) 통상 일반인들은 이러한 복잡한 관계나 법규를 세세하게 알 수 없으므로 전문 업체를 통하여 준비하는 편이 좋다.

2) 도로의 지반이 약하거나 기존 도로의 폭을 넓히는 경우

3) 각종 장애물 제거뿐 아니라, 공사 중에는 특히 지반이 약해지므로 필요 지내력이 유지되도록 보강하고 바닥을 평평하게 하는 작업 등

4) 해체 후 철수 때까지 한동안은 기기를 적치할 부지가 필요

Heavy Rigging 작업 전경

☞ Mast 바로 하부에까지 들어와 위치해 있는 모습. 또한 Dress-out 작업이 되어 있는 것이 보인다.

Heavy Rigging by Mast

☞ Tower Lifting 작업은 가장 안전한 방법이기는 하나 기기가 매우 저속으로 움직이기 때문에 장기간, 즉 아침 해 뜨기 전부터 시작하여 해 질 때까지 계속하기도 하며, 심지어 날이 어두워져 다음 날까지 이어지는 경우도 있다. -> 바람 등 기후 변화에도 신경을 써야 한다.

①

②

③

Heavy Rigging by Crawler Crane (a)

Heavy Rigging by Crawler Crane (b)

□ **지적사항Punch 관리**

앞에서 언급한 바와 같이, 공사의 마지막 점검 및 시정조치 절차는 Project의 완성을 확인하는 중요한 작업이다. 이 절차는 Project 규모에 따라 다르지만, 자료가 워낙 방대하다 보니 많은 시간이 소요될 뿐 아니라, 후속 공정[1)]의 시작 전 확인 단계이므로 동시에 이루어질 수 없다.

따라서 요즈음은 System적으로 나누고, 순서에 맞춰 미리 시간을 정해 이 과정을 수행한다. System의 정의에 따라 분류된 각 공종별 항목들에 대한 서류들을 정리하고, ITP검사 항목에 의한 검사가 모두 이루어졌는지 확인되면 마지막으로 최종 종합검사를 한다.

여기서 소위 Punch지적사항들이 나오고 이를 시정 조치하는 일련의 과정들을 수행한다. 이 중 가장 복잡하고 많은 시간이 소요되는 배관공사의 Process[2)]를 살펴보면, 첨부 서류는 통상적인 문서들을 보여 주는 것이고, 실제로는 계약 기준이나 사업주와의 협의에 의하여 서류를 가감한다.

1) 배관 공사의 Flushing 작업이나 Pre-Commissioning사전 시운전

2) 이 과정을 터득하면 타 공정은 대동소이 하거나 Process가 짧기 때문에 이해가 쉽다.

각 단계별 필요 서류

Hydro Test	Flushing	복구 작업	Pre-comm. Comm
• Pressure Test Package • Review Report • Pressure Test Report • Test Certification • Punch List • Pre Test Check List • P&ID • Isometric Drawing • Special Support Drawing • Welding Report • NDE Report • Internal Cleaning Report • Visual Inspection for Orifice Flange • Reinforcing Pad Leak Test Report • Pressure Gage • Calibration Certi fication	• Field Inspection Report • Check List • Legend For Flushing/Elowing Symbol • P&ID	• Reinstatement certificate	
		M/C	RFSU
A Punch	B Punch		C Punch

표에서 보는 바와 같이 각 단계별로 증빙 서류들이 필요하며, 특히 배관 작업의 기밀 시험Hydro Test을 시행하기 전의 확인 서류들이 많다. 이 중 Welding Report용접관리 보고서와 NDE Report비파괴 시험 보고서, Punch Clear지적사항 처리 등이 어려움을 겪는 항목들이다. 이 사항들이 서로 엉키고 혼선이 와서 생각보다 많은 시간을 소모하게 된다.

예컨대 Welding Report는 되었는데 NDE Report가 Back Log미처리 사항이 걸려 Clear가 안 되거나, 다른 것들은 준비가 되었는데 Punch Clear가 되지 않는 등이다. 또한 이 사항들은 많은 사람[3]들이 연관되어 복잡한 과정을 풀어야 하므로, 업무 Process에 대하여 사전 협의와 함께 많은 준비를 필요로 한다.

3) 시공사, 원청사, 사업주건설 감독자, 운전자 등

❍ 인도Hand-over 및 철수계획

Hand-Over란 사업주와의 계약[1] 내용에 따라 차이는 있겠으나, 작업 완료 시점에서 당사와 사업주 쌍방이 소정의 절차에 따른 사항을 확인한 후, Deliverable인도물에 대한 관리책임을 사업주에게 이관시키는 행위를 말한다.

관리책임 소지의 여부를 가늠하는 중요 사항이므로 반드시 서면으로 제출 하여 승인을 받아야 한다.

일반적으로 Full Turn Key 계약의 경우는 Performance Test 후 Hand-over를 하나, 이는 계약 범위에 따라 달라질 수 있다. 최종적으로 관련 서류를 승인 받고 공장이 제대로 운전되는지 확인해야 1차 Hand-over 했다고 볼 수 있고, 최종 계약적 책무는 Project마다 다를 수 있다. 그러나 어떠한 계약 형태라도 반드시 거쳐야 하는 과정이 바로 절차에 따라 제대로 시공을 했는가 하는 부분에 대한 증거 확인[2] 절차이다.

현장에서는 이 과정을 편의상 Hand-over라고 부르기도 하는데, 사실 이 과정은 Hand-over가 아니고 Hand-over를 수행하기 위한 확인 절차라고 보면 된다. 그런데 어느 Project이건 대체로 이 과정이 어렵고 많은 시간을 소모하게 된다.

빨리 넘기고 끝내려는 입장과 일단 받으면 본인이 책임져야 하는 입장이 다르기에 상호 절충이 결코 쉽지 않다. 처음부터 이를 의식하고 철저히 준비할 필요가 있음은 물론, 비용이나 시간적 측면을 충분히 확보하지 않으면, 기껏 일을 다 처리해 놓고도 인계를 하지 못해 절절 매고 시간을 허비하는 경우가 비일비재하다.

여기서 우리가 간과해서는 안 될 것이 있는데, 완성도에 대한 인식의 차이가 의외로 크다는 것이다. 대부분의 계약자들은 마무리 혹은 마감에 대한 비중을 될 수 있으면 작고 쉽게 넘어가려 하고, 사업주는 이 부분의 비중을 가능한 크게 하고 싶어 한다.

실제로 겉으로는 시공을 다 한 것처럼 보이지만 세세한 마무리까지 체크하려면 상상 외로 비용이나 시간이 많이 투입된다. 이 부분은 견적이나 예산 책정 때에도 별로 고려를 하지 않는데 이는 잘못된 관행이다.

1) 계약상 Hand-over 시점이 언제이든 시공과 관련된 부분에 대한 Hand-over 준비는 Mechanical Completion (기계적 준공)을 기점으로 한다.

2) 시공 중 발생한 ITP검사 확인 항목들에 대한 각 과정별 검사 확인서 및 최종 지적사항 Punch Item에 대한 시정 조치 확인

□ 인도Hand-over

Hand-over 전 확인 및 준비사항은 다음과 같다.

- **Hand-over인도 전 확인 및 준비사항**
  - 계약서상 Hand-over 시기, 범위, 방법
  - 본사 PM과 현장-본사간의 업무범위 조정 및 결정
  - Hand-over Procedure인도 절차서 작성[3] 후 사업주 승인 취득
  - Hand-over Detail Schedule인도 상세 일정계획 작성
  - Hand-over 방법, 시기, 필요 서류, 담당자 등을 사업주와 협의/결정
  - 자재[4] 관련 Hand Over는 Mechanical Completion[5] 시점부터 수행하며 해당 사항을 고려한 뒤 Spare Part 인도

Spare Parts[6] 결정은 계약상 기 결정된 Part를 기준으로 필요한 서류와 실물을 일일이 확인하고 준비하는 것으로 한다.

Spare Parts 인계 시에는 관련 Document서류, 인도 일정 및 방법 등을 확인하여 필요 Procedure절차를 수립한다. Spare Parts 인도 후에는 다시 이용[7]할 경우를 대비하여 사전 협의하고 Procedure를 확립해 놓는다.

◇ Hand-over인도 업무 Flow

Hand-over 업무 Flow는 다음과 같다.

- **기본 Plan 작성**

계약 내용을 확인하고, Hand-over 시기, 방법 및 절차 등을 협의한다.

-> Hand-over 시점을 기준으로 최소 3개월 전에 작성하는 것을 원칙으로 삼되 계약 기준에 따른다.

- **상세 계획 작성**

기본계획에 의거 사업주에 승인 제출 후 세부 Schedule일정계획, Format양식, 담당자를 결정한다.

-> 최소 1~2개월 전에 확정한다.

3) Hand-Over Procedure 작성이 안 된 경우
4) Operation Spare Part 포함
5) 기계적 준공완료
6) 구매 시점부터 현장입고와 동시에 별도로 분리하여 관리하게 해야 하는 항목
7) 반대로 차용하고, 추후에 추가 공급

□ 철수계획

◇ 현장 조직

공사 Progress진행률이 85%가 넘으면 외관상으로는 공사가 완료된 것 처럼 보이고, 현장에 파견된 인력들은 계획에 따라 철수한다.

그러나, 협력업체 정산 및 급하게 수행하던 잔여 업무들을 체계적으로 정리도 못한 채 누군가에게 인계하고 허겁지겁 철수하게 되면, 현장에 남은 인원들의 업무가 가중된다. 남은 작업[1]을 한정된 자원으로 모두 해결해야 할 뿐더러 Close-out마감 업무 등을 놓고 고심하게 된다.

실행 관리를 위해서는 조기에 업무통합 등을 통해 잉여 인력을 철수시키고 경비를 줄여 나가는 노력이 당연히 필요하다. 그러나 하나만 생각한 나머지 너무 일찍 철수시키면 상기와 같은 문제의 발생으로 오히려 일 처리가 늦어지고 제대로 되지 않음으로써 역효과[2]를 초래할 수도 있다.

◇ 공사업체 관련

• 잔여업체 조정

현장 진행작업이 줄어들면 잔여 작업 처리를 위한 직접비용보다 이를 유지하기 위한 간접비용이 더 들게 된다. 이는 협력업체의 원가부담으로 이어져 손익에 큰 영향을 미치므로 적절하고 효과적인 조정이 필요하다.

원청사는 이를 Catch관리하여 협력사를 보호해 줄 필요가 있다. 현장의 잔여작업을 분석하여 큰 어려움이 없다고 판단되면 업무책임 범위를 명확히 나눈 후 이를 정산에 반영하도록 유도하고, 협력업체 중 일부를 조기에 철수시킨다. 즉 잔여작업을 통합 처리하도록 조정하고 상호 간접비용을 줄여 마무리 작업을 효율적으로 운영하도록 한다.[3]

• 업체 정산

오랜 시간 동안 이래저래 서로 동고동락하며 고생한 결과물공사이 마무리되면 업체와 최종 정산을 하게 된다. 여기서 담당자를 너무 일찍 철수시키거나 업체의 정산시기가 늦어져, 처음부터 끝까지 함께 일했고 모든 History과정를 다 알고 있는 인력 없이 정산 업무를 하는 어리석은

1) 업체 정산, Punch Clear, Claim 처리, 시운전 준비, 계약 공기 준수 등

2) 업무 과중으로 인해 잔여 인력들이 의욕을 잃고, 마무리 시간이 길어져 공정이 Delay(지연)되는 현상

☞ 마무리 시점에는 시간이 곧 돈이기 때문에 현명한 판단이 요구된다. 잔여업무를 잘 분석하여 합당한 속도와 규모로 인원을 줄여 나가는 지혜가 필요하다.

3) 상호 Win-Win Point윈윈 전략 추구

잘못을 저지르기 쉽다.

이는 자기 입장에서만 필요한 것들을 챙기고, 상대방의 입장은 배려하지 않는다는 인상과 오해를 남겨 상호 신뢰를 져버리는 단초가 되므로 바람직한 자세라 할 수 없다. 담당 책임자를 철수시키기 전에 정산 업무를 마무리 짓도록 미리 준비해야 한다.[4)]

협력업체에 순이익이 발생하고 후속 공사로 곧바로 연결될 경우에는 정산이 비교적 순조롭게 진행될 공산이 크다. 그러나 업체가 손해를 보거나 후속 공사로 연결되지 않을 때는 많은 인내와 시간이 필요하게 되므로 관련 자료들을 잘 준비하여 정산 업무를 진행[5)] 하여야 한다.

- 업체 정산시 주요 확인사항

 -> 물량 확인계약물량 + 증감물량

 계약서에 첨부된[6)] 내용에 따른 물량 책정을 기준으로 하되, 현장에서의 산출 물량과 설계 기준의 물량을 비교/검토하여 최종 물량을 확정한다.

- 업체의 계약 공기 준수 / 연장 여부 확인

 실제 공사 완료기간이 계약기간과 다를 경우 계약 변경을 하여야 한다.

 -> 변경하지 않은 상태로 진행한 경우라면 계약서에 따라 Liquidated Damage손해 보상에 대한 Penalty위약금, 벌금를 받아야 하며, 그렇지 않을 경우 계약상 위배가 되므로 마감할 수 없다.

• 업체 Claim : 업체 수 · 발신 공문 확인

Change Order변경작업 지시로 처리된 항목 외에 협력업체로부터 도면 접수 및 기자재 반입 지연에 따른 보상 요구, 공사 Schedule 만회 작업 수행, 타 공사업체 작업지연의 영향으로 협력업체에서 보상 요청을 받은 사항 등은 항목별로 정리하여 지불 여부, 금액, 조건 등을 검토 · 확인 후 적정한 보상을 한다. 통상 마지막 정산 시에 상호 Claim을 놓고 옳다 그르다 누구의 책임인가에 대한 다툼이 일어나기 마련인데, 가장 바람직한 방법은 업무 System적으로 매월 Claim성[7)] 업무의 유무를 의무적으로 확인하여 놓는 것이다.

4) 철수 시점까지 마무리 작업이 남아 있거나 정산 준비가 되지 않을 때는 해당 시점까지 정산 절차를 협의해 놓고, 잔여 인력에게 정확히 인계하여 업무에 혼선이 빚어지지 않도록 한다.

5) 정산 업무에 혼선이 발생하지 않도록 계약서 관련 항목의 유권해석, 물량 확인 방법, Field Change Order(현장 변경 작업 지시)와 Extra Work Order (추가작업 지시) 발행분 및 업체 요청분을 충분히 파악하여 대처한다.

6) 공사 Inquiry(견적요청) 지시 시 첨부된 Definition and Measurement of Work(물량 정의 및 산정기준)

7) 합의 유무에 관계없이 해당 월에 일어난 사항 중 Claim 의사가 있는지의 여부

✓ Tip

- 관습상 프로젝트 진행 중에는 서로의 업무에 불이익이 생길 것을 염려하여 보류해 두었다가 마지막에 Claim을 제출하는 경향이 있는데, 주 계약자가 솔선하여 Lead하고 그달 그달 체크해 놓으면 기억이나 근거가 사라지기 전에 상호 대비를 할 수가 있다.

- **잔여작업 및 Punch / NCR** Non Conformance Report[1] **Work**
  - 잔여작업 : 만일 본 계약 외의 추가 작업 중 잔여작업이 남아 있다면 해당 작업에 대한 일정, 작업관리 담당을 명백히 체크하고 업체의 산재보험 연장 여부도 확인해 놓아야 한다.
  - Punch Work : 잔여 Punch 작업에 대한 일정, 담당자를 명확히 해두고 Punch 작업 내용의 중요성을 검토해 공사 완료 통보 여부를 결정한다.

협력업체의 잔여 작업을 인계 받아 수행할 경우 마감 업무[2]를 꼼꼼히 챙긴다.

1) 부적합 사항 보고서

2) 잔여작업 처리 방법, 계약 마감시 접수해야 하는 서류, 회수할 서류 등

Chapter 3

공종별 시공관리

ㅁ 공종별 시공관리 개요

전반적인 현장관리 계획과 수행에 대한 이해에 이어 본 장에서는 공종별 관리 Point중점사항에 대해 짚어 보기로 한다. 조직을 효율적으로 관리하기 위해서는 해당 Work Process작업 진행과정에 대해 충분히 이해하고 접근할 필요가 있다.

시공관리는 프로젝트 현장에서 토목, 건축 등의 공종별 시공 수행 과정을 관리하는 것을 의미한다. 각 공종은 프로젝트 수행 과정에 있어서 중첩되어 발생하므로 선 · 후행 관계를 잘 파악하여 전체 공종상 원활한 공사가 이루어지도록 해야 한다.

시공관리 업무는 양질의 공사를 위한 안전관리 및 품질관리의 최일선에 있으므로 이들의 관리 및 책임도 포함하고 있다.

1 공무업무

현장소장을 가장 근접한 거리에서 보좌하는 핵심 관리업무라고 할 수 있다. 따라서 업무의 범위[1] 역시 따로 정해진 것이 없다고 보아도 무방하다.

공무업무는 앞으로 언급할 현장의 여러 사항들을 분석하고 현장소장에게 보고하여 그때그때 적절한 조치를 취할 수 있게 이끌어 갈 책무가 주어진다.

이 가운데는 주로 Document문서 작업이 많다. System업무체계를 잘 구축하여 현장의 모든 행정 업무[2]를 책임지고 처리해야 할 것이다.

이런 광범위한 업무처리를 위해서는 일사 분란한 업무처리 체계가 필요하다. 이 중 계약[3] 업무나 Schedule공정 관리 업무는 보다 전문성을 요하기 때문에 해당 전문가[4]를 투입하는 것이 좋다.

또한 사업주의 각종 요구사항이나 문서를 계약적 해석을 토대로 직절히 대응하는 것은 형편상 우리에게 가장 취약한 부분이기 때문에 특별히 전문가를 초빙하여 대처하도록 한다.

하도급 계약업무 시에도 계약 조건부터 전문가의 검토를 거쳐 문제의 소지가 없도록 하고, 이후 각종 Claim 등에 효과적으로 대처하기 위해 담당자를 확보해 놓는다.

현장의 모든 업무계획은 결국 Schedule로 나타나게 된다. Schedule 계획과 실행을 잘 분석하여 진행상황을 정확히 보고, 사전에 현장소장이나 관리자들이 적절한 조치를 취함으로써 어떤 상황에도 대비할 수 있도록 노련한 전문가를 배치하여 효과적으로 활용할 필요가 있다.

△ 대관 공무 업무 철저!

1) 현장에서 회사의 대리인현장소장으로 업무를 함에 있어 필요한 모든 사항을 보좌하는 임무

2) Project 서류관리, 계약업무 처리, Schedule 관리 및 분석, 각종 보고서 작성, 기성관리, 실행관리 등

3) 대 하도급 계약 업무 및 대 사업주 공문서 처리

4) 계약 문제는 Cost와 직결되는 사항이므로 전문성을 더욱 필요로 한다.

❍ 문서관리Document Control

대내 · 외 모든 문서의 수 · 발신은 Document Control Center[1]문서 관리 센터를 통하도록 하여 단 하나의 서류도 놓치거나 누락시키는 일이 없도록 한다. 특히 서류 배포와 회신을 요하는 문서 또는 계약 관련 문서는 담당자를 두어 공식적인 절차를 거치도록 System을 확립해 두어야 한다. 모든 문서의 원본은 Document Control Center에서 책임 · 관리하고, 공식문서[2]는 반드시 Document Control Center를 거쳐 접수 · 발송하며 Logging기록 관리한다.

서류는 수시로 최신 Version 목록을 제공 · 확인할 수 있도록 조치해 놓는다. 서류 제공은 제대로 하였어도 이것이 현장 작업자들에게 실시간 으로 전달되지 않아 Old Version, 즉 구舊 자료정보로 일을 진행하여 재작업을 실시해야 하는 오류를 범하기 쉽다.[3]

△ 문서관리 철저!

1) 현장 공식 창구

2) 도면, Letter, Information 등

3) 특히 도면은 말단 현장 작업 도면까지 수시로 확인하여 작업자가 최신 도면에 맞게 시공하고 있는지 확인한다.

❍ 원가관리Cost Control

현장에서 발생하는 모든 비용을 관리하며, 실행예산을 근간으로 집행 비용을 집계 · 분석하고 예측하는 전반적인 관리를 말한다. Fast-Track조기착공로 진행하는 요즘의 EPC Project에서는 초기의 예상 물량에 차이[4]가 나는 경우가 흔하다.

어느 정도 공사가 진행되고 설계가 완성되면 반드시 최종 물량을 구하여 그때까지의 집행실적을 근거로 잔여 필요예산을 분석하고, Management와 상의해야 한다. 이에 따라 필요 조치사항을 준비하는 것은 당연한 수순이라 하겠다.

이때 Work Order작업 지시 등 비용과 관계된 모든 자료를 포함하여야 함은 물론이다. 공무에서는 이 Work Order도 철저히 관리하여 꼭 필요한 Work Order는 발행하되, 반드시 공무를 통하여 발행하도록 System을 구축하고 근거를 만들어 놓아 정산이나 예산관리에 누락되는 일이 없도록 하여야 한다.

기성 처리는 회사마다 기성 처리의 Process진행과정가 다르고, 관련된

4) 비용관리Cost Control에서는 계약단가에 준한 최종 물량에 따라 원가를 예측하는데, 하도급 물량이 수시로 변하기 때문이다.

△ 철저한 원가관리가 중요!

서류 행정의 절차가 다르므로 초기에 관련자들[5]에게 명확하게 설명한다. 공기성 지불이 불가할 경우 업체가 받는 손실이 클 뿐 아니라, 심할 경우 현장 작업에까지 지장을 주는 경우가 발생하게 되므로 초기의 Set-up준비이 중요하다.

초기 Set-up 시에 기성계산 방법을 공유할 필요가 있다.

기성계산은 작업 Activity를 세분하여 준비, 설치, Inspection검사, Test시험 등에 각각 적정한 비중을 두어 계산하도록 한다. 왜냐하면, 단순히 시공물량을 Progress달성도로 인정하여 기성을 지불하면 실제로 뒷부분의 Inspection이나 Test는 인력과 시간의 투입에 비해 소위 경제성이 없다는 이유로 전체를 뒤로 미루고, 우선 경제성이 높은 것에만 집중함으로써 결국 마무리를 못하게 되기 때문에, 처음부터 이 부분을 명확히 해 놓아야 한다. 이 부분을 잘 마무리함으로써 경제성을 지향하는 마감공사를 쉽게 처리할 수 있으며, 이는 협력업체를 위해서도 필요한 일임을 이해시킨다. 협력업체의 현장소장이 초기에 기성을 잘 받아서 본사에 다 보내고 나면, 나중에 협력업체의 본사가 Progress는 안 오르고 투입만 늘어난다며 현장측만 탓하고 돈을 잘 안 보내는 경우가 종종 발생하는데, 이렇게 되면 현장소장도 어찌할 방법이 없다. 그러므로 이 메커니즘을 이해시키면 합리적이라는 생각에 동의할 것이다.

Cost Control원가관리에서는 현장의 원가, 즉 노무비뿐 아니라 장비비, 소모품비, 공구비 등 투입 원가를 지속적으로 분석해야만 협력업체의 기성 적정성 여부도 파악이 가능하다. 단순히 기성 지불로 끝나는 것이 아니라, 지불된 기성이 제대로 필요 부분에 사용되는지, 필요한 부분은 체불을 하고 엉뚱한 곳에 사용되는지, 노임은 제때 지불이 되는지, 자재비나 장비비 처리는 문제가 없는지 등 집행비용에 관한 정보에 귀를 기울여야 한다. 현장에서는 기성은 제대로 지불했는데 엉뚱한 데 쓰고 체불을 하여 전혀 생각지도 않은 곳에서 문제가 발생되는 일이 종종 있다.[6] 가끔은 자사의 자금 흐름이 원활치 않아 현장 기성을 미루는 경우도 있는데, 이 부분도 계속 Monitoring하여 불상사가 발생되지 않도록 하는 것이 중요하다. 현장 기성은 대부분이 노임이기 때문에 노임을

5) 협력업체 담당자

6) 제반 분위기를 항상 파악하고 있어야 하며 필요시 임의로 검증할 필요가 있다.

체불할 경우에는 상상 이상으로 여파가 크다는 것을 명심하여 반드시 챙기도록 한다. 같은 맥락으로 협력업체의 자금 상태도 잘 파악하여야 한다.

❍ 본사와의 협력Coordination

각 팀별로 관련업무 협의는 당연히 수시로 진행하겠지만 공무 담당자는 이의 전체적인 흐름이나 현황을 종합하여 필요시 적극 지원하여야 한다. 또한, 본사와 지속적인 Communication의 창구가 되어 관련 정보를 수시로 현장팀에게 제공하여 원활한 업무를 수행할 수 있도록 하여야 한다.[1)]

자재납품 관련 정보, 도면출도 관련 정보가 가장 중요하다 할 수 있으므로 계획과 현장 진척상황을 참고하여 지속적으로 독려할 필요가 있다. 공사 현장에 도면이나 자재가 제때 제공되지 않으면 아무 것도 할 수 없는 게 당연한 일이기 때문이다.

1) 대 본사이든 대 사업주이든 현장의 공식적인 대외 창구 역할을 한다.

❍ 스케줄 관리Schedule Control

공정관리에 대해서는 별도의 장에서 언급하였기 때문에 여기서는 세부사항을 생략한다. 모든 Project의 진행은 사전에 협의된 Schedule에 근거하여 진행될 것이기 때문에 이것이 Communication Tool이다. 대 본사 · 사업주 · 협력업체를 불문하고 심지어는 현장조직 내부까지도 Schedule에 모든 것이 나타나 있다고 보아야 할 것이다.

따라서 Schedule Controller공정관리자는 매일의 작업 일보를 근거로 진척사항을 파악하고, 작업량을 집계하여 현장 진행사항을 Check 한다. 진행사항을 계획과 대비하여 현재 상황의 정보를 정확하게 이해 관계자에게 제공하여야 하며, 필요시[2)] 적기에 필요한 조치를 할 수 있도록 해야 할 것이다. 물론 이를 위해서는 Schedule Controller가 많이 필요할 수도 있으나 적은 인력으로 효과적인 관리를 하기 위해서는 System적으로 Link되게 만들거나, 현실적으로 이것이 어려우면 각 공종팀에서 협의된 양식에 의해 WBS 분류에 맞게 자료를 제공하도록 한다.

2) 어느 부분의 지연이나 지연이 예상될 경우

Schedule에 분기된 WBS[3]를 기준으로 작업량을 나누고 이에 맞게 Reporting보고하는 체계로 구축하면 얼마든지 실시간 집계가 가능하다. 단, 이 경우에도 주간별로 또 월간별로 마지막 집계일에는 보정을 할 수 있도록 하여야 한다. 왜냐하면 현실적으로 매일의 작업 일보에 의한 정확한 물량 산출이 어렵기 때문에 일보를 단순 산술집계에 의존하면 총량은 실제 자업량보다 많아지게[4] 되어 있다. 따라서, 주간이나 월간 작업량을 검증하여 오차를 줄여야 한다.

3) Work Break-down Structure

4) 방어 심리 때문에 항상 실제보다 약간씩 부풀려지기 때문이다.

❍ 계약관리/클레임Claim 관리

계약관리는 전문지식을 필요로 하는 일이 많으므로 전문인력을 배치할 필요가 있다. 계약 조항에 전문적 해석을 요히는 경우도 있고, 특히 하도급 계약을 할 때에도 각종 위험요소로부터 보호 받기 위하여 전문적인 세심한 검토가 필요하다.

우선 사업주와의 본 계약[5] 내용을 숙지하고 계약적으로 필요한 사항을 발췌히여 직기에 소지를 취하도록 한다. 또한 계약적으로 우리가 정당하게 주장할 수 있는 사항들도 챙겨서 보상을 받을 수 있도록 하어 손익의 개선[6] 노력도 연구할 필요가 있다.

대 하도급 역시 같은 맥락[7]에서 이해하면 된다.

Claim 처리는 대처 Skill기술 및 유권해석에 따라 매우 달라질 수 있고, 문구 하나에서 명암이 엇갈리는 경우가 있으므로 전문인력을 활용하는 것이 바람직하다. 모든 사안에 대하여 철저히 자료를 챙기는 것은 기본이다.

5) 계약적 의무사항을 간과하거나 지나쳐 불이익을 받는 사례가 있으므로 주의한다.

6) 이 부분이 가장 취약짐임을 인지하고 전문인력을 확보하여 대처하도록 한다.

7) 역 Claim을 당할 수 있는 소지를 최대한 없애고 계약 조항을 명확히 한다.

❍ 보고서Report

위에서 언급한 제반 사항을 포함하여 각종 보고서를 작성한다. 이 보고서는 정기적인 보고서와 같이 사전에 정의된 양식에 의한 것도 있고, 수시로 요청에 의해 작성되기도 한다. 따라서 공무에서는 항상 현장에서 일어나는 모든 사항을 파악하고 있어야 하며, 각종 Data를 실시간으로 관리해야 한다.

❍ 기록관리

하나의 공사 현장이 마무리되면 잘된 일, 잘못된 일, 여러 가지 사례 등과 함께 각종 자료가 남게 된다. 이는 한꺼번에 만들어지는 것이 아니기 때문에 초기부터 제대로 정리를 하며 기록[1]으로 남겨야 한다.

가장 바람직한 것은 COB[2]를 초기에 Index목록별로 정리하여 진행 과정에서 만들어 놓는 것이다.

△ 각종 기록관리 철저!

1) 공사 진행 상황이나 각종 행사 기록, Data 관리 등 체계적인 기록 관리가 필요하다.

2) Close Out Book on Close of Business

❍ 협력업체 관리

협력업체의 동향을 주시할 필요가 있다. 잦은 접촉이나 관찰을 통해 조직원들의 분위기가 어떤지, 현장 작업자들의 불만동요이 있는지, 노임이 체불되는지, 현장 운영자금이 충분한지, 근무 강도는 적정한지 등을 파악한다. 이러한 동향들을 수시로 파악하면 협력업체가 정상적으로 운영되고 있는지, 아니면 어떤 위기에 처해 있는지의 상황을 파악할 수 있다.[3] 대개 불안 요인은 자금 조달에서 기인하는데, 늦지 않게 발견해야 적절한 대처를 할 수 있다.

3) 사전 파악, 사전 대처가 최선이다.

❍ 공무업무 Process Map

플랜트 제어공사에서의 공무 Process Map 단계별 세부사항은 아래와 같다.

- 계약서, ITB[4] 등 Proposal입찰 관련 서류를 인수받고 검토한다.
- 공사 수행계획서를 작성하고 Presentation을 준비한다.
- 공사 예산 · 물량을 접수하여 검토하고, 집행예산을 편성하며, 실행예산 관리방안을 수립한다.
- Project Master Schedule사업 주요 일정계획을 기준으로 공사 Master Schedule을 작성하고, 각 공종별 Detail Schedule세부 일정 계획을 작성하도록 자료를 정리 · 배포한다.
- 공사 Specification시방서, Progress Measurement작업 측정, Inspection검사 및 Test Procedure시험 절차서 등 Project 수행을 위해

4) Invitation to Bid ; 입찰 초청장

사업주 승인이 필요한 Manual지침서 · Procedure절차서를 준비한다.

- Site Survey현장 실사를 시행하며 세부공사 수행계획을 수립한다.
- 하도급 발주 업무를 추진한다.
- 각종 보고서[5] 양식 및 보고 시기를 확정한다.
- 현장 개설 후 도면 및 자재 납품 일정을 지속 관리하여 시공계획에 차질이 없도록 한다.[6]
- Document Control Center를 운영하여 항상 최신 정보를 공유하도록 관리하고 업무에 혼선을 피할 수 있도록 지원한다.[7]
- Schedule을 분석하고 관리하여 수시로 현장소장에게 보고하고, 필요한 Alarm경고 기능을 하여 사전관리가 가능하게 할 책임이 있다.
- 계약관리 및 기성 업무를 주관한다.
- 실행관리를 책임지며 진행상황을 참고하여 예측관리를 한다.
- 수금, 지출 등 Cash Flow현금 흐름의 수급 조정을 한다.
- Change Order계약 변경, Claim 등 예산이나 계약에 민감한 부분은 공무에서 직접 관장한다.
- 정산 주관 부서이므로 필요한 서류는 평소에 항상 챙겨 놓는다.
  – 이와 연계하여 원가관리를 해야 한다.[8]
- 현장이 돌아 가는 상황을 항상 Monitoring하고, 적재적소에 지원을 하여 원활한 운영이 가능하게 한다.

5) Daily, Weekly 또는 Monthly Report

6) 현장의 진행상황을 본사에 지속적으로 보고하여 공유하도록 한다.

7) 품질팀을 활용하여 현장 서류의 최신판을 수시로 확인한다.

8) 실 집행원가 조사 · 분석

△ 진행상황에 따른 예측관리가 중요!

2 토목공사 관리

토목공사는 도로, 교량, 철도, 댐, 항만, 터널 등의 토목 구축물을 건설, 보수하는 공사를 총칭한다. 주로 지하 또는 지반 구조물, 흙과 관련된 작업 등이 주를 이루고 있는데, 건축공사와의 구분은 해석하기에 따라 혹은 회사의 업무분장에 따라 약간의 차이가 있을 수 있으므로 이를 고려하여 이해하면 된다. 플랜트에서는 주로 부지 정지, 치환, Piling, 지하 터파기, 간혹 지하 구조물,[1] 기계기초, 철골기초, 도로, 배수로, 집수조 등을 생각하면 된다.

○ 기준측량

지질조사를 기초로 하여 Piling, 치환 등 지반보강을 위한 작업이며, 부지 정지작업 등을 시작으로 토목공사가 진행된다. 이때 가장 중요한 것이 기준측량이다. 말 그대로 모든 Plant 공작물의 기준이 되는 점을 찾는 것이기 때문에 반드시 Permanent영구적로 고정된 측량 기준점에서 2중 3중으로 확인하고 Plant Bench Marking기준점을 결정한다.[2] 따라서 이 기준점 즉 Bench Mark[3]는 절대 움직이지 않게 고정물로 보호하고 수시로 재확인하여야 한다. 특히 지반의 침하 등으로 인한 변화가 일어나지 않는 구축물을 기준으로 실시[4]한다. 초기 공사 진행시에는 이러한 구조물을 찾기 힘들기 때문에 1~2개의 기준 Bench Mark를 만들어 사용하다가 Permanent영구적 구조물, 특히 Piling을 한 구조물 기초가 생성되면 구역별로 추가 기준점을 만들어 활용하는 방법이 있다.

현장의 Bench Mark는 구조물이 들어서면서 막히거나 하는 장애가 발생하기 쉬우므로 Area구역마다 몇 개를 만들어 관리하고, 측량시에는 반드시 이 점을 기점으로 측량해야 한다. 간혹 이 점에서 측량된 다른 점을 기준으로 측량할 경우, 측량 오차의 누적이 나중에 큰 오차로 나타날 우려가 있기 때문에 반드시 처음 점에서부터 측량하고, 그 성과표를 잘 기록해야만 혹시 나타날 수 있는 실수를 쉽게 보정할 수 있다.

1) 건축과 중첩되는 부분

2) 이를 기점으로 공장을 짓게 된다.

3) Bench Mark

4) 이를 간과하여, 공사가 진행되는 중에 구축물들의 위치나 방위가 틀어져서 곤란을 겪는 일이 발생하므로 주의한다.

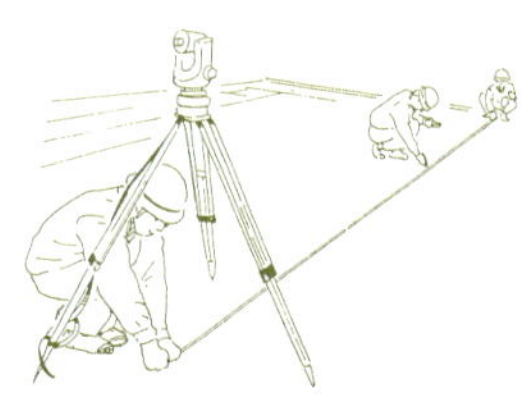

기초 치환 작업

○ 현장관리

Plant는 공사의 특성이나 물량 등으로 보아 기계나 배관공사에 많은 노력과 투자가 뒤따르기 마련이다. 이들의 기초가 되는 것이 토목공사이며 가볍게 보아 대충 넘어가서는 안된다. 오히려, 토목 기조공사[5]가 얼마나 빨리 계획대로 완성되느냐에 따라 Plant 성공 여부가 좌우될 만큼 중요하다.

따라서, 세부계획을 충실히 세워 차질이 없도록 관리해야 한다. 이를 위하여 필요한 제반사항 특히 도면뿐 아니라 철근, 콘크리트, Batch Plant 등 공사용 자재 수급에 대한 수급계획도 면밀히 따져서[6] 차질이 없도록 제반준비를 하여야 한다. 토목작업은 이 밖에도 특히 작업인력이 많이 필요하기 때문에 인력수급 및 협력업체의 능력 등에 특히 신경써서 계획단계에서부터 점검할 필요가 있다.

토목공사는 기후나 지질에 따라 효율이 많은 영향을 받으므로 해당 지역의 토질 특성에 따라 시공 방법을 달리한다. 예를 들어, 사막지역이나 Soft한 지질의 터파기 경사는 각도가 완만하여야 할 것이고, Hard한 지역의 터파기는 거의 수직에 가깝도록[7] 한다. 이에 따라 공사 물량에 차

5) 지하 매설물 포함

6) 물론, 대부분은 하도급 처리를 하지만 하도급업체의 계획이나 사장 인프라를 검토, 조사하여 이의 신뢰도를 판단하여 착오가 없도록 관리해야 한다.

7) 물론 깊이에 따라 다르지만, 어떤 경우에는 급한 경사라도 안전에 큰 문제를 초래하지 않을 수 있다.

이가 날 수 있다.

또한 토목공사는 그 특성상 우기철을 가급적 피하되, 불가피할 경우 Dewatering Plan 배수계획이 필요하다. 특히 지하수위가 낮은 지역일 경우는 System Dewatering[1)]을 준비하는 등 각각의 경우에 맞는 빈틈 없는 계획을 세우고 대비하여야 한다. 우기철 토목공사는 원가뿐 아니라, 시기공기를 놓칠 수도 있으므로 철저한 사전대비가 필요하다.

❍ 토목공사시 유의사항

토목공사는 지하 매설물 특히 지하 배관과 병행하여 작업을 하게 되는데, 이 간섭을 피할 수 있도록 작업순서 등을 고려하여 Composition Plan 구역 계획을 작성하여 일사분란하게 작업을 추진할 필요가 있다. 이러한 Coordination 조정능력이 부족하여 한 번 혼선을 빚으면 생각 외의 손실을 입을 수 있으므로 철저한 대비가 필요하다.

지하 구조물은 가장 크고 낮은 구조물부터 시공하여 차차 지상으로 올라오는 것이 기본이다. 또한, 지하 구조물이 많거나 몰려 있으면 Soil Balance 토양성분를 계산하여 일정 부분은 전체 터파기를 하여 시공하면 파일 길이도 일부 줄일 수 있고, 토량의 이동 등에 따른 손실도 줄일 수 있으므로 사전에 설계자와 충분히 협의할 필요가 있다.

지하 구조물 중 대형 Pit 등은 가급적 타공사와의 간섭을 고려하여 초기에 계획/시공하여야 한다. 이 경우 흙막이, 물빼기 등의 계획은 확실하고 세밀하게 계획을 세워 공정 진행에 차질이 없게 해야 할 뿐 아니라, 안전에도 철저히 대비를 해야 한다.

토목공사에서는 인력이나 장비의 활용에 보다 신경을 써야 하는데, 아직은 수작업에 의존하는 경향이 많으므로 인력동원 능력에 대한 조사가 잘 이루어져야 한다. 그럼에도 불구하고 부지 정지작업, 터파기, 되메우기 등의 작업, Concrete 작업 등은 장비 이동이 많은 관계로 이들 장비의 이동경로를 잘 분석하여 지체 없이 원활하게 이동할 수 있도록 동선을 철처히 계획하여야 하는데, 특히 지하 배관공사와 병행할 경우에는 더욱 그렇다. 통상 이 계획이 부실하거나 협조가 안되어 상호 간섭으로 인한

1) 특수한 경우지만, 인도의 어느 지역은 지반이 마치 먼지처럼 고운 모래땅이라, Lean Concrete를 타설하기 위해 물기를 완전히 빼려 해도 제거되지 않는 탓에 다짐 정도를 측정할 수 없어, 사업주와 협의하여 Dewatering을 하면서 Lean Concrete를 타설한 경우도 있다.

업무손실을 초래하는 경우가 발생하므로 주의하여야 한다.

기초공사 수행에 있어 사전에 반드시 챙겨야 할 것이 Anchor Bolt와 Template이다. Foundation이 Anchor Dox Type인지, Anchor Bolt 직매 Type인지를 사전에 확인하여 확보해 둬야 Concrete 타설계획의 진행에 차질이 없으며, 대형 기기와 같이 많은 수의 Anchor Bolt를 정교하게 직매해야 할 경우는 관련된 Template도 반드시 사전에 확보하도록 한다.

또한 Concrete나 철근의 수급에도 신경을 써야 한다. 주위의 Batch Plant 운용현황, 공급가격, 일시공급 가능용량, 공급체계[2], 대금지급 현황등을 수시로 파악해 놓아 비상시 갑작스러운 공급 중단으로 인해 공사에 차질을 빚는 일이 없도록 대비하여야 한다.[3] 철근 또한 상호 대금지급 문제로 인한 수급 차질의 경우가 많은데, 필요 물량을 사전 Check하여 미리 미리 확보함으로써 공정에 차질을 빚지 않도록 관리할 필요가 있다.

2) 지역별 차이는 있으나, 중간업자 -> 종종 지역 마피아 등이 개입하는 경우도 있다.

3) 협력업체와의 대금지급 지연으로 인한 공급중단도 흔하며 이 경우 대개는 사전경고 없이 대물량 계획시에 일방적으로 공급중단을 하는 경우가 많으므로 평상시 협력업체와 공급자간의 대금결재 현황이나 계약기준을 파악해 놓아야 한다.

❍ 토목공사 Process Map

플랜트 토목공사에서의 Process Map 단계별 세부사항은 아래와 같다.

ㅁ 공통항목[4]

- ITB[5] 및 계약서 주요사항을 검토하고 핵심사항을 요약/정리하여 기초 자료로 한다.
- Project Master Schedule사업 주 일정계획 및 시공 Master Schedule을 근간으로 하여 업무범위, 공사물량 및 Key Milestone중요 단계을 파악하고 세부계획을 수립한다.
  - 도면 및 자재 납기일은 매우 중요한 기초정보이므로 관련 부서간 협의를 통하여 재확인[6]한다.
- 현장 운영계획에 따른 인선계획 및 인력확보에 신경을 쓴다.
  - 인력 투입은 한꺼번에 되는 것이 아니다. 작업을 진행하며 업무 Road양에 따라 추가인력이 보충되므로 정보 공유가 매우 중요하

4) 이하 공종별 공통항목에서 본 내용을 공유함을 참고 바란다.

5) Invitation to Bid : 입찰 초청장

6) 세부계획 수립시에는 사·도급 범위를 반드시 확인하여야 한다.

다. 따라서, 모든 자료는 Master File주자료을 만들어 나중에 합류하는 인력들도 History업무진행를 파악한 후 업무에 투입되도록 유도하는 노력이 필요하다.

- Specification시방서, Procedure절차서[1] 준비 및 승인 절차에 따라 시행한다.
- 시공 협력사와의 계약조건을 확인하고 Kick-Off MeetingKOM을 준비한다. Check List를 작성하여 필요한 확인사항을 정리한다.
- KOM을 실시한다. 협력업체가 Planning을 하기 위해 필요한 자료는 가급적 많이 제공하되 계약적으로 Binding될 수 있는 정보는 확실한 것을 제공하고, 불확실한 예측정보는 반드시 「For Reference참고용」로 확인하여 준다.
  - 계약내용 숙지 여부 확인
  - 상세 수행계획 협의
  - 본사의 지원 조직을 확인하고 현장소장 등 핵심인력 검증
  - 당사의 품질/안전방침에 대한 이해 여부와 실행계획 검증
  - Concrete, 철근 등 주요 Resource자원 확보 계획을 확인하고, 특히 인력동원 계획을 확인[2]
- 주요 Activity활동에 대해서는 별도의 Method-Statement작업 설명서 및 Job Hazard Analysis작업 위험 분석를 작성하여 사전에 철저한 준비를 하도록 한다.
- 마감 시점이 임박하면 사업주와 협의하여 Punch지적사항를 가급적 빨리 받아 정리하도록 한다.
- 모든 Inspection Record검사기록는 Plant Hand-Over인도시 근거 서류가 되므로 반드시 Document Control Center에 원본을 보관하도록 하고, 복사본으로 업무를 진행하는 것이 좋다.
- 잔여작업의 양을 검토하여 마감조를 재구성하고 조직을 축소한다.
  - 이때, 특히 서류작업 등 인수인계를 철저히 하여야 한다.
  - 복수의 협력사가 있을 때는 이의 통합운영도 같이 검토하도록 한다.
- 정산 작업을 준비하고, 공사 완료 보고서를 준비한다.

1) Inspection(검사) 및 Test Plan(시험 계획) 포함

2) 필요시 Contingency 계획 확인

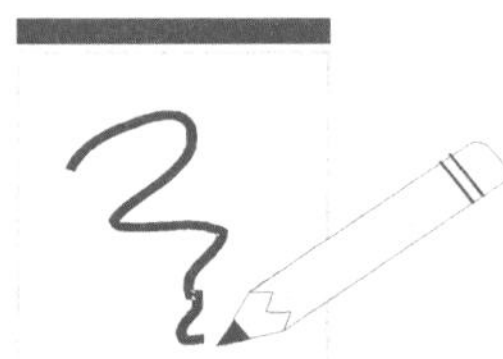

△ 각종 보고서 준비 철저!

□ 토목공사

3) 계량작업 포함

☞ 시공성 검토

- 부지 정지[3]에서 출발한다.
  - 부지 정지시 설계 조건을 검토하여 Soil Balance토양성분를 계산하여 일정 Level을 낮추어 시공하는 것도 검토한다.
- 기준측량을 한다.
  - Plant 기준 Bench Mark기준점를 확인하고, 임시 Bench Mark를 설치하되 움직이지 않도록 고정식으로 설치하여야 한다. 이 기준점이 움직이면 오시공이 되어 큰 낭패를 겪으므로 수시로 확인하도록 한다.

- Dump Area 및 토치장을 준비한다. 잉여토량이 많을 때는 인가된 지역에만 Dumping을 할 수 있으므로 사전 확인하여야 하며, Soil Balance의 계산 결과 추후 되메우기용으로 다시 필요한 만큼 임시 적치를 필요로 하다면, 이를 쌓아 놓을 장소를 미리 확보해 놓아야 한다.
- 철근 야적장, 철근 가공장, Form 제작장 및 Form 보관장을 확보한다.
  - 철근 가공장은 가급적 공사가 끝날 때까지 옮기지 않도록 하는 것이 좋다.
- Piling을 시작으로 지하 터파기 공사 및 지하 구조물 공사를 착수한다.
  - 지하 구조물 공사는 깊은 곳에서 낮은 곳으로, 큰 것에서 작은 것으로 순서를 세우도록 하되 타공사와의 간섭, 특히 지하배관 공사와의 시공 우선순위에 주의하여 상호 간섭을 피하도록 한다.
  - 지하 공사를 할 때는 물처리 대책을 확실히 세워야 작업효율을 올릴 수 있다.[4]

4) 물막이, 지하수처리, 배수처리, 타공종과의 간섭 배제가 핵심이다.

Pile은 구조물이 필요로 하는 힘만큼 견딜 수 있도록 지내력을 보강하는 목적이며, 설계자의 판단이나 토질에 따라 여러 형태를 선택한다.

종류는 재질에 따라 다음과 같이 다양하다.

- Sand Pile
- 나무말뚝
- 흙다짐
- 강관 Pile
- 철골 Pile
- Concrete Pile

설계자에 의해서 선택된 Pile의 종류 및 각각의 시공 방법에 따라 장비 동원, 시공 순서, 기간 등 세부 계획을 세우고[1] 각 이해 관계자들과 검토 협의를 거쳐 철저한 준비를 한다. 특히 Pile은 초기에 우선 설계자의 계산대로 지내력이 나오는지 검증하기 위하여 임의의 선정된 Point에 시험 파일을 시공하고 시험 성적서를 분석하여 검증이 되어야 본 Pile을 시공할 수 있으며, 이는 통상 2~3주까지 시간이 소요되므로 시공 Schedule에 반드시 이 기간을 반영해야 한다.

또한 지내력 계산 및 판단을 위해서는 사전 지질 조사가 필수이나 통상의 사업주는 설사 자료를 제공한다 하여도 책임을 전가하기 위하여

1) Method-statement (작업 설명서)

그저 참고자료라는 핑계를 대고 설계자의 책임으로 돌리기 때문에 반드시 거쳐야 하는 과정이며, 이 또한 1개월 내지 2개월 이상 소요되어 설계 지연의 큰 요인이 되므로 초기부터 상호 챙겨서 실수를 하지 않는 것이 매우 중요하다.

다음의 사진은 석유 화학 공장 등 중량물이 많은 Project에 많이 적용되는 항타 Pile의 시공 장면이다. 국가별로 동일 목적의 RCP[2]나 사각 파일이 시공되기도 한다.

2) Reinforced Precast Concrete Pile.

Piling 시공 사례

▽ 동남아 등 개발 도상국에서 많이 사용되는 사각말뚝이다.

△ 전형적인 Winch를 이용한 Drop Hammer Type

△ 전형적인 Winch를 이용한 Drop Hammer Type

△ 사각파일 시공완료

지하의 대형 구조물이나 배관공사가 완료되면 가장 빠른 시일에 되메우기를 하도록 하고, 가급적 Permanent Road영구적 도로를 Base Course기초다짐까지 시공하는 것이 좋다. 물론 사전계획이 필요하며, Road Crossing도로 횡단을 확인하여 미리 시공하여야 훼손을 줄일 수 있다.[1)]

Concrete 구조물은 터파기, 바닥 다짐, Lean Concrete, 철근 가공, 철근 배근, 거푸집 시공, Concrete 시공, 양생 등의 과정을 거치는데 다음의 사진들을 참조하기 바란다.

철근 가공
Bending Machine

1) 거푸집이 낮은 이유는 밑의 Footing을 타설한 후 양생이 되면 다시 기둥 부분을 이어서 2번에 걸쳐 타설하기 때문이다.

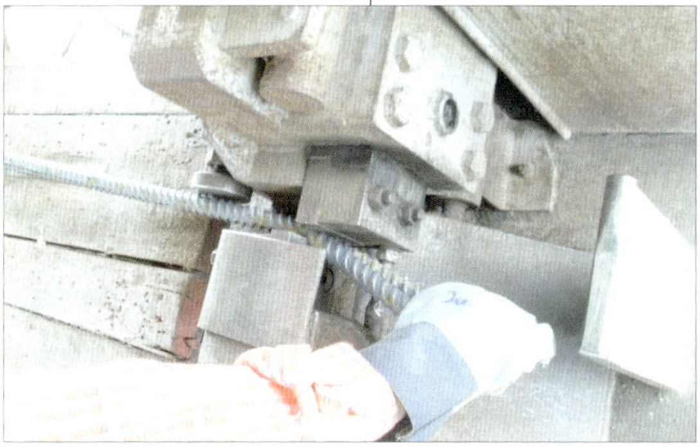

① Bending기를 이용한 철근 가공 작업

② 철근 배근 전 Leveling Concrete 작업

③ 철근 설치를 위한 안전 발판 작업

④ Concrete 작업 전 철근 배근 완료[1)]

도로 작업 및 Open Ditch 작업

도로 조성시에는 도로가의 배수로 시공을 병행할 수 있으면 좋다.

-> 우기철 등에 도로의 유실을 막을 수 있다.

기초공사는 기기나 지상 구축물을 위한 구조물이므로 각각의 시공 계획과 연계하여 우선 순위를 정해야 한다.

- 구조물 공사 전 Insert Plate, Anchor Bolt[1] 등 필요 자재를 사전에 확보하여야 한다.
- 구조물이 완성되면 최종 Inspection검사을 거쳐 후속 공종에 인계하여 작업에 차질이 없도록 한다.
  - 완성된 기초는 고정물이므로 측면에 좌표나 Elevation높낮이[2] 표기를 해 놓으면 매우 유용하게 활용된다.
  - 현장관리에 큰 도움이 된다.
- 가급적 구역별로 공사를 마무리하고 되메우기를 빨리 하는 것이 좋다.

✓ Tip

- Plant 공사에서 지하 공사를 계획대로 성공리에 진행할 수 있으면 반은 이미 성공한 Project로 보아도 좋다.

1) Anchor Bolt는 Concrete Pouring 작업 도중 Vibration 등으로 인해 움직일 수 없으므로 시공 직전 재검측하여 이상 유무를 확인하는 것이 좋다.

2) 기기 Number까지 표기하면 더욱 좋으므로 적극적으로 활용하기 바란다.

3 건축공사 관리

Plant 공사에서의 건축 공정은 각 사마다 분류방법에 차이는 있지만, 대개 지상 구조물과 그의 기초공사로 구분된다.

주요 구조별로 살펴 보면 다음과 같다.

- Pre-cast Concrete Column 프리캐스트 콘크리트 기둥
- Substation 변전소
- Control Building 관제소
- Equipment Structure 기기 주변 구조물
- Cooling Tower 냉각탑
- Administration Building 관리사무소
- Car Parking Shelter 차고지
- Operator Shelter 운전 요원 사무소

○ 프리캐스트 콘크리트 기둥 Pre-cast Concrete Column

종래에는 주로 철골을 이용해 시공하던 구조물로서 원가를 절감하기 위해 많이 활용하는 추세이며, 시공 시간은 절대 시간의 절감은 없으나 상대적으로 철골 제작보다 빨리 제작에 착수할 수 있어 Project Schedule에 도움이 된다.

Concrete로 철골조를 대신하는 것이므로 그만큼 정밀시공을 필요로 한다. 또한, 원가절감에 도움을 준다고는 하지만, 실제로 철골과 PC 공법만 단순 비교했을 때는 비슷한 가격이 형성된다고 본다.[3] 주로 Plant에 적용되는 하부 철구조물에 일정 높이까지 Fireproofing 내화처리을 하게 되면, 이 부분에서 시공 기간이나 원가를 절감하는 효과가 있는 것이다. 따라서, Project마다 자재 수급의 원활 여부에 따른 판단이 필요하다. 다시 말해서 시멘트 파동이 있거나 수급이 어려운 지역, 또는 토목 시공기술이 현저히 떨어지는 지역의 공사인 경우에는 오히려 PC 공법보다는 철골공사가 유리할 수 있으므로 잘 판단하여 결정하여야 한다.

3) 현실적으로 최근에는 각종 원자재 가격이 상승하는 등 변수가 많기 때문이다

Pre-cast Concrete(프리캐스트 콘크리트) Pipe Rack 제작 장면

PC Column 시공 순서

Step ①

Step ②

Step ③

Step ④

Substation(변전소)
Building 시공Masonry Work

❍ 건축물Building

Substation은 전기 시설물들 중 핵심 기기를 보호하는 건축물이다. 주 전기 설비를 완공하고 공장 전기수전이 완료되어야 대형 전기 기기를 Test 할 수 있고, Pre-Commissioning시운전을 수행할 수 있다. 가장 먼저 완성시켜야 하는 Event 중의 하나이므로 통상 시간에 쫓기기 십상이다.

Control Building관제소 역시 여유가 없기는 마찬가지다. 건축물 내에 있는 Control Room통제실에는 공장 운전의 핵심인 DCS System분산 제어 시스템이 설치되어야 하는데, DCS System 기기는 공조설비가 안정적으로 작동되는 조건 하에 설치할 수 있다. 따라서, 이 DCS System이

Control Building
(관제소) 시공

건축물 외벽 시공을 위한 안전작업대 설치

Control Room(통제실) 외부 계단 시공

가동되어야 시운전을 할 수 있으므로 역으로 계산하면 건축물이 완성되어야 하는 시기가 상당히 앞당겨져야 한다.

전체적으로 설계가 끝나고 건축물을 완성하려면 시간이 부족하기 마련이다. 도저히 시간을 맞추지 못할 때에는 아예 Control Room통제실 위주로 집중하여 완성하고 이 부분만 사용하거나, 공조설비를 완성할 수 없는 경우에는 임시 Air-Conditioner를 설치, 가동[1]하는 편법을 쓰기도 한다. 건축물의 완성 시기를 Project Schedule과 연계하여 처음부터 집중 관리하지 않으면 낭패를 보는 경우가 있으므로 우선 순위를 잘 파악할 필요가 있다.

1) 이렇게라도 하지 않으면 Project 공기를 맞출 수 없는 경우가 생기기 때문이다.

❍ 냉각탑Cooling Tower

구조물 공사 중 Cooling Tower냉각탑는 구조상 여러 단계로 나누어 Concr-ete 시공을 하는 관계로 시간이 많이 걸리는 구조물 중 하나이다.

또한, Utility 공사 중 가장 먼저 완공되어야 하는 System 중의 하나인 Cooling Water System냉각수 시스템의 Main 심장부인 관계로 공기에 미치는 영향도 크므로 관리를 소홀히 해서는 안되는 주요 공정이다. Cooling Tower 구조물이 완성된 이후의 공정 또한 시간이 많이 걸리기 때문이다. 건축물에서 가장 골치아픈 하자는 항상 방수 문제이다.

지붕의 누수나 벽면의 누수는 일단 하자가 생기면 좀처럼 보수하기가 쉽지 않다. 따라서 초기 시공단계에서 정밀시공하여 하자가 발생하지 않도록 하여야 한다.

Cooling Tower(냉각탑)

❍ 건축공사 Process Map

플랜트 건축공사에서의 Process Map 단계별 세부사항은 다음과 같다.

□ 공통항목

☞ 공통항목 참조[1]

□ 건축공사

- 건축공사는 부분적으로 토목공사와 유사한 면이 많다. 경우에 따라서는 지하 구조물이 포함될 수도 있고, 건축물 기초공사도 포함될 수 있다.[2]
- 대형 구조물이 포함될 경우 이를 우선적으로 시공하며 대개는 Pipe Rack 기초를 시작으로 진행된다. Pipe Rack은 지상 구조물 중 가장 먼저 완성시켜야 할 구조물이고, 이 구조물이 완성되어야 배관공사의 설치 작업이 본격화된다.
  - Pipe Rack의 기초공사를 하는 동안, 만약 이 Column이 Precast Concrete Column PC 기둥으로 설계되었다면 병행해서 Column을 별도의 공간에서 제작하되, Handling 운반을 쉽게 하기 위해 가급적 설치 위치[3] 가까이에서 제작하는 것이 유리하다.
- 건축공사는 Process 구조물, Concrete 구조물 및 건축물들로 구성되는데, 대부분의 구조물이 장기간의 시간을 필요로 하기 때문에 순서대로 하나 하나 시공할 여유가 없다.[4] 따라서, Non-process Building을 제외하고는 별도의 작업팀을 동원하여 거의 동시에 진행하여야 한다.
- 건축공사에는 Concrete 구조를 시공하기 위한 거푸집을 상당히 많이 필요로 한다. 처음부터 끝날 때까지 계속 사용/보관/제작하는 작업이 반복된다.
  - 임시 야적장을 충분히 확보하되 가급적 중간에 옮겨야 하는 번거로움이 없는 위치를 확보하는 것이 좋다.
  - 그러나, 현실은 그리 넉넉하지 않은 것이 사실이다.[5]

1) 213~214 Page 공통항목 참조

2) 이 부분은 토목공사를 참조하기 바란다.

3) 장소가 허용되면 설치 위치 바로 근처에서 제작하는 것이 가장 좋다.

4) 이 구조물들은 Administration Building 이외에는 타 공종의 시설물들을 위한 것이기 때문에 필요 시기를 맞추어 완공하는 것이 중요하다.

5) 최소한의 공간으로 충분히 활용할 수 있도록 계획을 잘 세운다.

- 철근 적치장, 철근 가공장도 확보하여 효율적인 공사를 하도록 한다. 건축물 공사는 그 특성상 한 곳에서 장기간 공사를 하기 때문에 효율을 고려하여 가공 작업은 가급적 건축물 근처에서 이루어지도록 하는 것이 유리하다.
- 구조물들의 마감 시방은 미리 확인하여야 한다.
- 지붕공사는 방수공사를 포함해야 하므로 방수 시스템을 잘 확인한다.
  - 지역마다 특화[6]된 방수 시스템이 있는지를 확인한다.
  - 그리고, 방수공사를 할 때는 그 후속 공정의 공사를 확인하도록 한다.
  - 종종 방수공사 이후에 다른 공사를 하다가 방수층을 손상시키는 일이 있으므로 주의하여야 한다.
  - 만일 불가피할 때는 반드시 사전협의[7]를 하도록 제도화한다.
  - 방수층은 한 번 누수가 발생하면 보수가 거의 불가능하여 전체를 재시공하는 경우가 많다.
- 주요 자재에 대한 사업주의 Material Approval자재 승인은 미리 진행한다.
- Process Building은 시간이 넉넉치 못한 경우가 많은 것이 문제지만 Administration 같은 Non-process Building인 경우는 사업주의 취향이 천차만별에 시각차도 커서 마감작업이 가장 까다로우므로 주의한다.

6) 지역의 기후 특성에 따른 Know-how가 숨어 있을 수 있다.

7) Work Permit 적용 지역으로 운영하여야 한다.

△ Claim 없는 마감작업이 중요!

4 철골공사 관리

❍ 제작 및 부재관리

철골공사는 말 그대로 철 구조물을 세우는 작업이다. 철골공사 관리는 부재관리가 가장 중요하다고 볼 수 있다. 즉, 설치공정 과정에서 필요 부재가 필요 시기에 확보되어 있으면 큰 어려움 없이 진행할 수 있는 것이 철골공사이다.

Project에 따라 현지에서 제작할 경우도 있고 아니면 타지에서 제작하여 현장에 반입하는 경우도 있다. 현장제작의 경우는 관련 부재의 확보에만 성공하면 현장의 계획에 따라 제작관리를 병행하므로 큰 문제가 없을 수는 있다. 그러나, 여기서 철골부재 확보를 도급으로 처리했을 경우 하도급업체에게만 의존하다가 정작 필요할 때 중간 부재가 없어 설치 공사 진행에 차질을 빚는 경우가 종종 있으므로 자재 확보 상황을 일일이 확인해야 한다.

대개 납기에 쫓기면 물량 위주로 큰 부재[1] 중심으로 납품하고 기성을 챙기려는 경향이 있으므로 주의하여야 한다. 큰 부재만 있고 중간 부재

1) 돈이 되고 제작이 비교적 쉬운 부재

철골 부재 관리

가 빠지면 설치 작업에 이중작업을 초래하거나, 심지어 아예 설치를 하지도 못하는 경우가 빈번하게 발생한다.

따라서, 외부 제작의 경우 현장반입 계획에 따른 부재가 Batch별로 100% 확보될 수 있도록, 즉 제작과정이나 진척상황을 일일이 사전에 확인하고 제작공장과 지속적인 업무협조를 하지 않으면 안된다. 공장에서 보내오는 Packing List포장 명세서와 현장반입 현물에 차이가 있을 수 있으므로 항상 반입 즉시 확인하고, 누락된 부재는 바로 확보할 수 있도록 조치해야 한다.

더불어 현장에서의 부재관리 또한 중요하다. 일시에 많은 부재가 반입되다 보면 우선 받아 놓는 데 급급하여 막상 공사 진행 중에는 부재를 못 찾아 우왕좌왕하다 시간을 낭비하기 일쑤이다. 반드시 부재를 Batch별로 혹은 필요 Area지역별로 공사순서에 맞게 정돈하고, 야적 Map을 그려서 관리하여 필요 부재를 즉시 찾을 수 있도록 해야 업무 효율을 높일 수 있다.

앞에서도 거론했지만, Plant 공사에서 선행 공종 중 철골 골조 공사까지를 얼마나 빠른 기간 내에 완료[2)]할 수 있느냐가 Project 성패를 좌우한다는 점을 명심한다.

2) 여기서 완료라는 것은 설치 검사가 끝나고 후속 공정에 넘겨주는데 까시반을 말하므로 기타 마무리 공사는 지속한다.

철골 Pipe Rack Erection

❍ 플랫폼/사다리/핸드레일/계단/그레이팅

Platform/Ladder/Handrail/Stairway/Grating

철골공사에 부속되어 소위 잡철물로 분류되는 Platform/Ladder/Handrail/Stairway가 있다.[1)]

Main-Structure가 설치될 때 계단과 Handrail을 같이 설치하면 별도의 안전가(假)시설을 하지 않고도 Permanent영구적 안전시설이 되어 안전과 비용절감의 효과가 크므로 반드시 챙기도록 한다.

Platform 및 Ladder사다리는 주로 대형 기기에 설치한다. 관련 기기가 도착하기 전에 확보하고, 기기 설치 직전 Dress-out을 하여 설치하면 후속 공정을 안전하게 작업할 수 있다. 뿐만 아니라 Ground에서 조립을 하면 설치 비용도 대폭 절감되므로 필히 사전 관리가 될 수 있도록 한다.

여기에 추가하여 Grating[2)]이 있는데, 주지하다시피 이는 안전한 작업환경을 위하여 필수 사항이다.

이러한 잡철물이라 일컫는 작은 부재들을 적기에 설치하여 활용하면 이중 작업을 줄이면서 안전한 작업환경을 확보하는 데 지대한 영향을 주므로 간과하지 말고 챙기도록 한다.[3)]

1) 초기 계획때부터 준비하여 주 골조공사시 병행할 수 있도록 한다. 이는 특히 안전관리에 지대한 영향을 주며 설치 비용도 줄여 주는 효과가 있다.

2) Grating을 확보하고, 골조공사와 더불어 설치하면 불필요한 가설발판의 설치, 유지·보수 및 철거 등의 번거로움을 피할 수 있다.

3) Planning 초기에 미리 준비하지 않고 Project 진행 중 갑자기 챙긴다는 것이 쉽지 않으므로 처음부터 차질 없이 계획하는 것이 중요하다.

철골 Ladder(사다리) 설치

❍ 철골 수정 관리

모든 공정이 설계대로 제작되고 현장조립에 계획대로 진행되어 설계 Revision변경이 발생되시 않으면 좋겠지만, 부분적으로 허다하게 오제작이 나오거나 도면이 수정되기가 일쑤다. 미처 재제작할 시간적 여유가 없을 때는 부득이 현장에서 긴급하게 처리할 수밖에 없다.

따라서, 사전에 일정 분량의 부재 및 현장제작팀을 사전에 구성해 놓는 지혜가 필요하다. 현장에는 항상 철골 긴급제작 작업이 발생한다는 것을 염두에 두고 준비[4]를 철저히 하여 대비한다.

WPS[5]/PQR[6]은 본 철골제작시 승인된 것을 사용하도록 한다.

4) 작업장, 인력, 작업 도구 등

5) Welding Procedure Specification ; 용접절차서

6) Procedure Qualification Record ; 절차 인증자료

❍ 철골공사 Process Map

플랜트 철골공사에서의 Process Map 단계별 세부사항은 다음과 같다.

□ 공통항목

☞ 공통항목 참조[1]

□ 철골공사

- 구역별 공사 우선순위 계획을 세우고 설계팀 및 구매팀과의 협의를 통해 우선순위를 확인함으로써 초기부터 계획을 공유하여 효율적인 관리가 되도록 한다.
  - 특히, 잡철물 즉 Handrail, Plarform, Ladder, Grating 등도 Main 철골이나 기기와 같이 반입되어 동시에 시공될 수 있게 한다.
- 토목이나 건축팀으로부터 인수한 기초는 좌표를 미리 재검측하고, 특히 Anchor Bolt의 좌표와 Projection을 확인하여야 한다.
- 철골 자재가 반입되기 전 Padding 작업을 미리 하여 자재반입 즉시 설치 가능한 상태로 준비한다.
- 시공 일정계획에 따라 Crane, Trailer 등 장비동원 준비를 재확인한다.
  - 최초 반입장비는 서류 확인이나 현장반입 Inspection검사 등에 시간이 소요되므로 이를 위한 시간도 감안한다.
- 수직 · 수평도를 측정할 수 있는 검측 장비는 물론 설치시 사전 준비[2]에 만전을 기한다.
- 자재 야적은 시공 순서에 맞도록 Batch별로 구분하여 보관할 수 있도록 한다.
- Handrail, Ladder, Stairway, Grating도 분류된 Batch별로 구분하여 쉽게 찾을 수 있도록 한다.
- Bolt류도 사전에 확보하여 이중 작업이 되지 않도록 준비한다.
- 철골공사는 후속 공사, 즉 배관공사나 기계공사를 위한 지지대이므로 설치 완성도를 높여 즉시 후속 공종에 인계할 수 있는 수준까지 시공하는 것을 목표로 한다.

1) 213~214 Page 공통항목 참조

2) Leveling을 위한 가설재, Guy Wire, Dead Weight Block, Grouting재, 공도구 등

- Handrail, Ladder, Stairway, Grating을 같이 시공하면 철골작업 뿐 아니라, 그 후 일어나는 모든 공종의 안전 및 작업효율도 높일 수 있으므로 필히 챙기도록 한다.

- Fireproofing내화처리을 필요로 하는 부재는 사업주와 사전협의를 하고, 가능하면 Ground에서 선 시공하여 설치할 수 있는지를 검토한다.
- 철골공사는 부속 자재가 많고 Missing분실 가능성이 많다. 또한, 설계 특성상 Loading Information의 변경에 따른 뒤늦은 Revision설계변경을 피할 수 없다.
  - 현장에서 즉시 수정할 수 있는 수정 작업조와 일부 자재를 확보하여 필요시 현장에서 직접 수정 작업을 할 수 있는 체제[3]를 갖출 필요가 있다.
- 체결이 완료된 Bolt는 표기를 하여 혼선을 막는다.
- 검수가 끝난 구역별로 후속 공정에 인계한다.
- 공사 도중 또는 시운전 동안 철골의 처짐이 없는지 주의하여 관찰한다.

3) 인접 지역에 이용 가능한 철골 제작소가 있으면 활용할 수도 있다.

5 배관공사 관리

배관공사는 공장 전체의 동맥 역할을 담당하며 Plant 공사에서 가장 복잡하고 긴 기간에 걸쳐 진행되는 핵심 공정이다. 뿐만 아니라 취급 자재의 종류도 다양하고 복잡하기 때문에, Computer Program을 활용하여 자재관리나 용접관리를 하게 된다. 이들 Program을 얼마나 잘 이해하고 활용하는가에 따라 업무 효율도 현저히 달라진다.

❍ 지하 배관공사

배관공사에 있어서, 초기에 토목공사와 병행하여 이루어지는 지하 배관공사는 공종간의 간섭 및 지하 터파기공사에서 여러 가지 난관에 부딪히므로 특별한 준비와 관리가 필요하다.

대부분 이 지하 배관공사의 수행에서부터 공기 예상 기간을 초과하여 Project에 어려움을 주는 경우가 발생한다.[1]

지하 배관공사를 준비할 때는 관련 자재 확보는 물론 지하수 처리 방안을 마련해야 하는데, 특히 우기철 배수 계획을 철저히 세워 공사에 지장이 없도록 대비하여야 한다. 또한 토목공사 계획과의 작업 우선순위와 상호 동선 등을 면밀히 살펴, 일사 분란하게 진행할 수 있도록 준비해 놓는다.

나아가 지하배관을 위한 터파기공사와 토목의 터파기공사의 복합적 계획 수립으로 가장 효율을 높일 수 있는 방안을 강구한다. 그 중에서 배수계획은 예상치 못한 상황에 대비하여 항상 예비 대책을 준비해야 한다. 지하 배관공사시 용접 기밀 Test검사 또한 간과할 수 없는 중요 사안이다. 현장관리를 위해서는 되메우기를 빨리 해야 하나, 기밀 Test를 하여 검증이 되지 않으면 되메우기를 할 수 없다. 하지만 되메우기를 하지 않으면 동선이 잘려 차량 이동에 지장을 초래하는 등의 문제가 발생하고, 그렇다고 해서 기밀 Test가 끝날 때까지 기다릴 수도 없는 처지[2]에 놓이게 된다.

1) 역설하면, 지하 구조물 및 배관공사를 계획대로 진행할 수 있으면, 그만큼 Project의 성공 가능성이 커진다는 뜻이다.

2) 항상 이 부분이 고민거리가 아닐 수 없다.

따라서 부분 Test검사를 하여 부분적인 되메우기를 하고 최종적으로 남는 부분, 즉 Test를 하지 않은 용접 부분을 다시 Test하는 방법을 가장 많이 사용한다. 그러나, 지하배관은 Cooling Water냉각수 등 주로 Utility성이므로 비파괴검사로 대체한 뒤 맨 나중에 Service Test로 대체하는 방법 등으로 여러 가지 방안을 강구[3)]하여야 한다.

3) 사업주와 협력하여 가급적 공사를 원활히 이끌어 나가려는 노력이 필요하다.업주

지하 배관공사 사례

☞ 이물질이 들어가지 않도록 Opening을 잘 막았으나 가운데 하나가 벗겨진 부분 Ⓐ가 보인다. 신경써야 할 부분이다.

Underground Piping Work(지하배관 작업)

☞ 대형 지하 배관 작업은 초기에 우선 시공하여 간섭을 최소화 한다.

○ 관리 툴Tool

배관 관리자는 자재관리 Program을 잘 활용하여 자재수급 상황이나 재고 등을 항시 파악하고 있어야 하며, 품질팀과 협조하여 Computer Program을 이용한 용접관리를 할 수 있어야 한다.

이를 활용하면 용접은 물론 용접사, 용접이력 관리, 품질관리, 각종 Test 및 Inspection 관리 등 배관공사 전반에 걸친 History업무현황 관리를 할 수 있을 뿐 아니라, 최종적으로 기밀 시험을 위한 History Sheet 역시 이 Tool을 이용해 근거 서류를 확보할 수 있기 때문에 중요하다. System을 올바로 숙지하여 업무에 활용할 수 있도록 한다.

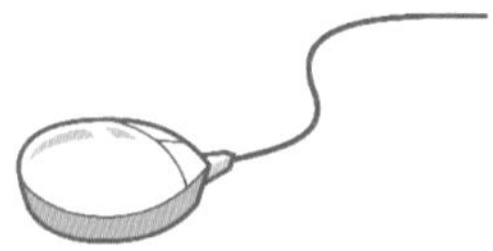

○ 자재 및 도면관리

배관공사에 있어서 자재와 도면의 확보는 생명이다. 어느 공종 치고 그렇지 않은 공종이 없지만, 특히 배관공사는 그만큼 복잡하고 관리 Point요소가 많기 때문에 처음부터 긴밀한 협조와 지속적인 정보공유를 통해 계획에 차질 없이 자재나 도면이 공급될 수 있도록 밀접하게 관리할 필요가 있다.

배관공사는 본격적인 현장설치 공사를 하기 전에 작업의 효율을 높이기 위해 Shop작업장에서 Spool 형태로 선행 제작을 하게 되는데, 이를 거듭할수록 원가나 공기의 절감효과가 커지므로 이를 확대시키려는 노력이 필요하다.

그러나 Shop 제작을 너무 높이면 상대적으로 현장설치가 어려워 재작업을 하는 경우가 있으므로 무조건 많이 할 수도 없는 현실이며 통상 50:50 또는 60:40의 비율로 하는 것이 보통이다. 최근에는 설계시 3D Model을 활용한 간섭 Check 등으로 도면의 정확도가 점점 높아지는 추세이므로 과감히 Shop 제작 비율을 늘림으로써 업무효율을 극대화시킬 필요가 있다.

이와 함께 늘상 나타나는 문제가 이 시기의 자재 확보 문제인데 바로 소구경 자재와 Fitting류를 말한다. 이의 구매시 대부분 전체 물량 기준의 50~70%를 1차 물량으로 공급한다고 하는데, 여기에 함정이 있다.

대개 대구경, 직관 기준으로 %를 계산하기 때문에 막상 현장에서 Spool 제작을 시작하면 관련된 Fitting이나 소구경 자재가 없어 계획대로 Spool을 완성하지 못하고 Field Point현장 설치로 바뀌거나, 아니면 야적시켰다가 현장 투입시 다시 Shop으로 이동하여 Spool을 완성하게 된다.

이로 인해 이중 Handling운반에 따른 원가, 시간의 손실[1]을 가져오는 경우가 비일비재하다. 따라서, 이를 피하기 위해서는 초기 투입 물량에 반드시 소구경과 Fitting 자재의 구색을 맞추어 확보하도록 하는 설계나 구매 담당자와의 초기 업무 협조가 필요하다.

1) 불행히도 이 부분은 원가 손실 계산이 되지 않아 간과하고 넘어가기 십상이지만, 현실적으로 이 부분의 손실은 매우 크다.

Pipe 운반작업

❍ 핵심관리 Point

배관공사 관리의 핵심 Point는 다음과 같다.

- 계획에 따른 도면/자재 공급 확보
- 구색이 맞는 자재 공급 및 관리
- 토목공사와의 통합 Plan과 함께 성공적인 지하 배관공사 완료
- Computer Program을 활용한 자재 및 용접 History 관리
- 자재 품질관리[2]

2) 입고 검사 및 혼용 방지

- 용접관리[1]
- System 전환[2] 마무리
- 관 내부 Cleaning청소
- Support 관리
- Gasket 관리
- Bolt Tightening 관리[3]
- Document문서 관리[4]
- 시공업체의 능력에 맞는 배분

1) 특히 Branch Connection, Socket Welding, 특수용접

2) 약 70% 공정 후 전환

3) 특히 고압, 대구경

4) Test Package 사전 준비

○ 중점관리 사항

배관공사 관리에 있어서 관리의 Point중요사항는 무수히 많지만, 간과하기 쉬운 사항들을 중심으로 설명한다.

△ 중점관리사항 Check!

◇ Carbon Contamination탄소오염

- 배관 자재 중에는 여러 가지 특수 재질들이 있다. 그 가운데 특히 Stainless Steel 재질은 이물질과 접촉했을 때 오염되기 쉬우며 부식의 요인이 된다.
- Carbon탄소강 재질이 용접 부위에 오염되었을 경우 당장에는 문제가 없고 심지어 수압 Test도 문제 없이 통과하지만, 일단 운전에 들어간 후에는 서서히 Crack결함이 진행되어 위험해질 수 있기 때문에 철저한 관리를 요한다.
- 주로 이물질과 접촉되거나 Paint 분진 등에 의해 오염되므로 가급적 Paint Shop과 이격 거리[5]를 둔다.

5) 바람의 방향을 예상하여 위치를 선정하고, 분리막이나 Fence 등의 설치도 고려한다.

◇ Socket Welding 관리

- 배관 Line 중 비교적 Severe엄격하지 않은 부분에 Socket Welding을 주로 하는데, 이를 제대로 하지 않으면 Operation운행 중 수축, 팽창 또는 진동에 의해 Crack결함[6]이 발생한다.
  - Hydro Test수압검사 등에서는 발견되지 않아 나중에 하자의 원인이 되므로 중점 관리가 필요하다.

6) 기준 이격 거리를 준수하지 않으면 경우에 따라 Crack이 발생한다.

◇ Branch Connection 관리

- Branch Connection 역시 Cutting 부위의 면처리를 제대로 하고 내면을 잘 맞추어 용접하는 등 공정에 소홀함[7]이 없어야 하므로, 반드시 Fit-up 검사를 실시해야 한다.
  - 내부 유체의 흐름을 원활하지 못하게 하여 Process진행과정에 악영향을 끼쳐 하자의 요인이 될 수 있다.

7) 일부 용접사들이 제대로 하지 않고 눈가림으로 대충 하기 쉽기 때문에 주의깊게 관리한다.

◇ Support 관리

- Support는 가급적 초기에 Permanent Support영구적 지지대를 준비하여 Temporary가설물 없이 시공하는 것이 좋다.
  - 시간과 원가의 절감효과가 크다.

Support 시공 사례

◇ 방화관리

- 배관공사가 시작되면 크고 작은 화재를 수시로 경험하게 된다. 이는 주로 용접작업시 비산불꽃에 의한 화재나 용접선[8]의 피복 손상에 의한 경우가 대부분이다.

8) 용접선 관리는 항상 수시로 점검하는 자세가 필요하다. 용접시에는 반드시 주위의 인화물질을 제거하고 불꽃 비산 방지포를 준비하도록 한다.

◇ 완성도 높은 Shop작업장 제작

- 앞에서도 언급했듯이 초기 도면 그리고 이와 구색이 맞는 소구경 및 Fitting을 포함하는 자재 확보가 생명이다.
  - 이중 취급으로 인한 원가나 시간적 손실을 막을 수 있다.

Shop Piping Fabrication 배관

◇ Spool 관리

- 현장에서 작업하다 보면 언젠가 Spool 제작을 하여 그 기록을 남겨 둔 사실이 분명한데, 막상 찾으려고 하면 없어서 시간을 허비하거나 아예 찾지 못하고 다시 제작하는 경우를 볼 수 있다. Spool 제작 후의 관리 또한 중요하다.
- Spool 야적 Map을 작성하여 언제라도 필요한 Spool을 찾을 수 있도록 한다.

Shop Spool 제작

☞ 자동용접 작업 장면으로, 주로 대형 관이나 두꺼운 재질에 효과가 크다.

◇ 대구경 Pipe배관와 Fitting

• 통상 대구경 Pipe와 Fitting은 특성상 내/외 구경이 서로 맞지 않으므로 미리 그 치수를 확인하고 한 쪽을 Grinding연삭 가공하여 접합 부위를 잘 맞추어야 한다.

대구경 Pipe와 Fitting 관리

☞ 비교적 잘 정리되어 있으나, 개구부까지 막아 이물질이 들어가지 않도록 한다.

◇ **용접 및 용접사 관리**

• **용접 관리**

– 용접 관리는 모두가 중요하게 다루며 관리하기 때문에 별다른 어려움이 없어 보이지만, 앞에서 언급한 바와 같이 오히려 비교적 쉬운 용접에서 예기치 않은 문제가 발생할 수 있다.

– Socket Welding, Branch Welding 등의 용접도 각별한 관리를 필요로 한다.

– 처음부터 Process진행과정를 확실히 챙겨 가며 품질관리를 하지 않으면 Project 마감 시점에 더 큰 문제가 야기될 수도 있으므로 유의하여야 한다.

-> 다시 말해 사업주 측에서 모든 것을 다 검사할 수 없는 관계로, NDE비파괴검사[1] 등의 특별히 검사를 할 수 없는 용접 또는 용접봉 오용으로 인한 강도 부족 등 어느 한 곳에서 불량이 발견될 경우 전수검사와 함께 Repair수리를 요구하는 경우가 빈번하므로 주의하여야 한다.

-> 이 경우 더 큰 문제는 시간이 부족하다는 점이다. 대개 사업주들은 한창 Peak시에는 그냥 지나가다가, Project가 마무리 될 시점이 되어 점차 자기들의 책임으로 넘어오는 시기가 되면 문제를 제기하려는 경향[2]이 있기 때문에 품질관리를 사전에 철저히 하는 수밖에 없다.

-> 시간에 몰리다 보면 비용이 2~3배 더 들어갈 뿐 아니라, 전체 공기를 놓칠 수도 있다는 것을 명심하여야 한다.

– 수시로 현장을 돌아보고 불시에 검사를 하여 Approval승인된 Process절차를 지키는지 확인한다.

– 현장에는 눈 가리고 아웅하는 식의 협력업체 관리자나 작업자들이 예상 외로 많다는 사실을 잊지 말아야 한다.

• **용접사 관리**

– 배관공사에서 용접사의 비중은 가히 절대적이기 때문에 특별한 관리를 필요로 한다.

1) Non-Destructive Evaluation

2) 사전 통고 없이 현장을 돌아다니면서 Harfness Test나 재질검사를 하여 문제를 제기하거나, 공사 도중 Check해 두었던 불량 부분을 끄집어 낸다.

3) 작업이 계획대로 진행되지 않거나, 어떤 이유로든 지연되어 일시에 많은 인력 동원이 필요할 때 더욱 그러하다.

– 그러나, 어느 현장이든 Peak시에는 항상 용접사 부족으로 어려움[3]을 겪기 마련이다.

– 배관 관리자는 이러한 흐름을 잘 분석하여 평상시 용접사를 미리 확보해 놓는 지혜가 필요하다. 용접사를 확보하였다 하더라도 이들의 이동 또한 만만치 않다.

-> 현장에서 채용한 용접사라 할지라도 당 현장에서 계속 일한다는 보장이 없기 때문에 실제 동원 가능 인력을 파악해 두는 것이 중요하다.

– 또한, 만일을 대비하여 용접사 Test Piece나 Test Booth를 충분히 확보해 둔다.

– 아울러 특수 용접을 위한 특수 용접사도 미리 확보해 놓거나, 긴급시 동원할 수 있는 체제망을 구축해 놓는다.

◇ Heavy Wall 용접 및 열처리

- **Heavy Wall 용접**

– Heavy Wall Pipe나 Alloy합금 등 특수 재질은 각별한 관리를 요한다.

– 이들 자재는 고가일 뿐 아니라, 구매하는 데 걸리는 시간이 길기 때문에 처음부터 확실한 관리를 한다.[4]

4) 분실하거나 잘못 관리하여 부족하게 되면 보통 난처한 일이 아니다.

-> Cutting Plan절단 계획을 작성, 한 치의 오차도 없이 사용하고 관리해야 이를 방지할 수 있다.

-> 육안상 구별이 쉽지 않으므로, 작업자들이 일반 Line과 오용하지 않도록 불출 관리부터 명확히 한다.

- **Heavy Wall 열처리**

– Heavy Wall은 열처리를 요하므로 그에 대한 대비[5]가 필요하다.

5) 능숙한 배관 관리자는 열처리가 별 것 아니라고 생각하여 그냥 치나치기 쉽다.

-> Heater를 사용하기 때문에 충분한 전기 용량과 별도의 Branch Panel을 준비하여, 열처리 동안 다른 작업에 영향이 없도록 가설 계획시부터 준비하여야 한다.

– Heavy Wall의 경우 용접 Process를 별도로 작성하여 관리 방법을 정한다.

- Heavy Wall Pipe의 용접은 보통 「가공」 -> 「예열」 -> 「용접」 -> 「후열처리」 과정을 거친다.
  -> 용접하는 데 시간이 오래 걸릴 뿐 아니라, 후열처리 후 식은 다음 NDE Test비파괴 검사를 하게 되는데[1], 거의 5~7일까지도 소요된다.
  -> 만일 NDE에서 Repair수리가 나올 경우 겉표면의 약한 결함이 아니라면[2] 다시 그만큼의 시간이 소모되어 다음 작업계획에까지 차질을 빚게 되므로 비용이나 시간적 손실이 이만저만이 아니다.
  -> 이를 피하기 위해 중간에 50% 정도 용접하고 나서 자체 NDE Test를 해보고 이상이 없으면 나머지 용접을 마무리하는 방법을 쓰기도 한다.
- Heavy Wall Pipe는 면 가공이 중요하고 시간이 걸리기 때문에 가급적 Machine 가공을 하는 편이 좋다.
- 후열처리시 모아서 열처리로에서 한꺼번에 열처리[3]하는 방법도 있다.

△ 완벽한 용접관리가 중요!

1) 거의 100%로 보아도 무방

2) 이러한 경우는 흔하지 않다.

3) 물량이 많을 때는 적극적으로 고려해 볼 만하다.

열처리 작업 장면

◇ 후속 공사 Interface간섭

- 배관공사를 원활히 하기 위해서는 선행 공정, 즉 철골이나 기기가 먼저 제자리를 잡아야 가능하다.
- 이들 선행 공사가 완성되지 않으면 배관작업 자체의 진행이 불가능하다.
- 배관공사를 책임지는 담당자는 조속히 후속 공정[4]을 배려해야지 전체 공사가 계획에 따라 착착 진행될 수 있다. 배관 Line에는 제어공사의 검측을 위한 Line용 Tapping Point를 많이 볼 수 있는데, 통상 작업 능률이 떨어지거나 물량이 부족하다는 이유 때문에 Progress작업진행에 큰 도움이 되지 못하는 경우도 생긴다.
- 따라서, 대부분 이를 뒤로 미루고 배관 설치 공사에만 치중하기 쉽다.
  - 그러나, 이 Tapping Nozzle, 소위 First Block Valve를 배관에 달아주지 않으면 제어팀에서 Sensing Line을 설치하지 못하여 공사 지연의 요인이 된다.
- 제어공사가 지체되면 전체 공사가 늦어지므로 결국 아무에게도 이득이 될 수 없다.[5]
- 현장소장이나 배관 담당자는 이를 주목하고 후속 공정을 위한 작업을 먼저 챙겨야 할 것이다.
- 어느 현장에서나 일어나는 현상이므로 가볍게 보지 않고 직접 해결하려는 노력이 필요하다.

4) 제어설치공사, 보온공사 등

5) 자기 이익만 챙길 것이 아니라, Project 전체의 이익을 추구하는 넓은 시야가 요구된다.

◇ NDE비파괴 검사 관리

- 배관 관리자가 간과하기 쉬운 또 하나의 관리 부분이다.
- 통상 이 부분을 품질팀의 일로 보고 간과하기 쉬우나, 결국 NDE를 필요 부분만큼 소화하지 못하면 그 영향은 배관공사의 몫으로 돌아온다.
- 항상 공사가 늦어져 발을 동동 구르며 야간작업 등 만회공사를 하다가 발목을 잡히는 것이 바로 이 NDE 처리이다.
  - 따라서, 우선 Shop작업장 물량에 어떤 어려움이 있더라도, 이 NDE 및 Repair수리를 미루지 말고 Shop에서 처리하도록 한다.

- Field현장에서 야간작업을 하는 경우 NDE비파괴 검사 처리를 하는 데 필요한 시간을 확보해 주고 이들이 쉽게 Point검사지점를 찾을 수 있도록 배관 담당자들이 지원해 주어야 한다.
  - 배관 담당자들이 도와주지 않으면 관련 Point를 찾는 데 시간을 다 허비할 뿐 아니라, 이로 인해 계획된 물량을 그때그때 소화하지 못하게 된다.[1)]
- Shop 제작분은 반드시 설치 전에 Clear명확히하고 현장 용접 부위도 Back Log가 생기지 않도록 밀착 관리하는 것이 핵심이다. NDE 관리를 잘하기 위해서는 일일 작업시간표를 작성하면 효과적이다.

□ 일일 작업시간표

- 16:00 : 작업지시서 발부
- 17:00 : 현장 확인[2)] 및 리본 표시
  - 이때, Scaffolding비계의 필요 여부를 확인하여 필요시 즉시 설치하거나 익일 작업물량으로 전환[3)]
- 22:00 ~ : 작업 종료 시점을 맞추어 시간 조정
- 09:00 : NDE Report비파괴 검사 보고서 접수
- 1:00 : Repair수리 작업 지시
  - Repair수리는 가급적 당일 처리를 원칙으로 하는 것이 좋다. 대개 업체들은 작업 효율을 들어 가며 작업 배치가 끝난 상태로 Repair 물량을 미루고 몰아 처리하려는 경향이 있다. Back Log를 늘리는 바람에 처리하지 못하고 Hydro Test수압검사가 임박해서 허겁지겁 작업하다 보면, 결국 이것이 문제를 일으키는 주요 원인이 된다.[4)]

◇ Computer 활용 · 관리

- Computer를 활용한 관리를 앞에서 언급하였다.
- 주지하다시피 워낙 많은 관리 Point중요사항가 있으므로 이를 제대로 활용하지 않으면, 최종 검사인 Hydro Test수압검사를 위해 열심히 준비하다 한두 가지가 누락되어 낭패를 보는 수가 비일비재하다.
- Computer Program을 활용하여 관련 도면, 자재, 용접 Point, NDE 이력 관리, Punch Clear 등 Hydro Test Package에 관련된 모든

△ 여유 있는 시간관리가 중요!

1) 이렇게 쌓이다 보면 결국 Hydro Test를 하고 싶어도 못하는 불상사가 초래되므로 적극적인 참여가 요구되며, Repair(수리)가 발생하면 즉시 해결하여 계획 공정에 차질을 빚지 않도록 한다.

2) 배관팀/NDE 담당자

3) 하루 이틀 작업이 아니며 급하게 설치하다 안전사고가 발생할 위험이 높으므로 사전 확인을 하여 낮에 설치하는 것이 좋다.

4) 이 시기가 되면 작업자나 관리자가 바뀌는 경우도 있고, 작업 위치가 나빠 추가로 가설작업대를 설치해야 하는 경우가 발생한다. Repair(수리) 후 NDE Clear 역시 시간이 걸리고 Document Process(문서 작업진행)에 추가 시간을 소비하게 되는 경우도 빈번하다.

History를 평소에 체크하고, 필요한 사항은 미리 조치하여 계획에 차질이 없도록 만반의 준비를 한다.

◇ Fitting 관리

- Hydro Test수압검사시에 Leak누수가 발생하여 이를 발견하기 위해 많은 시간을 허비하는 경우를 종종 보게 된다.
- 대개 이것을 당연히 나타날 수 있는 현상이라 여기기 쉬운데 결국 세밀히 분석해 보면 관리부실에 의한 손실임을 알 수 있다.
- Valve Leak도 대부분 내부에 모래 등 이물질이 끼어 손상되는 경우이거나 Flange면의 Scratch손상에 의해 Leak되는 수가 많음을 각인할 필요가 있다.
  - Flange면의 Scratch에 의한 Leak가 가장 빈번하므로 이에 대한 집중 관리가 필요하다.
- 소구경 Fitting의 분실[5]로 인한 손실을 예방한다.

◇ Bolt Tightening

- Bolt를 조일 때는 무조건 세게 한다고 좋은 것이 아니다. 사방의 조임 정도가 균형을 이루고 적정한 조인의 힘으로 Bolt를 세결해야 Gasket 등이 제 역할을 하며 기밀을 유지할 수 있다.
- 대부분의 경우 Hammer 등으로 우선 새지 않도록 강하게 조이는 예가 많은데, 어떤 부품 중 어느 하나[6]가 설계 기준강도를 초과하면 파손되거나 제기능을 충분히 발휘할 수 없게 되어 품질 저하를 가져오는 결과를 초래한다.[7]
- 처음부터 Torque Wrench토크 렌치나 유압 Tightening Wrench 등을 사용하여 제대로 균형을 맞추어 Bolt Tightening볼트 체결을 함으로써, 여러 번 고생하지 않고 고품질을 확보할 수 있는 시공 방식으로 이끌어 나가야 할 것이다.

◇ Gasket 관리

- Gasket은 Line의 Specification시방에 맞는 재질을 사용해야 하며 그렇지 않을 경우 압력이나 온도를 견디지 못하고 중간에 터져서 자칫

5) 작업자들이 함부로 다루어 땅에 떨어뜨리거나, 묻혀서 분실되는 경우가 많다.

6) Gasket, Bolt 등

7) 특히, 고압 부위나 큰 힘을 필요로 하는 대구경 결합 부위

대형사고로 이어질 수 있다.

- Specification시방별 Color Coding을 활용하여 착오가 없도록 하며 반드시 확인한다.
- 가장 빈번하게 소모되는 것이 Gasket이므로 항시 체크하여 불필요한 이중 손실이 없도록 한다.

◇ Pipe Cleaning

- 시운전공사에서 가장 많은 시간을 소비하는 것이 Flushing이며, 각종 Trouble문제의 근본 원인이 되는 부분이다.
- 이는 결국 배관 내부에 이물질이 들어가서 이 이물질이 완전히 제거되지 않음으로써 발생되는 손실인 것이다.
  - 따라서, 배관공사 관리자는 나중의 시운전 Flushing과는 상관 없이 시공 과정에서 이를 관리할 책임이 있다.
- 가장 확실하고 좋은 방법은 Line 설치시 똑바로 세워서 내부 이물질을 제거한 후 설치하고, 배관 속[1)]에 자재 등을 보관하지 못하도록 하는 것이다.
  - 관 속의 이물질이 Flushing 과정에서 제거되지 않고 있다가 시운전을 하게 되면 서서히 이동하여 회전기기에 빨려 들어가 회전날개를 손상시키는 최악의 경우가 발생되기도 한다.
  - 배관 관리자는 이를 명심하여 철저히 점검한다.

◇ Document문서 **관리**

- 위에서 언급한 부분을 포함한 Document는 항상 배관공사 마무리 시점에 나타나는 골칫거리이므로 평소에 Filing분류·보관을 하여 문제가 발생하지 않도록 한다.

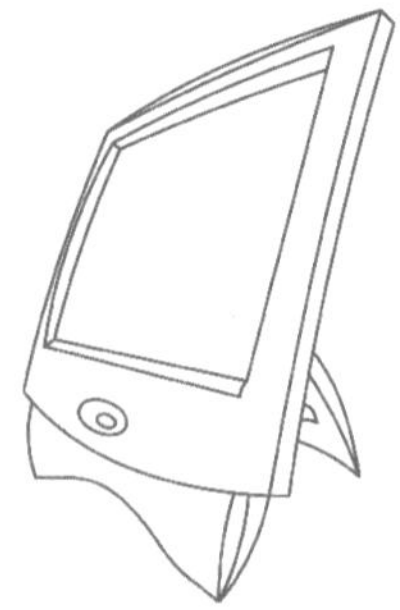

△ Computer Program
활용 철저!

1) 관 속에서 용접봉이나 장갑, 심지어 각목 등이 발견되기도 한다.

△ 현장 배관설치 작업(a)

△ 현장 배관설치 작업(b)

△ 배관설치

△ 지상 배관설치

배관 설치

☞ 필요에 따라 적절한 기능공의 조합으로 팀을 구성한다.

❍ 배관공사 Process Map

플랜트 배관공사에서의 Process Map 단계별 세부사항은 다음과 같다.

▫ 공통항목

☞ 공통항목 참조[1)]

▫ 배관공사

- 도면 출도계획 및 자재 납품 일정 그리고 최초 반입 배관자재의 구성을 재확인한다.
- 배관공사에서 가장 많은 시행착오가 자재 구성 미흡이다.
  - 총량의 몇 % 정도만 가지고 Spool 제작에 착수했다가 막상 소구경이나 Fitting, Valve류의 자재가 없어서 생기는 이중 Handling운반으로 인한 손실이 가장 크므로, 이를 반드시 확인하도록 한다.
- Flushing Scheme을 구성하고 여기에 맞게 Hydro Test수압 검사 Package를 구성한다.
  - Scheme계획을 미리 잡아 두면 마감공사시 편하다.
- NDE비파괴 검사 작업도 미리 승인을 받아 준비한다.
  - NDE Work Process비파괴 검사 작업진행도 미리 협의하여 가장 효과적인 지원 방법을 연구한다.
- 지하배관공사는 초기부터 착공하여 빠른 시일 내에 완성해야 하지만, 지하의 상태를 정확히 몰라 항상 난공사가 되므로 세밀한 계획을 세운다.
  - 특히, 빨리 되메우기를 하기 위해 Test를 어떻게 할지 사전 확인 작업이 필요하다.
- 계약 Specification시방서 확인 및 사업주와의 사전 협의를 거쳐야 할 것은 다음과 같다.
  - 부분 수압시험 후 되메우기
  - 100% RT[2)]로 대체하기
  - Service Test로 대체하기

1) 213~214 Page 공통항목 참조

2) Radiographic Testing(방사선 투과법)

- 지하배관공사는 지하수나 우기철 배수처리에 많은 영향을 받는다.
  - 이를 잘 다스리면 반은 성공이라 보아도 좋다.
- GRP[3] 배관의 경우 Anchoring[4]에 신경을 써야 한다.
  - Anchoring이 약하면 Test 도중 Line이 압력에 의해 밀려 누수의 원인이 되기도 한다.
  - GRP 배관공사는 작업조[5]도 사전에 철저히 교육시켜 부실공사를 막는다.

3) Glass Reinforced Plastics ; 유리섬유 강화플라스틱

4) Trust Block

5) 품질뿐 아니라, 작업 효율도 숙련도에 따라 차이가 크다.

GRP Work

- Spool 제작 Shop장작업장을 준비한다. Shop장[6]은 물류이동을 고려하여 효율적으로 운영할 수 있도록 배치한다.
  - Spool 야적장은 찾을 때 쉽도록 구분하여 보관한다.
  - 야적하여 보관할 때 사용할 받침목을 준비한다.
- Paint 작업을 어디서 할지 검토하고 결정한다.
  - 현장에서 할지, 외부에 의뢰할지를 결정한다.
- 도면관리, 자재관리, 용접관리, Progress진행사항 관리, NDE 관리 등 배관관리를 System적으로 효율성 있게 관리하도록 구축한다.
  - 협력사를 동참시켜 이중 관리를 피한다.

6) Shop장(작업장) 바닥은 가급적 Con-crete로 시공하는 것이 좋다.

- System이 정상적으로 운영되는지 수시로 확인한다.
- Pipe Rack이 설치되는 시점에서 현장 설치가 본격적으로 시작되는데, Pipe 설치시 가급적 Support도 같이 설치할 수 있도록 사전 제작을 하는 것이 좋다.
  - 모든 Support가 전부 확정되지는 않았더라도 유형별로 일정 부분을 사전 제작을 하여 가급적 임시 Support를 배제한다.
  - 작업 효율면이나 원가 절감 측면에서 훨씬 유리하다.
- 초 대구경이나 2″이하의 소구경은 설치 장소 근처에서 직접 제작하여 올리는 것이 효과적이다.
  - 현장 내 비어 있는 공간에 간이제작장 설치도 생각할 수 있다.
- NDE는 Shop장에서 Clear명확히하는 것을 원칙으로 한다.
- 제작된 Spool은 반드시 개구부를 막아 이물질이 들어가는 것을 막는다.
  - 시운전 효율에 지대한 영향을 미친다.
- Flange면을 보호한다.
  - Leak누수의 주 요인이다.
- 배관자재뿐 아니라 Fitting, Gasket 등도 Color Mark를 분명히 하여 자재 혼용을 방지하여야 한다.
- Contamination오염의 방지에 신경 쓰고, 절대 지면에는 직접 닿지 않도록 한다.
- Spool 제작은 가급적 시공순서에 맞추어 제작해 야적을 최소화하는 것이 좋다.
- 본격적인 현장 시공이 들어가면 NDE Back Log 및 용접 불량 미처리가 쌓이게 된다.
  - 추후 Test 지연으로 직결되므로 철저한 관리가 필요하다.
- 설치시 배관 내부를 깨끗이 청소한 뒤 올리도록 한다.
  - 시운전 기간을 획기적으로 줄일 수 있다.
- Alloy합금강나 후관의 용접은 불량으로 인한 재작업시 손실이 크므로 Root Path 후 추가로 RT로 확인하고 작업하는 것이 좋다.
  - 추가 RT 비용이 오히려 저렴하다.

- Utility Station이나 Steam Trap Manifold 등은 사전 제작이나 Shop 제작을 고려한다.
- 공정이 70% 정도 진행되면 마감 준비를 한다.
  - System이나 Area별로 마감지을 수 있도록 하고 필요시 별도 마감조를 운영하는 것도 검토한다.
- Safety Valve안전 밸브는 설치 전 Popping Test작동시험 검사를 해야 하는데, 직접 Test Bench를 운영할 수도 있으나 대개 전문팀을 섭외하여 수행하도록 하는 것이 좋다.
  - Test 장비 및 Certification자격 문제가 수반되기 때문이다.
- 설계팀이나 품질팀을 이용하여 자체 Punch를 작성한다.
  - 사업주 Punch 이전에 자체적으로 철저히 하는 편이 오히려 더 유리[1]하다.
- 사업주의 Punch가 시작되기 전 마감작업에 대한 Process를 협의하고, 이에 대한 준비를 한다.
  - 시공 파트의 Punch가 끝나면 다시 시운전 Punch, 또 다시 Commissioning Punch, 마지막으로 공장 Operator운전요원 Punch 등 여러 단계를 요구하는 사업주도 있어, 번거롭고 많은 시간이 소요되므로 불리[2]하다.
  - 사전에 정리하여 가급적 한꺼번에 합동 Punch를 받도록 노력할 필요가 있다.
- Punch Clear조를 운영한다. 마감 공정으로 들어가면 작은 부품들이 많이 소요되기 마련이다.
  - 이때에는 자재 부품창고를 현장으로 전진 배치시켜 운영[3]하는 것이 효과적이다.
- 서류 작업이 생각보다 많으므로 Test Package는 미리 준비한다.
  - Package Team의 운영을 검토한다.
- Test에 들어가면 의외로 서류 행정에 혼선이 많아 종종 시간을 허비하는 경우가 있다.
  - 사업주와 계약자간에 행정상의 서류 확인 문제[4] 등으로 서로 책임

1) 사업주의 Punch는 Clear(처리)하는 데 Process가 복잡하고 시간이 많이 소요되기 때문이다.

2) 이 경우 각각의 Process 단계별로 상당한 시간이 소요되기 때문에 심각한 타격을 입을 수 있다.

3) Fitting류, Bolt, Nut, Gasket, 소형 Valve 등을 Container 등에 옮겨서 현장에서 즉시 불출할 수 있도록 지원한다.

4) Punch Clear 확인, 서류 확인, History Sheet 확인, NDE Clear 확인, As-built Drawing 확인 등

전가를 하며 시간을 낭비하기도 한다.

- Process절차를 재차 확인하도록 한다.

• 시운전 준비를 위해 Flushing조를 구성하고 시운전팀과 호흡을 맞추도록 한다.

- 가 배관자재 및 시운전 Spare Part예비 파트를 미리 준비하도록 한다.

• Test, Flushing 등의 작업시 Bolt 분실, Gasket 손 · 망실, Valve 손 · 망실 현상이 많이 나타난다. 팀간 업무혼선 및 책임전가가 없도록 분장을 분명히 하여 손실을 막는다.

- 매우 중요하게 다루어야 할 부분이다.

- 이 시기에는 배관공사 담당자들을 각별히 배려[1]해 주어야 하며, 필요시 새로운 인력과 부분적 교체도 고려하도록 한다. 너무 지치면 만사가 귀찮기 마련이다.

• 배관 업무는 Hand-over인도시까지도 계속되므로 잔여팀을 구성하여 Maintenance Team보수팀에 합류시킨다. 작업자나 관리자를 포함하여 개인적으로 문제[2]가 없으면 현장에 오래 근무해 History를 잘 알며 현장도 잘 아는 사람을 남겨 두는 것이 좋다.

1) 대개 업무에 지쳐 있으며, Punch Clear에 심한 스트레스를 받을 시기이기 때문이다.

2) 너무 피곤한 상태라면 곤란하다.

6 기계공사 관리

기계설치 공사의 중요 관리사항은 Area Interface중첩 지역를 최소화하고 불필요한 Handling운반을 줄이는 Just-In-Time 관리와 품질의 준수, 안전한 Rigging Plan, 그리고 토목, 배관, 시운전 등과의 Time 및 Quality Interface품질 인터페이스 부분의 관리로 요약할 수 있다.

여기서 한 가지 추가한다면 Package 기기 관리이다. 대개 Package성 기기는 Supplier공급자의 기준이나 시방에 의해 공급되는 경우가 많은데, 사전에 관련 자료를 Study[3]할 필요가 있다.

가장 범하기 쉬운 실수는 자기 능력만 믿고 관련 자료의 검토도 없이 나름대로의 잣대[4]만으로 시공하려는 자세이다. 아무리 경험이 많고 자신이 있어도 반드시 사전에 Vendor Information을 검토해야 한다.

이와 같은 관리의 포인트는 철저한 사전 Constructability Review시공성 검토에 의해 착안 또는 제안된 Risk 해소 방안, 개선안 등을 관련 공종 및 프로젝트와의 긴밀한 협의를 통해 해결하려는 데 있다.

3) Supplier(공급자)의 요구조건, 시공상 특기사항, 조립순서 등을 사전에 숙지함으로써 정상적으로 시공하여 시행착오를 줄일 수 있다.

4) 시공 경험이 많거나, 다 아는 상식이겠거니 여겨 관련 Manual이나 도면 등의 검토 없이 본인 위주대로 작업하려는 생각은 위험하다. 기술은 계속 진보하는데 자신의 경험은 과거 그대로임을 인정할 필요가 있다.

○ Just-In-Time 관리

Just-In-Time 관리란 현장 Layout에서 Area별 공사착공 우선순위를 결정하고, 충분하고 안전한 Access Way접근방법를 확보하는 방법이다. Area지역별 설치 Sequence순서를 정함으로써 기기의 Delivery반입를 Grouping그룹화, 분류하여 효과적으로 설치공사를 할 수 있도록 조정하고, 사전 준비작업을 충분히 하여 기기의 반입 즉시 설치하여 효율을 높이는 관리 기법이다.

덧붙여 Heavy 및 Tall Equipment크고 무거운 장비를 중심으로 Lay Down Area와 Dress-out 및 Initial Lifting Location초기 리프팅 위치에 따른 Heavy Crane대형 크레인 위치, 이동 Route 등을 충분히 감안하여, Free Area와 Hold Area를 구분, 대기 Loss누수 없이 Heavy Crane의 위치에서 안전 Lifting 반지름 내의 다른 기기를 설치할 수 있는 조화로운 기법[1]이다.

담당자는 Delivery Sequence반입 절차 및 우선순위를 정해 사업이나 구매 등 관련 부서와의 충분한 협의를 거쳐 최종 Schedule을 확정한다. 이를 다시 공사계획에 반영하여 진행하되, 지속적으로 정보를 공유하고 중점 관리하여 계획에 차질이 없도록 한다.

이렇게 분석 및 협의된 Delivery Schedule인도 일정은 기계설치공사의 기초 Data로서 전체 기계설치공사의 상세 Schedule에 영향을 주는 선행 공정이 된다. 별도의 하역장비나 장소를 없애고, 원가절감 및 타공종과의 Area Interface부지 간섭를 최소화함으로써 공기에 긍정적 영향을 줄 수 있게 현장 도착 즉시 설치할 수 있도록 한다.

Foundation기초공사의 사전 Check, 배관도와 기초도면, Vendor Print를 Cross Check중복 확인하여 Interface Error간섭 오류가 없음을 사전 검증한 후 Chipping, Padding을 시공/검사하고 관련 Material[2]를 사전에 준비해 놓는다. 이렇게 함으로써 관련 기계의 반입과 동시에 설치 절차를 진행할 수 있다. 설치시에는 사전에 승인된 Rigging Plan에 따라야 한다.

1) Schedule상 가장 절묘한 부분이라 할 수 있다.

2) Anchor Bolt 및 Shim Liner Plate 등

○ 안전한 Rigging Plan

3) 85%를 초과하는 경우에는 전문가와의 별도 상의를 통해 안전성을 재검토한다.

Rigging Plan은 Lifting Load양중 부하가 선정한 장비의 정격 Capacity용량의 85%를 넘지 않도록 Design설계[3]하고, 필요시에는 사업주의 승인을 얻는다.

Rigging 업체의 경우에는 주어진 도면과 자료에 의존하는 경향이 있어, 체계적으로 3D Base의 Constructability Review시공성 검토를 하지 않는 경우 향후 안전문제나 Change Order순서 변경의 원인을 제공할 수 있으므로 주의한다.

기기공사에 있어서 Rigging Plan이나 관리는 가장 기본적이면서 한 치의 실수도 용납되지 않는 중요한 업무이므로 별도의 Rigging Procedure장비 진행 절차나 Manual매뉴얼을 숙지하여 세밀한 사항까지 점검하여야 한다.

✓ Tip

- Rigging이 잘못되면 대형사고로 이어지기나, 기기의 손상으로 인한 재제작 등의 시간적 문제 때문에 Project가 실패로 이어지기 쉬운 중요한 Activity이다.
- 철저한 준비와 함께 안전제일의 정신으로 임해야 한다.

❍ 품질준수 관리

□ 입고검사

운송 중의 Missing분실, Loss누수, Damage손상 등 예상치 못한 훼손 부분이나 Shop Inspection검사시 발견하지 못한 하자를 설치 인수 전 확인/조치하기 위해 기계공사 담당자가 Vendor Print 등의 관련 설계 도서에 근거하여 외관/수량검사 위주로 수행한다.

- **주요 하자**
  - 외관 Damage손상
  - 내부 혹은 외부의 방청 불량으로 인한 Rust녹/해수오염
  - Nitrogen Sealing 파손

✓ Nitrogen Sealing 파손에 따른 결함

- Nozzle Orientation, Size, Flange 등의 불량
- Manhole Davit 오작동
- Bolt, Shim Plate, Sliding Plate 등의 Missing
- Orientation, Centering Marking 불량
- Nozzle Flange의 Face Damage
- 내부 청소상태 불량
- Rotating/Package Item 내부의 방청제 오염
- Rotating/Package Item 내부의 빗물 침입으로 인한 Rust녹
- Rotating/Package Item 내부의 이물 침입으로 인한 회전 불가
- Accessories의 파손이나 손 · 망실

❍ 패키지 기기Package Equipment 및 로테이팅 기기Rotating Equipment

☞ 기기들의 설치 및 사후관리를 철저히 함으로써 기기 Trouble(문제)을 예방할 수 있으므로 별도의 팀을 구성하여 철저히 대비한다.

단위 기기들의 설치에 집중하다 보면 Package 기기들에 소홀하기 쉬우나, 오히려 Package Equipment들에서 문제가 발생하는 경향이 있다.

사전에 이들 Package에 대한 설치 Instruction지침서 등 Vendor제작사 서류들을 확인하고 충분히 숙지하며, Vendor Instruction제작사 지침서을 충실히 따라 설치하고 사후관리를 하여야 시운전 단계에서의 Trouble문제을 줄일 수 있다.

Rotating 기기 역시 설치 후 정기적인 Baring, Oil 주입, 이물질 투입방지 등 철저한 관리를 필요로 한다.

Demi. Water Equipment Package

□ 기기의 운전

기기의 운전은 관련 팀간의 업무협조[1])를 필요로 한다.

설치 검사는 사업주가 사전에 승인한 Inspection검사 및 Test Procedure에 따라서 진행하여야 하며, 사업주가 Witness허가한 관련 Report를 근거자료로 확보하고 Filing System에 따라 분류/보관한다.

설치 검사시 나타날 수 있는 오류는 대부분 Acceptance Allowance허용치를 벗어나거나 Protection 불량 등 작업 불량에 기인하지만, 그렇지 않은 사유도 있을 수 있다.[2)]

Rust녹, 이물질의 혼입, 낙하물에 의한 파손, 작업자의 부주의, 무리한 체결에 의한 과도한 Moment Force 작용, 부적절한 Support, 의사소통의 부재 등 다양한 문제발생 원인에 대한 사전 대응이 필요하다.

✓ **주요 문제발생 요인**

- Foundation과 도면의 불일치
- Template 등 공장제작 불일치
- 배관도면과의 좌표, Elevation높낮이 등의 불일치
- Foundation 작업의 불량
- 좌표관리 오류
- Fix Point가 반대로 제작되거나, Sliding Plate의 위치가 잘못 선정된 경우
- 배관, 도장, 보온 작업 등과 관련한 Interface간섭에 의한 파손
- Support 불량에 따른 Nozzle Neck Crack
- Welding Earth에 의한 Bearing 등 구동부 파손

□ 완성검사

설치 완성 검사까지는 Leveling, Centering, Anchoring, Grouting, Alignments 등의 다양한 절차를 수행하며, 최종 완성검사는 Equipment기계 자체의 품질을 포함하여 관련 Interface간섭 공종 부분까지 포함할 수 있다.

Pre-Commissioning시운전을 포함한 Mechanical Completion기계적 준공을 검증하는 단계이므로 Start-up 직전의 시스템 안전을 염두에 둔 철저한 검사가 필요하다.

1) 공운전 금지, 역회전 금지, Chemical 금지, Oil 성분 금지, Cl Content 제한, Water 인입 금지 등

2) 설치기간 중 배관, 전기, 제어, 보온, 도장 등 관련 공종의 작업을 병행하여 기계설치 공사 주변에 복합 공종 공사가 진행되는 경우가 있어, 공종간 간섭에 의한 품질 문제 등이 자주 발생하기 때문에 철저히 Protection 한다.

□ 일정, 품질 및 안전Time, Quality & Safety Interface

Interface간섭는 다양한 형태로 관련 공종간에 나타나며 초기에 선제 대응함으로써 그 영향을 최소화할 수 있다.

Interface간섭에는 Time, Quality, Safety Interface가 있다.

◇ Time일정 Interface

- 시계열적으로 동시에 나타날 수 있는 복합공사 부분으로서, 예상되는 복합 공종 공사는 가능한 Contingency Plan예비 계획을 작성하여 피할 수 있는 방안을 연구한다.
- 기계공사의 입장에서 보면, 선행 공종[3]이 기계 입고 전에 완성되도록 Delivery Sequence인도 일정를 공지하고, 주기적으로 사전 Communication을 유지함으로써 목적을 달성할 수 있다.
- 같은 방법으로 배관공사, 전기공사, 시운전 등의 후속공사에 대해서도 기계설치 공사의 Status현황를 Clear하게 공유함으로써 후속공사 일정을 명확하게 하고「기계-배관」,「배관-시유전-기계」,「전기-기계-시운전」등의 공종간 Time Interface를 효율적으로 관리할 수 있다.
- 완성되지 못한 작업에 의해 시스템의 완성검사가 보류되고, 전체 시운전 일정에 차질을 빚게 되는 경우가 허다하다.

◇ Quality품질 Interface

- 품질과 관련된 Interface간섭는 우선 도면 Cross Check에서부터 시작하여야 한다.
- 설계품질 부분에 대한 시공 전 Double Check는 공사 담당자[4]의 중요한 책무이다.
- 「토목-배관」,「토목-기계」,「기계-배관」상호간 불일치 여부를 설치 전 검증하는 일은 기계공사에 있어서 특히 중요한 핵심 사항이다.
- 기계공사 품질에 있어서 가장 중요한 것은 설치 후의 배관 및 후속 공사에 의한 영향 부분이다. 배관, 전기, 보온, 도장, Fireproofing내화처리 등 후속 공사의 다음과 같은 품질 미준수 사항에 따른 품질 불량을 야기할 수 있다.

3) Equipment Structure나 Foundation

4) 공사 담당자가 생활화해야 할 부분이자, 전문가로서 모범을 보여야 할 덕목이다.

✓ 후속 공사에서 발생하는 하자

- Support의 불량 상태에서 무리한 배관 연결로 인한 Nozzle Neck의 Crack결함 혹은 Alignment 불량으로 인한 Vibration진동 발생–Nozzle Blind의 임의 제거로 N_2 Sealing 압력이 제거되어 Rust녹의 원인 제공[1]
- Nozzle Blind를 제거하고 배관을 설치함으로써 이물질이 기계 내부로 혼입[2]
- Welding Earth Lug를 기계 Bed에 물려서 Bearing의 Spark에 의한 소손을 가져오는 경우[3]
  - 분해점검 후 Bearing 교체
- Temporary임시 Strainer가 설치된 부분은 반드시 막힘 현상을 감지할 수 있는 Differential Pressure Gauge를 설치
  - 과압 손상을 예방하고, 주기적으로 분해 점검하여 이물질의 축적량을 기록[4]

1) 설치 후 Equipment 내부 점검을 다시 하는 경우

2) 시운전 중 Internal 내부의 파손을 야기하거나 운전 전 분해 점검을 필요로 하는 경우

3) 시운전 중에도 온도 상승 등의 문제점을 발견하지 못하는 때도 있지만, Oil 상태를 관찰하여 발견했을 경우

4) 전체 시스템의 Clear 정도를 평가

□ TAB Test, Adjusting & Balancing ; 시운전

- 시운전은 완성물의 시험 운전이다.
- 시운전을 수행하는 데 있어 안전한지 검사하는 Pre-startup Safety Review를 위해 주로 Check해야 할 항목은 Pre-startup Safety Check List를 활용하여 다음 각 항목에 대한 상세검사 내역 확인이다.
  - 배관 Nozzle의 Alignment 및 Torque Tightness
  - Motor Solo Running Test
  - 관련 Suction, Discharge 배관의 세척 및 Strainer Condition
  - Oil Flushing의 Inspection 결과 및 Oil System Condition
  - System Interlock Test 및 Package Interlock
  - Valve Operation
  - Equipment 내부의 이물 혼입 여부
  - Safety와 관련한 주변 작업의 완료
  - Startup Sequence와 Log Sheet
  - ITP에 따른 Record기록의 구비와 M/C Documentation
  - Startup Procedure절차서 및 Emergency Shutdown Procedure절차서
  - Operator운전요원 조직 및 Communication

◇ Safety안전 Interface

- 작업 공간의 Interface간섭에 의한 안전사고 가능성도 있지만, 시운전 중 작업 허가 체제를 잘못 운영하거나 Communication의 부재에 의해 야기되는 문제는 대형 안전사고가 될 가능성이 크다.

✓ **주요 안전사고 유발 항목**

- Vessel Internal Work와 Pipe Flushing의 간섭
- Vessel Internal Work와 N2 Service 시점/Valve Lock
- Pump Startup과 제어의 Interlock Test
- Pump Startup과 Panel Lockout/Tagout Procedure
- Tall Tower Lifting 중의 Safety 반지름 내 Evacuation
- Flushing과 Final Alignment

□ 기 타

◇ Tray Internal

- 긴 공정은 아니지만 나름대로 기능을 요하는 공정이다.
- 관리를 소홀히 할 경우 자칫 시간을 허비하거나, 오시공으로 인해 전문가를 부르는 등의 시행착오를 겪는 경우도 있다.[4)]

4) 해외에서는 이 부분의 대한 전문 설치팀을 섭외하여 활용하는 방안이 시간을 절약하고 타공종과의 간섭도 줄이는 효과가 있으므로 적극적으로 검토하는 편이 바람직하다.

Internal Tray 설치 사례

☞ Internal Tray는 그 기능에 따라 다양한 모양으로 설계되는데, 설치 전 지상에서 미리 가조립하여 확인 후 본 설치를 시행한다.
어렵게 Tower 내부로 들여가서 설치하다가 맞지 않거나 부속이 누락되면 이러지도 저러지도 못하는 혼란을 겪게 된다.
-> 쉽고 만만한 작업이 아님을 명심하기 바란다.

Tray 지상 가조립 사례

Tray 조립 작업

☞ ② 지상에서 가조립한 순서대로 조립하되, 처음부터 위치를 잡는다고 상호 Bolt 체결을 단단히 하면 마지막 부분이 맞지 않는다. 전체 부품이 모두 제 자리에 위치할 때까지는 약하게 체결하여 어느 정도 움직이며 조정한 후 제 위치에 맞으면 하나씩 본 체결을 한다.

③ Tray 설치 완료된 상태

기타 부품

☞ Process 효과를 높이기 위하여 목적에 따라 분산 효과나 표면적을 최대화 하기 위한 다양한 형태의 내부 부품들이 있다. 이를 Tray Internal 이라고도 한다.

◇ **대형 회전기기**

- 대형 Compressor나 Turbine 등 정밀시공이 필요한 핵심기기는 별도의 전문팀을 구성하여 집중 Care관리를 하고, 시운전 때까지 같은 인력이 지속 점검할 수 있도록 한다.
- 설치부터 운전까지 절대 기기 쪽으로 이물질이 인입되지 않도록 각별히 주의한다.

Pump 주위의 계기 및 배관 연결 상태

대형기기 설치 사례 (a)

☞ 미리 설치한 Shelter 내부로 대형 Compressor를 설치하는 모습

대형기기 설치 사례 (b)

1) 너무 쉽게 생각하고 다른 일에 몰두하다가 막상 Package 기기가 들어왔을 때 사전에 Study(연구)하지 않은 상태로 관행에 따라 설치하다가 곤란을 겪는 경우가 대부분이다.

◇ Package 기기

- 기계공사에서 항시 문제[1]를 일으키는 부분이다.
- 반드시 사전에 공급자와 책임한계 및 설치 Manual 등을 Study연구하여 준비한다.
- Vendor Supervisor제작사 감독관의 필요 여부나 필요시기 등을 사전 협의하여 차질이 없도록 한다.

◇ 특수 Package

- Furnace 등 특수한 Package들은 전문가의 도움을 받아 별도 관리를 하는 것이 좋다.

◇ Tank

- Tank 공사는 작은 규모가 아니면 전문 업체를 활용하는 경우가 많다. 설계/자재 공급/시공까지 Full Turn Key로 하는 경우, 각각의 경우를 분리 시행하는 경우 또는 일부 조합의 경우 등 다양하게 시행할 수 있다.

- 본 Tank 설치 구역 이외에 철판을 현장에서 가공하는 경우 필요한 가공장, 외부에서 가공하여 공급하는 경우 자재 야적장, 시공을 위한 장비 이동 등 작업 부지, 사진에서 보는 바와 같이 지붕을 조립하여 들어 올릴 경우의 작업장 등을 미리 확보하여 작업에 지장이 없도록 한다. 때에 따라서는 Tank 내부에서 지붕을 조립하여 공기 부유식으로 올리는 경우[1]도 있다.
- Tank 공사는 쉬운 듯 보이지만 전문 기술[2]이 필요한 분야이다.
- 바람의 영향[3]을 직접 받으므로 Guy Wire 등의 균형을 단단히 맞춰 잡아 주고, 조금만 뒤틀림이 있어도 도미노 작용으로 쉽게 무너지는 경향이 있으니 조심한다.
- 마지막으로 Test시에 음압이 걸리지 않도록 신경 쓴다. 수압 시험 후 배수를 할 때 공기가 들어갈 수 있도록 개구부를 열어 놓지 않으면, 음압으로 인해 걸려 찌그러지는 현상[4]이 발생할 수 있다. 통상적으로 Tank는 저장의 목적으로 음압에 대한 설계가 반영되어 있지 않다.
- 한가지 덧붙이자면, Process에 따라 System에 Tank를 포함하여 음압이 발생하는 경우도 있다. 이런 경우 대개 Tank 보호를 위해서 Breather Valve를 설치하는데, 시운전 중 이를 간과하여 Breather Valve를 열어 놓지 않고 Test하다가 Tank가 파손되는 사례[5]도 있으니 유념한다.

1) 지붕의 형태에 따라

2) 특히 대형 철판을 세워서 용정으로 붙여 올라가는 공사이므로 정밀 시공이 요구된다.

3) 시공 중 강한 바람에 날리거나 무너진 사례가 의외로 많다.

4) 음압에 걸리면 쉽게 Dam age(손상)를 입는다.

5) 매우 드문 경우이기는 하지만 끝까지 살펴봐야 한다.

외부 조립지붕 설치 장면

▽ 내부 작업을 위한 안전 작업대

▽ 외부와 배관으로 연결하기 위한 노즐 Tank Shell에 붙어 있으므로 보강을 위해 보강판 Reinforce Pad가 붙어 있다.

특수 Packqge 설치 사례 (a)

☞ 계단이 없어 Man Life를 타고 올라가고 있다. 안전 벨트가 Man Life가 아닌 Ctane Hook에 걸려 있는 것에 주목한다.
-> 매우 중요

특수 Packqge 설치 사례 (b)

☞ Fire Fighting Water Tank

❍ 기계공사 Process Map

플랜트 기계공사에서의 Process Map 단계별 세부사항은 다음과 같다.

□ 공통항목

1) 213~214 Page 공통항목 참조

☞ 공통항목 참조[1)]

□ 기계공사

- **설치 Plan 검토**
  - Equipment Delivery, Heavy Rigging Study, Tall Tower Dress-up, Access 및 Transportation Route운송 루트, Unloading Location for Heavy Equipment중량물 하역장소, Internal/ Tray 설치 시점 등을 고려한 Plan을 재검토한다.
    -> 다공종과의 Interface중첩이 심한 관계로 전체적인 공사 Sequence, Holding Area 및 시기를 결정짓는 요인이 되므로 세밀한 검토를 필요로 한다.
- **기초/철골검사**
  - 기기 설치를 위한 기초공사 완성 후 인수 받은 기초는 반드시 재검측을 실시하여 기계설치 도면과 맞는지 확인한다.
    -> 검사가 완료된 기초는 표면 Chipping과 Padding을 하여 설치 대기상태로 준비한다.
  - 기기 설치를 위한 기초공사나 철구조물이 완성되어 이를 인수 받으면 토목 성과표와 대조, 제반 사항[2)]을 반드시 확인하여 수정사항이 있는지를 검토하고, 사전에 필요한 조치를 취하여 기기 설치에 차질이 없도록 한다.
    -> 검사가 완료된 기초는 표면 Chipping 및 Padding 작업을 하여 설치 대기상태로 준비해 놓는다.

2) Dimension, Coordination, Elevation, Anchor Bolt 혹은 Anchor Hole 등

Wash Tower Foundation Work*

✓ Tip*

- Anchor Bolt Alignment를 확실히 하기 위하여 Template를 활용한 것이 보인다. 사진에서 보듯이 여러 개의 Anchor Bolt의 위치나 높이를 정확히 맞추기 위해서는 반드시 Template를 활용하여 시공해야 한다.
- Template는 현장에서 따로 제작하는 것이 아니라, 기기 제작소에서 본 기기의 하부 Anchor 체결 부분 제작시 동일하게 2 Set를 제작하여 그 중 하나를 Template로 사용한다.[1]

1) 다시 말하자면, 기기 제작 발주시 미리 Template를 같이 주문하여 기초공사 이전에 현장에 납품한다.

기기 반입 전 Leveling Pad Plate 시공 사례

기기 설치 사례 (a)

☞ 기기의 정확한 높이를 확보하기 위하여 Leveling Pad Plate가 완료된 상태에서 기기를 설치하고 있다.

☞ 기기 설치시 마지막 주의사항은 틀림없는 방향 확인이다.
기기에 방향표시가 되어 있으며, 도면 재확인 후 설치한다.

기기 설치 사례 (b)

기기 설치 사례 (c)

☞ Template를 활용하여 시공하였으므로 Anchor Bolt가 일정한 높이로 오차 없이 체결되는 모습이다. 아직 완전히 앉히지 않은 상태이나, 완전히 앉으면 Bolt 체결 후 나머지 나사산이 2~3개 정도 남는 정도가 정상이다.

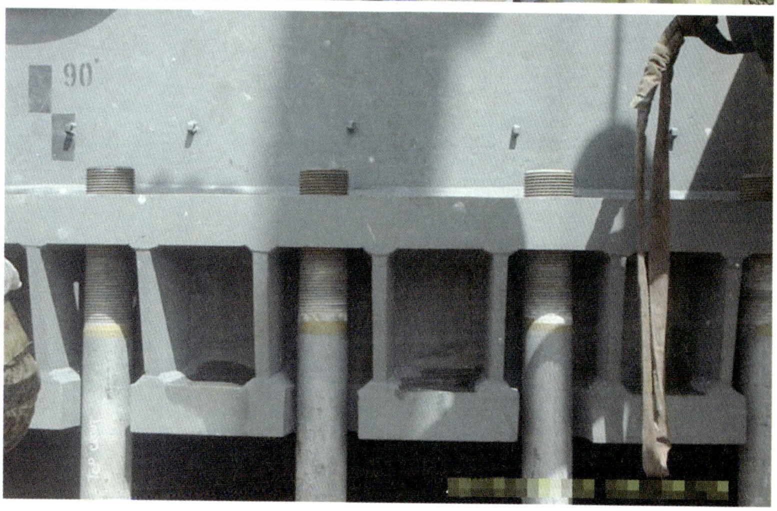

◇ 설치 전 확인 및 준비사항

- 콘크리트 양생일수, 공기구, 측정공구, Special Lifting Device, Liner, Grouting Material을 설치 전 확인 준비한다.

◇ 설치 및 검사단계

- 기기 시방에 따라 필요시 Rigging Plan을 세운 후 설치하며, Package성 기기는 Vendor Manual제작사 매뉴얼을 반드시 Study하고 Procedure절차서에 따르도록 한다.
- Check List에 의거하여 기기 종류별로 설치 및 검사를 진행한다.

◇ 유지 및 완료단계

- Check List에 의거, 기기별로 Preservation Log Sheet를 유지한다.
- 회전 기기는 단계별 정밀 조정작업과 Maintenance유지·보수 작업을 필요로 하며, 시공 단계별 확인이 필요하므로 각 기기에 관리 Table표을 부착, 작업단계를 표기[1]해서 관리하면 매우 편리하다.

◇ 기기 Nozzle이나 Manhole 등의 관리

- 기기 Nozzle이나 Manhole 등의 개구부는 철저히 밀봉하여 이물질[2]이 유입되는 것을 방지하여야 한다.
- 회전 기기의 Nozzle은 배관 연결시 Stress를 받지 않도록 시공팀과 협조 하여 상호 확인 후 연결한다.
- 배관 Line이 Nozzle에 지지되지 않고 Self-Support자체적으로 지지 되도록 시공한다.
- Manhole 내부에 공도구, 자재 등을 놓고 잊어 버려 방치하는 경우가 빈번하므로 수시로 확인 및 점검이 필요하다.

1) 주기별 Oil 주입 여부, Be-ring 여부, Alignment 여부 등

2) 기기 Trouble의 주범

7 전기공사 관리

접지공사

전기공사 관리에 있어 가장 먼저 시작하는 것이 접지공사이다. 접지공사는 토목공사와 더불어 초기부터 수행하지만, 접지공사가 끝나면 한동안 공백[3]이 생기게 된다. 따라서 어떻게 대기 시간이 발생하지 않도록 관리하느냐가 관건[4]이다.

초기에 설치해 놓은 접지선이 공사가 진행되는 과정[5]에서 이런저런 이유로 접지선이 끊어지는 사고가 발생한다. 철저히 관리하여 이런 일이 발생되지 않도록 하는 것도 중요하지만, 더욱 중요한 것은 일단 어떤 이유로든 선이 끊어졌을 경우 감추지 말고 보고하여 즉시 복구할 수 있도록 관리하는 것이다. 공사를 다 해 놓고 마지막 접지 Test에서 단선이 나타나면 막상 단선 부분을 찾기도 어렵고 해서 자칫하면 복구를 위한 대공사가 발생될 수도 있으므로 주의하여야 한다.

3) 시상 구조물이 설치될 때까지의 기간

4) 불필요한 시간적 손실을 줄여야 하기 때문이다.

5) 터파기를 다시 하는 과정에서 고의든 실수든

가설전기

전기공사 담당자는 본 공사뿐 아니라 가설전기[6] 관리에도 많은 신경을 써야 한다.

불특정 다수에 의해 사용되는 이 가설전기로 인해 사고뿐 아니라 불시의 정전으로 인한 작업상의 손실도 실로 엄청나다. 처음부터 가설전기의 관리체계를 확실히 하고, 시공 전 과정에서 간섭으로 인한 재시공이나 정전이 발생되지 않도록 계획한다. 또한, 인가된 전기기술자에 의해서만 다룰 수 있도록 하되 만일의 정전시에도 부분적인 회로에만 영향을 미치도록 하여 손실을 최소화할 수 있도록 시스템을 구축한다.

전기사고는 대형사고로 이어질 수 있으므로 가설전기는 반드시 규정대로 접지단락 차단기를 사용하도록 하는 철저한 관리가 필요하다. 공사 규모에 따라 차이는 있을 수 있으나 일정 규모 이상의 프로젝트에서는 전담자를 배치해 두는 방안도 검토한다.

6) 아이러니컬하게도 이 가설전기에 더 많은 골머리를 앓는 경우가 많다.

❍ 공사 일반

지상의 일반 Race Way 시공에서는 특별한 것이 없으나, 제어공사와 마찬가지로 설계도면상 정확한 Dimension치수이 없는 현장시공이 많으므로 가능한 타공종과의 간섭을 피하도록 하고 Trip Hazard[1]에 주의하여 시공한다.

전기공사의 가장 큰 핵심은 Substation변전소 공사이므로 건축 공정의 진행상황을 지속적으로 주시하여 일정에 차질이 없도록 독려한다. 최근에는 Electrical Equipment전기 설비가 대부분 전자소자로 되어 있어, HVAC[2] System이 가동되고 있는 상태에서의 설치를 요구하고 있으므로, 가급적 전기 Equipment의 현장 도착 전에 Substation 내의 HVAC System이 완료될 수 있도록 하는 공정관리가 필요하다.

Panel이나 Switch Gear개폐 장치 등 전기 기기들의 시공 관련 주의 사항들은 각각의 시공 Manual에 준하여 정밀시공을 하여야 한다.

현장공사 Peak시 활용할 수 있도록 Area Lighting조명시설을 우선적으로 완성하면 야간작업 등을 위한 가설전등의 추가 설치를 줄일 수 있으므로 이를 염두에 두고 계획한다.

1) Platform이나 Ladder 부분의 Conduit 시공시 손잡이 부분이나 발을 디디는 부위에 붙어서 시공하면 Trip Hazard가 발생할 소지가 있다.

2) Heating Ventilating, and Air Conditioning

Cable Tray 설치

❍ 전기 안전관리

전기공사에서는 시운전이나 각종 전기 기기 Test시 더욱 주의가 필요하다.

MCC나 Switch 등은 반드시 지정된 전기기술자에 의해 조작하도록 하고 평소에는 Locking잠금상태를 유지하며, 만일에 대비하는 Lock-out/Tag-out 시스템을 조기에 가동하여 안전사고가 발생하지 않도록 한다.

일단 수전을 하게 되면 일차적으로 Substation변전소의 출입을 통제해야 하므로, 수전 전 잔여작업을 최대한 완료하여 작업자의 출입을 효과적이고 안전하게 관리한다.

현장 기기 Test시 Communication 착오에 의한 사고는 인명사고나 기기 등에 심각한 손상을 입히게 되어 중대사고로 발전될 가능성이 크므로 관리를 철저히 한다.

□ 통제조직

◇ Switchman

- 자격증이 있으며, Project 전기계통을 확실히 이해하는 자를 선정하여 Substation변전소에 상주시킨다.
- 담당자에게 출입통제 권한을 부여하며 모든 인원의 입 · 출입 시간을 기록, 통제, 관리하게 한다.
- 관리자는 반드시 Substation의 Switch[3]를 직접 조작해야 할 책임을 지닌다.
- 24시간 교대근무 체제를 갖춘다.

3) Test를 위한 Feeder 이외에는 평상시 반드시 Off 상태로 Locking(잠금상태를 유지)하여 오작동을 방지하며, 모든 조작상황을 Logging 한다

◇ Field Test조

- 관련 업무에 따라 구성하되, 가급적 고정인력으로 운영하여 업무 혼선에 의한 실수를 방지하고, 일사 분란한 업무 수행이 가능하도록 한다.
- 필요시 시운전팀의 운전요원도 포함시킨다.
- 반드시 Leader를 지정하고, Leader가 Substation Switchman과의 Communication[4]에 따라 직접 Switch 조작을 할 수 있도록 한다.

4) Communication 체제는 매우 중요하다.

❍ 전기공사 Process Map 및 Check List

플랜트 전기공사에서의 Process Map 단계별 세부사항은 다음과 같다.

□ 공통항목

☞ 공통항목 참조[1]

□ 전기공사

- 가설전기는 공사 도중Peak시 용량이 모자라는 일이 없도록 충분히 확보한다. 또한 터파기 등으로 인하여 간섭이 생기거나 단선이 되지 않도록 구간을 피하여 시공하고 지속적으로 점검하도록 한다.
  - 전기사고가 발생하면 현장 작업이 중단되므로 절대적인 감시가 필요하다.
- 전기공사는 가설전기를 제외하면 접지공사가 첫 시작이다.
  - 접지선은 시공 도중 지하공사를 하는 과정에서 여러 가지 사유로 단선이 되곤 한다.
  - 결국 마지막에 다시 검측하고 단선 부위를 찾는 수고를 하기 마련이므로 이를 줄이기 위한 노력이 필요하다.
  - 단선이 되면 즉시 보고[2]하여 보수할 수 있도록 한다.
- 어느 정도 구조물이 올라가고 지지대가 확보되면 배선공사를 위한 Race Way 설치를 한다.
  - 도면에 Dimension치수이 없고 배관이나 계장 Line과 간섭을 피해야 하므로 상호 업무협조가 필요하며, 타공종의 진행현황을 공유하여야 재작업을 피할 수 있다.
  - Tray Support 등은 계장공사와 공유할 수 있도록 하는 것이 좋다.
- 수전 Milestone단계을 맞추기 위해서는 기기 반입 일정과 Substation변전소 완성 일정을 지속적으로 관리하고 필요시 긴밀한 업무협의를 한다.
  - 아울러 수 · 변전반 설치위치의 정밀시공 상태를 점검하도록 한다.
- Building에 필요한 Fire Alarm System화재 경보 시스템 완료 일정을 놓치지 않도록 유의한다.[3]

1) 213~214 Page 공통항목 참조

2) 단선사고를 내어 보고한 사람을 질책해서는 안 된다.

3) Fighting System과 연계하여 수전 조건의 필수 항목이다.

- 소방 시스템은 공장에 Hydro-Carbone 투입을 허가할 때 Test검사를 끝내고 사용허가를 받아야 하므로, 관련 업무를 미리 확인해 둔다.

• Lighting System조명 설비은 가급적 우선 시공하여 야간작업에 활용할 수 있도록 한다.
  - 야간작업을 위한 가설조명시설 작업을 절감할 수 있다.

• Cable 포설을 시작하면 Damage손상가 나지 않도록 보호 관리에 신경을 쓴다.
  - 신설 공장에서는 중간이음을 인정하지 않는 경우가 많으므로 손상을 입게 되면 재작업이 불가피할 수도 있다.
  - Cable Pulling케이블 포설은 Drum Schedule을 확인하고 사전에 실측한 뒤 결정[4)]하는 것이 좋다.
  - Pulling포설 후에는 반드시 Drum에 남은 잔여 길이를 기록해 놓는다.
  - 실측 결과가 설계도면과 차이나면 자재 부족 여부를 체크하여 조기에 추가 조치를 취할 수 있도록 한다.

4) 도면과 실제 거리가 다른 이유에서다.

Cable Pulling

- 주요 기기의 설치 후 시험 항목이나 조건들을 미리 확인한다.
  - Switch Gear개폐 장치나 Transformer변압기 등의 Site Test현장 검사는 특수장비를 필요로 하기 때문에 사전에 확인하고 준비하여 일정에 차질이 없도록 한다.
- 수전 후에는 전기사고로 인한 인명을 수반하는 대형사고의 위험이 커진다.
  - 특히, 기기 운전시험 등 복합적인 행위가 동반될 때 상호 Communication Miss로 인한 사고가 나지 않도록 Procedure절차서를 정립한다.
  - 책임자 및 자격이 있는 Operator운전 요원를 배치하여 철저하게 관리한다.
  - 본 수전이 되면 Substation변전소에는 출입통제를 실시하고 인가된 자만 출입할 수 있도록 하여 만일의 실수를 예방한다.
  - 불가피한 작업은 Work Permit System작업 허가 시스템 및 Lock-out/Tagout System을 가동한다.

✓ Tip

- 전기공사는 타공종에 비해 비교적 일찍 마무리되므로 수전 후 안전관리에 만전을 기하도록 한다.

8 제어공사 관리

제어공사에 대해 언급하기 전, 제어공사가 다른 공종의 공사와는 다른 특이한 점을 이해하고, 사업주와의 관계를 원활하게 유지하여 목표 달성을 이룰 수 있도록 한다.

제어공사 도면에는 Dimension치수이 거의 없다.[1)]

거의 대부분의 사업주 공사 담당자들은 이러한 애매한 특성을 이용하여, 본인만의 경험이나 의중에 근거하여 Dimension을 요구하거나 다른 문제를 제기하는 경우가 흔하다. 이는 논쟁의 소지를 불러일으킬 뿐 아니라, 상황에 따라 의견을 번복하는 경우도 허다하다.[2)]

시공 담당자는 이러한 상황을 이해하고 사업주 공사 담당자의 이견에 따라 현명하게 대처해야 한다. 전체적으로 공사에 영향을 주지 않는 범위 내에서는 사업주의 의견을 수용하여 주는 편이 좋지만, 일정 기준의 원칙을 세우고 이를 사업주 담당자와 사전 협의하여 진행하되, 반드시 문서로 확인[3)]을 받아 놓는 것이 좋다.

1) 이러한 특징 때문에 사업주 측의 공사 담당자와 많은 부분에서 의견을 달리할 때가 많다.

2) 즉, 상대방에 따라 요구사항이 달라질 수 있다는 말이다.

3) Claim 해소의 중요한 근거가 될 뿐 아니라, 일일이 확인하며 진행하면 상대도 신중하게 결정할 수밖에 없기 때문이다.

○ 현장관리

현장관리의 출발은 계획이다. 빠른 시일 내에 필요한 최소한의 정보를 협력사에 제공하고, 세부 수행계획을 수립할 수 있도록 지원[4)]해 준다.

계약적으로는 사업주와의 주 계약자가 주체지만, 실제로 공사를 수행할 조직의 구체적 계획을 무시할 사람은 아무도 없으며, 오히려 더 중요하다는 것을 잘 알고 있다. 설명회 등을 통해 계획을 공유하고 서로간 의견을 조율하게 되면 일체감을 가지고 한 팀으로서 일을 추진하는 데 큰 도움이 된다. 다만, 이러한 수순을 밟고 나서 수정사항이 발생될 때는 반드시 다시 그 사유를 설명하고 정보를 공유하려는 자세가 필요하다.

대개는 사업주로부터 기인하는 작업 장애요인이지만, 정작 사업주의 불만은 정보 부재[5)]에서 오는 경우가 태반이다.

4) 시공 협력사와의 수행계획을 함께 검토·협의하고 이를 사업주와 공유한다.

5) 사전에 협의하고 약속한 대로 진행되지 않아 생기는 불신

본격적인 공사 시작 전 반드시 Inspection and Test Procedure검사, 시험 절차서를 작성하여 사업주의 승인을 받아야 한다. 이를 근간으로 작업 진행이나 완료 상태를 검증하고, 최종 Hand-over인도시 근거 서류가 되는 Base이기 때문이다.

❍ Support 제작 및 설치

ㅁ Support 제작

현장을 개설하고 가설시설이 완성되면 각종 계획에 따라 계기나 패널의 Support를 제작하게 된다. 이 Panel Support는 Frame 제작 시 고정용 볼트 홀을 Slot Hole[1]로 만드는 기지가 필요하다.

계기 설치를 위한 Stanchion은 각 Type별로 일정 물량을 사전에 제작해 놓으면 도움이 된다. Stanchion 위치는 필히 사업주와 현장 확인 후 정하되 확인 Sign을 받아 놓는다.

1) 여유 홀이 설치를 쉽게 해준다.

ㅁ Support 설치

계기 위치의 설정은 여러 사람의 취향을 고려하여 향후 수정작업을 최소화하기 위한 배려가 필요하다. 계기 위치는 궁극적으로 Operator운전요원가 계기를 읽기 편한 위치여야 하므로 가능하면 Operation Group운전팀을 끌어들일 수 있으면 좋다.

Stanchion의 위치에 따라 후속 공사가 진행되는 관계로 변경사항이 발생하면 수정작업이 수반되므로 사업주의 입장에 서서 신중히 선정한다. 계기의 위치도 사업주 각각의 요구사항[2]을 적극적으로 수용하여 설계에서 반영을 검토해볼 수 있다. 실제로 Maintenance유지·보수을 고려하면 지상에 설치하는 것이 옳다고 판단되므로, 공정상에 심각한 문제가 없다면 설계 담당자와 공사 전 협의하여 사전에 조치하여야 한다.

2) 중동 지역의 사업주는 계기의 위치를 모두 지상에 설치할 것을 요구하는 경향이 있다.

❍ 케이블 커넥션Cable Connection 및 Hook-up

ㅁ 케이블 커넥션Cable Connection

Cable Connection Work는 많은 시간을 필요로 하는데다 연결 상태가 좋지 않으면 공장의 Shut-down운전 정지 등 큰 피해를 야기할 수 있다.

Wire Marker의 Lettering 기준도 사업주와 사전에 협의하여 이중 작업[3]이 되지 않도록 한다.

작업원 숙련도에 따른 효율도 크게 영향을 미치므로, 기능공의 숙련도를 측정하기 위한 실습시험을 실시하여 선발하고 Monitoring하는 것이 좋다.

3) 통상적인 작업이며 크게 어려운 일이 아니라고 여길 수 있으나, 수많은 Point 중 하나가 잘못되어도 그 Point를 찾고 해결하는데 상당한 시간이 소요된다.

MCC

ㅁ 케이블Cable Hook-up

Hook-up 작업을 수월하게 진행하기 위해 배관자재의 Color Coding Table표을 작성, 시공자가 이를 숙지[4]하도록 교육한다.

Hook-up 작업은 배관팀에서 First Block Valve를 설치해 주어야 가능하므로 상호 Coordination조정을 하여 우선적으로 Tapping을 해주

4) 특히, Gasket, Bolt 및 Nut의 Color Coding을 준비하여 처음부터 품질관리를 한다.

도록 협조[1]를 구해야 한다. 대개의 경우 이 시기가 배관공사 마무리를 포함하여 가장 바쁜 시점이므로 본인 업무만 신경 쓰는 나머지 협조를 차일피일 미뤄 계장공사에 큰 지장을 초래하는 경우가 허다하다.

1) 평소 친밀한 관계를 유지하여 협조를 잘 받아 제어공사를 계획대로 추진할 수 있도록 한다.

❍ 현장관리 Check List

제어공사는 특히 세밀한 부분까지 관리해야 하므로 Check List를 활용하여 관리할 필요가 있다. 계장공사 Check List에는 다음 사항을 기입한다.

✓ 계장공사 Check List 관리 항목

- Tag No. : Field Instrument의 개별 Tag No. 기입
- Inst. : Field Instrument의 Type를 기입
- P 및 ID No. : Field Instrument의 개별 P 및 ID No.를 기입
- Service : Individual Tag No.에 대한 서술
- Instrument계장기기 입고 : Site현장 입고 일자를 기입
- Bench Calibration : Calibration을 이상 없이 실시한 최종 일자를 기입
- Instrument Installation계장기기 설치 : 설치완료 일자를 기입
- Conduit : 최종 Instrument계장기기 설치용 Flexible 처리 전까지 완료 일자 기입
- Cable : Cable Pulling포설 후 Flexible 처리 상태까지의 완료 일자를 기입
- 절연저항 측정 : 측정결과 이상 없음이 확인된 날짜를 기입[2]
- 단말 정리 : 각 Tag별 관련 Punch Work이 완료된 이상 없음 확인 일자 기입
- 도압 배관 : Instrument계장기기 설치 직전 상태까지의 완료일자를 기입
- 도압 배관 Leak Test누설 시험 : Test 결과 이상 없음이 확인된 일자를 기입[3]
- Air 배관 : 최종 Instrument 연결용 Miniature Valve 전까지 완료 일자 기입
- Air 배관 Leak Test누설 시험 : Tubing의 Leak Test를 포함하여 결과가 이상이 없음이 확인된 일자를 기입[4]
- Air Tubing : Signal신호 및 Supply공급 단말처리 완료상태 일자를 기입
- Steam 배관 : Trace 배관 및 Tubing 완료 일자를 기입
- Steam 배관 Leak Test누설 시험 : Test 결과 이상 없음이 확인된 일자를 기입[5]
- Loop Folder No. : 각 계기에 해당되는 Loop Folder No.를 기입
- Loop Test : Test 결과 이상 없음이 확인된 일자를 기입[6]
- System No. : 각 Loop에 대한 System No.를 기입
- 해당사항이 없는 란은 "–"으로 공란 처리

2) Report Sign이 완료된 후 Progress(달성도) 인정

3) Report Sign이 완료된 후 Progress(달성도) 인정

4) Report Sign이 완료된 후 Progress 인정

5) Report Sign이 완료된 후 기성 인정

6) Report Sign이 완료된 후 Progress 인정

❍ 루프 테스트Loop Test

설치공사가 완료된 Loop는 Loop Test로 검증을 하는데, 그 준비는 다음과 같다.

▫ 루프 테스트 절차Loop Test Procedure

- 업무범위, 업무시간, 집결장소, Test 방법 등을 명시하여 사업주의 승인을 얻는다.
- 일반적으로 Loop Folder는 거의 모든 공사에 대한 자료를 요구하며 이를 준비하는 데 시간이 많이 소요되므로 사전에 미리미리 준비한다.
  - 충분한 시간을 가지고 사전에 사업주의 승인을 받되 가급적 관련 서류를 줄일 수 있도록 하는 것이 좋다.
  - Package 관련 자료가 충분치 못한 경우가 많으므로 설계, 사업을 통해 차질 없이 확보하여야 한다.
- Loop Test는 제어공사에서 최종검증을 하는 단계이기 때문에 가장 중요하고 그 과정에 많은 시간이 필요하므로 효율적으로 움직이지 않으면 안 된다.
  - 따라서, 일부 중복성 작업이 될지라도 다음과 같이 조를 운영하는 것이 바람직하다.

☞ Loop Test가 끝난 후 즉시 입회검사 Sign을 받는다.

✓ Loop Test 운영조

- 사전준비조
- Test조
- Punch Clear조
- Trouble Shooting조

❍ 기능 테스트Function Test

제어공사에서는 Loop Test까지를 Construction 영역으로 보며, 이것이 종료되어 설치공사가 완료되었다는 검증이 되면 모든 기능을 Simulation하는 Function Test의 과정을 거친다.

이것은 통상 Pre-commissioning시운전 업무에 포함되므로 이때는 DCS[1] System이 정상운전 상태로 가동되어야 하며, DCS System과 연동하여 기능을 검증하게 된다.

1) Distributed Control System : 분산제어 시스템

□ Test 방법 및 순서

- Function Test는 Interlocking[2] DCS Complex Loop, Compensation, Close Loop 등 Open Loop Test시 수행하지 못한 부분을 포함하여 수행하며, 제어장치의 모든 기능 및 그 연동관계를 최종 검증하는 단계이다.
- Test 방법을 입력신호를 기준으로 Check 가능한 출력신호를 한 번만 하는 것으로 협의하여 Test 횟수를 줄이도록 협의한다.
  - 그렇지 않을 경우에는 시간이 많이 지체됨을 감안한다.
- Test가 원활하게 진행될 수 있도록 Narrative Description을 작성하여 Test 순서를 정확히 파악하고 진행한다.
- Narrative Description은 설계 담당자가 주관하여 작성하는 것이 효율적이며, 공사 담당자는 Test 방법 및 순서에 대해 검토한다.

2) DCS, ESD, MCC 포함

❍ 제어공사 Process Map

플랜트 제어공사에서의 Process Map 단계별 세부사항은 다음과 같다.

□ 공통항목

☞ 공통항목 참조[3)]

3) 213~214 Page 공통항목 참조

□ 제어공사

- 전기공사와 마찬가지로 Race Way 설치로부터 현장설치 작업을 시작한다.
- Bench Calibration 작업을 위한 Shop작업장 및 Calibration 장비를 준비한다.
  - Calibration 장비는 검증기관의 Certification자격을 확인해야 하며, 유효기간을 확인하고 지속적으로 관리한다.
- Bench Test, Cable Test, DCS / ESD[4)] 설치, Loop Test, Function Test 등에 대해 Method Statement작업설명서를 사전에 협의 · 작성하여 사업주와 공유하도록 한다.
  - 특성상 이들 Process진행과정에 따라 작업효율의 차이가 크다.
- 자재 사용상의 Error오류를 줄이기 위해 Material Color Coding System을 제어 자재에도 적용하고, 현장 작업자용 Table을 준비하여 사용한다.
  - 특히, 배관과 Interface교섭되는 부위에 상호 Specification시방의 일치 여부를 반드시 확인[5)]한다.
- Loop Folder 작성 기준을 조기에 확정하고 준비를 위한 관련 자료를 협력사에 조기 제공하여 Test가 원활히 진행될 수 있도록 한다.
- Instrument Location 계기의 위치는 설치 변경이 어렵기 때문에 사업주와 함께 확정하여 설치한다.
- Cable 포설을 시작하면 Damage손상가 발생하지 않도록 보호관리에 신경을 쓴다.

4) Emergency Shut-Down System

5) 서로간에 Specification(시방)의 적용을 달리하는 오류가 자주 일어난다.

- 제어 Cable은 중간이음을 하지 못하므로 Junction Box를 사용하거나 새로 교체해야 하는 등으로 인해 일이 복잡해진다.
- Cable Pulling포설은 Drum Schedule을 확인 후 사전에 실측[1]하여 결정하는 것이 좋다.
- Pulling포설 후에는 반드시 Drum에 남은 잔여 길이를 기록해 놓는다.
- 실측의 결과가 설계도면과 차이가 나면 자재 부족 여부를 확인하여 조기에 추가 조치를 취할 수 있도록 한다.

1) 도면과 실제 거리가 다르기 때문이다.

- Impulse Tubing은 기능이 좋은 인력을 투입하고 Support 등에 신경을 쓴다.
  - 시공 후의 Damage손상를 조심[2]한다.
- 제어공사 중 가장 골치 아픈 점은 바로 분실사고[3]이다.
  - Stainless Steel 재질이라 구매할 때는 고가이므로 잘 관리한다.
  - 가급적 늦게 설치하는 편이 좋으나 언제까지 미룰 수만도 없는 노릇이다.

2) Tubing의 손실이 많이 생긴다.

3) 정작 가져다가 쓸 곳도 없는 Miniature Valve를 떼어 가면 정말 난감하다.

- Ventri-Tube의 In/Out은 보온작업 전 반드시 재확인한다.
  - 시운전시 보온을 뜯고 재확인하는 경우가 종종 있다.
- 계기는 가급적 어느 정도 현장이 정리되면 설치하는 것이 좋으며, 설치 후에는 손상방지를 위한 특별조치가 필요하다.
  - 낙하물 등으로부터의 보호는 물론 외부의 충격으로부터의 보호[4] 또한 필요하다.

4) 각별히 보호한다고 아예 계기가 안 보이도록 덮어 버리면 오히려 더 위험할 수 있다.

- Loop Folder를 구성하는 자료가 방대하므로 사전에 준비를 해야 순조롭게 진행될 수 있다.
- Function Test는 Interlock Test를 포함하며, Test 순서를 Logic별로 준비하면 진행시 혼선 없이 빨리 진행될 수 있다.
  - 설계의 도움을 받아서 작성한다.
- Loop Test와 Function Test는 제어공사의 마지막이자 꽃이다.
  - 잘 훈련된 팀을 구성하여 효과적인 작업으로 시간을 절약하도록 하는 철저한 사전준비가 필요하다.

9 보온공사 관리

보온공사의 특징은 동원해야 하는 인력이나 물량에 비해 작업기간이 짧을 뿐 아니라, 어렵게 시공해 놓은 부분이 쉽게 손상되어 재작업이 많다는 점이다.

시간이 부족한 이유는 보온을 필요로 하는 기기나 배관 Line에 필요한 최종검사가 끝나야 착수가 가능한데, 착수 시점은 공사 종료 시점과 크게 다르지 않기 때문이다.[5)]

Internal Tray 등 내부 작업이 필요한 기기들은 작업자 보호나 작업 효율을 높이도록 사전에 보온을 하는 것이 좋다.

문제는 배관 보온이다. 거미줄 같은 배관을 따라가며 작업해야 하는 배관보온은 소요 Manpower도 엄청날 뿐 아니라, 일일이 안전작업 발판을 설치하며 작업을 해야 하는 관계로 항상 시간에 쫓기기 마련이다. 이를 극복하기 위해 부분적으로 아직 Test가 끝나지 않은 Line도 용접 부위를 제외하고 보온작업을 착수하는 경우가 있는데, 이렇게 하면 배관 Test 과정에서 많은 손상이 생길 뿐 아니라, Test가 끝난 후 마감하기 위해 다시 작업자를 투입하는 이중작업을 해야 하는 어려움[6)]이 있다.

5) 기기 보온의 경우에는 대개 Shop(작업장)에서 필요 검사를 완료하고 현장으로 반입하기 때문에 일찍 시작할 수 있어 큰 문제가 없다.

6) 현재까지 뚜렷한 대안이 없는 것이 안타까울 뿐이며, 이 부분의 개선은 우리 모두가 고민해야 할 문제다.

보온공사 사례 (a)

보온공사 사례 (b)

✓ Tip

- 배관공사가 늦어지고 상대적으로 보온공사를 마무리 할 시간이 부족하면, 일정 부분의 손실을 감수하고서라도 수압시험을 위한 접합 부위용접 부위나 Flange 등 체결 부위를 제외하고 부분적으로 보온공사를 시행하는 경우가 있다.

보온재는 특히 습기에 약하기 때문에 이에 대한 Protection보호을 철저히 한다. 또한 부피가 크고 잔재가 많아 제대로 관리하지 않으면 쉽게 어질러져 현장이 쓰레기장으로 변하기 쉬우므로 하나의 작업이 끝날 때마다 반드시 잔재를 정리한 후 이동하는 원칙이 필요하다. 보온재 환경 유해물질이므로 규정에 맞게 일반 쓰레기와 구분하여 별도의 처리시설로 이동하여 처리한다.

앞에서도 언급하였듯이 보온공사는 공사의 맨 마지막 단계이면서 작업자가 마음대로 할 수 없는 제약 조건들이 많다. 때로는 보온이 완료되지 않아 시운전[1)]이 중단되는 경우도 있으므로 마무리 시점에는 별도의 T/F Team을 결성하여 주야로 대기, 시운전팀의 요구가 있으면 즉시 달려갈 수 있도록 만전을 기해야 Project 일정관리에 차질이 없다.

1) Commissioning

보온공사 사례 (c)

Pipe Insulation Work
Jacket 시공 사례

Storage Tank Insulation Work

○ 보온공사 Process Map 및 Check List

플랜트 보온공사에서의 Process Map 단계별 세부사항은 다음과 같다.

ㅁ 공통항목

☞ 공통항목 참조[1)]

ㅁ 보온공사

- 보온공사 착수 시점을 결정하고 사전준비를 시행한다.
  - 기기의 Dress-out을 하는 것으로, 방향이 설정되면 본 공사 보온작업보다 훨씬 이전에 준비해야 하므로 시점에 맞게 준비한다.
- 보온 자재는 수분이나 습기에 약하다.
  - 보온자재 관리계획을 신중히 검토한다.
  - 관련 공종의 자재 보관 계획[2)]을 기준으로 보온 자재 계획을 검토한다.
  - 보온재는 환경폐기물이므로 잔여자재 처리를 적법하게 하는지를 점검한다.
- 사전 준비 절차를 위해 관련 서류는 가급적 빨리 제공할수록 좋다.
- Cold Insulation Line의 Urethane Block 등은 미리 확보하여 배관 작업시 같이 설치하여 작업 효율을 높인다.
- 보온재는 물에 젖으면 그 기능을 보장할 수 없다.
  - 특히 우기철 보온작업시 물기에 노출되지 않도록 한다.
- 보온 작업은 특성상 항상 마지막에 공기에 몰리고 작업 또한 까다로우므로, 주위를 청결하게 유지하도록 한다.
  - 배관팀과 상의하여 가급적 Line 별로라도 빨리 인계 받아 작업을 추진할 수 있도록 협조를 구한다.
- 중장비를 쓰지 않는 대신 Scaffolding비계을 많이 사용하기 때문에 작업간의 간섭이 많으므로 계획을 잘 세워 이를 최소화한다.
- 보온은 배관의 마지막 확인 후 작업 Release를 해주는 관계로 만회성의 작업이 많다.

1) 213~214 Page 공통항목 참조

2) Delivery Schedule(인도일정)확인, 자재 보관장소 및 방법, 파손 및 젖은 자재 처리방안, Heavy Equipment 및 Over-Head Piping 자재 별도관리, 잔여자재 처리방안

– 사전 준비와 안전에 만전을 기하도록 한다.

- 아무리 시공을 완벽히 해 놓았다 하더라도, 현장작업이 완전히 종료된 시점이 아닌 시운전 중에도 수시로 뜯어서 Line이나 Valve 등을 확인하므로, 보수팀을 따로 구성해 놓는 편이 좋다.

10 도장공사 관리

잘 아는 내용으로, 도장공사는 최초의 바탕처리와 초벌도장이 중요하다. 철골도장은 대개 제작공장에서 도장해 납품하기 때문에 현장에서는 배관 자재가 반입되면 Spool 제작을 위해 불출하기 전에 시행하게 된다. Spool을 제작하고 나면 용접 부위 보호 차원에서 뿐만 아니라, 작업효율도 극히 저조하기 때문에 원 부재에 초벌도장 후 제작하는 것이 보통이다.

극히 드문 예이기는 하지만, 일부 Project에서는 사업주의 사전 승인을 얻어 용접 부위에도 수압시험 전 도장을 허용하는 경우와, 일단 Spool을 제작한 후 마감도장 처리까지 하여 현장설치를 하는 경우도 있다.

도장작업은 바탕처리와 초벌도장이 생명이기 때문에 품질관리를 철저히 할 필요가 있다. 가장 좋은 방법은 Paint 공급회사로 하여금 품질관리자를 파견하여 관리하게끔 하여 품질책임[1]을 지게 하는 것이다.

품질관리자가 Paint 품질을 포함하여 Paint System, 환경조건, 작업검사를 하여 전체적인 품질관리를 하게 되면 도장공사에서는 큰 어려움이 없을 것이다. 이후의 현장 마감도장 등의 경우 대개의 도장업체들은 영세하기 때문에 안전에 특히 신경을 써야 한다.

바탕처리 작업장을 포함하여 도장작업장은 바람에 분진이 날리지 않도록 시설하고, 작업 중에도 각별히 주의[2]를 기울인다. Paint 오염으로 인한 사고는 화학 공장에서는 생각 외로 심각할 수 있으므로 반드시 주의한다.

1) 구매시 미리 조건을 달고 협의할 필요가 있다.

2) 지역적 특색을 고려하여 바람의 방향에 따라 위치를 정하는 이유가 바로 여기에 있다.

Ware House Painting Work

❍ 도장공사 Process Map

플랜트 도장공사에서의 Process Map 단계별 세부사항은 다음과 같다.

□ 공통항목

☞ 공통항목 참조[3)]

3) 213~214 Page 공통항목 참조

□ 도장공사

- Shop장작업장 위치를 결정한다.
  - 외부시설을 활용할지, 아니면 현장 내부에 설치할지를 결정한다.
  - 사업주의 승인을 필요로 한다.
- Paint 납품업체와 품질관리자를 묶어 공동 품질보증을 확보할 수 있으면 좋다.
  - 도장작업의 품질은 바탕처리는 물론 습도에 민감하다.
- Paint System을 확인한다.
- 철골도장은 철골제작소에서 마감도장까지 처리하는 것이 좋다.
  - 현장에서는 Touch-up 처리만 하는 것이 효율적이다.
- 배관도장은 초벌처리 후 재벌도장 및 마감도장은 현장설치 후 용접 부위의 기밀시험이 끝나면 시행하는 것이 보통이다.
  - 그러나 이 또한 시간이 넉넉치 못하기 때문에 용접 부위를 제외하고 재벌처리는 미리 하는 방법을 쓰기도 한다.
  - 마감도장은 얼룩 때문에 용접 부위까지 한꺼번에 처리한다.
- Paint는 인화성 물질인 반면 이를 다루는 작업자는 열악하므로 화재 등 안전관리에 특별한 주의를 요한다.
- Plant Color Coding은 사업주와 사전에 협의하여야 한다.
  - 사업주만의 전략적 색깔이 있다.
- Line Mark와 Equipment Numbering을 준비한다.

Chapter 4

건설 관리상의 특수한 Topic

1. 클레임 및 분쟁 해결 Claim & Dispute Resolution
2. 리스크 관리 Risk Management
3. 최적화 건설 시스템 Constructability System
4. 모듈화 Modulization

1 클레임 및 분쟁 해결Claim & Dispute Resolution

○ 클레임Claim

플랜트 건설공사는 무無에서 유有를 창조하는 Project로서, 불완전한 요소, 환경적 요소가 많고 당사자들 간의 이해관계 역시 복잡하다. 아무리 세밀하게 준비하고 그 내용을 계약조항에 반영하였다 하더라도 의견 불일치를 피할 수 없어, 어떠한 형태로든 항상 Claim에 노출될 수밖에 없다.

우리는 예로부터 전통적인 유교사상의 영향에 기인하여 인간적 관계를 중요시한다. 때문에 객관적인 이해관계를 따지는 것에 익숙하지 않아 Claim의 처리나 이해가 부족하여 불이익을 당하는 경우가 흔하다. 현시대의 국제시장은 이러한 문화적 차이를 인정하지 않을 뿐 아니라, 치열한 손익경쟁을 치루기 때문에 우리에게는 커다란 위험요소로 자리하고 있다.

이로 인해, 당연히 보상 받을 수 있는 사항을 놓친다든가, 반대로 보상의 필요가 없는 부분을 허술한 업무처리로 인해 보상해주는 억울한 상황[1]이 연출되기도 한다.

Claim에 관한 깊이 있고 좋은 자료들이 많으므로 별도로 공부하기로 하고, 여기서는 개념의 이해나 중요성을 이해하는 데 초점을 맞추기로 한다.

Management의 이해 없이는 실무 업무의 결과를 기대할 수 없으며, Claim 업무를 잘 처리할 수 있으면 손익개선에 큰 도움이 된다는 것을 강조한다.

여기서 한가지, Claim 처리는 고도의 Technique이 필요하다. 단어나 문구 하나의 표현, 해석, 접근 시기, 방법 등에 있어서 전문가와 비전문가의 차이는 Claim의 성공과 실패로 갈릴 정도로 그 차이가 어마어마하므로 가급적 전문가의 도움을 청하는 것이 성공의 지름길이다.

1) Project의 수익금에서 충당해야 하는 안타까운 실정이다.

△ Claim의 최소화가 최선!

□ Claim의 정의

간단하게 말해서 Claim이란 기존 계약 대비 변경된 사항에 대해, 계약의 내용에 근거하여 손해손실&상해를 본 이해 당사자가 상대편 이해 당사자에게 수정보상을 요구[2]하는 것이다.

발생된 클레임은 계약서에 명시된 일련의 절차에 따라 처리되는 것이 일반적이다. 하지만 계약서의 모호한 부분에 대해 서로 주장하는 바가 다를 경우, 클레임은 해결되지 않고 Dispute분쟁로 발전하게 된다.

분쟁이 발생할 경우 이 분쟁의 해결에는 협상Negotiation, 조정Mediation, 중재Arbitration, 소송Litigation 등 여러 가지 방법이 사용된다.

□ Claim의 유형

Claim은 크게 공기연장과 손실보상에 대한 두 가지로 나눌 수 있다. Claim 발생시에는 이 두 가지 사항 중 어느 하나에 해당되거나 둘 다에 해당[3]하는 경우도 있을 수 있다.

Claim 유형을 세분화해 보면 다음과 같다.

□ 주요 Claim의 유형

상해 및 손실에 관한 Claim
-> 계약 당사자 또는 대리인, 고용인 등의 고의 또는 과실로 인한 개인적 상해나 재산손실에 관한 보상을 요구하는 Claim

방해 및 지연 Claim
-> 계약당사자 중 어느 한 쪽이 공사의 순조로운 진행을 방해하거나 공정 지연의 원인을 제공했을 경우 이로 인해 발생하는 손실에 대한 Claim

조건변경 Claim
-> 계약서에 기술된 조건이 변경됨으로 인해 발생하는 손실에 대한 Claim

범위변경 Claim
-> 계약서에 명시된 책무 범위 이외의 작업에 대한 Claim

공기연장 Claim
-> 변경된 조건 및 범위로 인하여 늘어난 공기를 보상 받아 지체상금 보상 책임으로부터 보호 받기 위한 공기연장을 요구하는 Claim[4]

2) 사업주이건 계약자이건 Claim을 할 수 있는 권리는 동등.

3) Claim 사항을 다룰 때는 이 두 가지 요소를 모두 검토하며 다뤄야 한다.

4) 타당한 사유가 인정될 때는 이에 따른 비용을 포함할 수도 있다.

종료 Claim
-> 완공일 전에 종료된 프로젝트로 인하여 발생된 재정적 손실의 보상을 요구하는 Claim
지불지연 Claim
-> 원래 합의된 일정에 의해 대금이 지불되지 않음으로 인해 발생하는 금융 비용 등의 보상에 대한 Claim
계약서류 구성 부실에 관한 Claim
-> 계약서류의 누락으로 인하여 제기되는 Claim
공사 자재에 대한 Claim
-> 납품된 기자재의 불량이나 지연 등으로 건설공사의 품질이나 공기에 영향을 주었을 때 발생하는 Claim

□ Claim 처리 프로세스

Claim 추진 요건 및 제출 사안은 다음과 같다.

◇ Claim 추진 기본요건

- Claim을 추진하기 위해 우선 Claim에 대한 타당하고 확실한 근거가 있어야 하며, 객관적으로 인정될 수 있는 근거 있는 산출 방식에 의한 증빙이 필요하다.

◇ Claim 제출

- Claim 제출 단계에서는 다음의 사항들을 검토 · 분석하여야 한다.
  -> 계약 규정에 의거해 정당한 보상이 가능한 사안인지의 여부가 우선 검토 · 분석 대상이며, 이를 Claim으로 추진 가능한지에 대한 타당성 여부와 아울러 가능한 보상금액이나 공기의 연장에 대한 분석이 필요하다.
  -> 경우에 따라 사업주가 Claim 청구에 민감한 반응을 보여 관계가 나빠질 우려가 있을 때에는 발생하는 사안에 대하여 부드럽게 표현하면서도 추후에 근거로 활용할 수 있도록 Trend Letter[1] 형식을 활용하는 방법도 있다.
  -> 굳이 Claim 형식이 아니더라도 당사에 불합리하게 작용하는 상황을 근거로 남겨 놓으면, 상황 변화에 따라 정식으로 Claim을 신청

1) 경향/현상 등을 기록한 문서

2) Business 세계는 냉정하며, 개인적 의지와는 상관 없는 직무상 어쩔 수 없는 상황도 벌어질 수 있으므로 만사에 대비를 해놓는 것이 좋다.

하거나 아니면 역으로 Claim을 당할 경우에 방어할 좋은 근거자료가 될 수 있다. 이러한 Claim 없이 상호 계약적 책무를 완료할 수 있으면 바람직하겠지만, 현실적[2]으로 그렇지 못하므로 철저히 대비해야 한다.

다음의 Flow Chart는 미국 연방정부 계약의 클레임 및 분쟁처리 절차 표준이다. 대략적인 Flow를 이해하는 데 도움이 될 것으로 본다.

미국 연방정부 계약의 클레임과 분쟁처리 절차

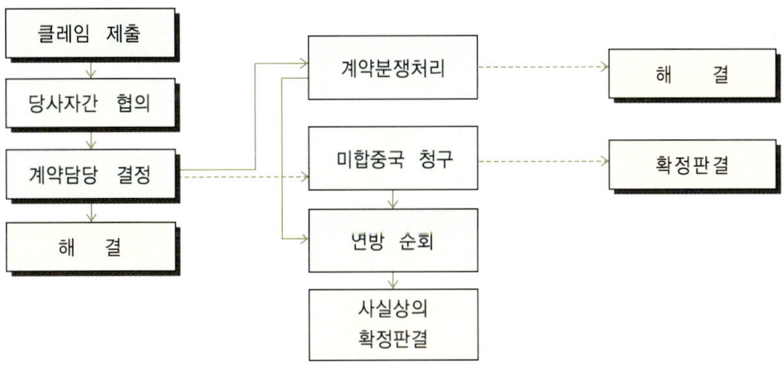

□ 사업주로부터의 Claim

사업주로부터의 Claim 관련 주요 사안들은 다음과 같다.

◇ 사업주로부터의 주요 Claim 사례

- 계약자가 심각한 계약 위반을 했을 때 계약을 해지하거나 손실비용에 대한 청구
  - -> 작업을 수행하지 못하거나 하지 않겠다고 선언한 경우
  - -> 사업주의 판단에 의해 공사 수행을 완료하지 못할 것이라는 확실한 증거가 있을 경우
  - -> 제반 조치사항이 작업 수행 내용과 명백히 상반될 경우
- 계약업무 수행에 있어서 명백한 태만이라고 판단될 경우
- 계약 완료 후 인수인계가 이루어졌다 하더라도 명백한 계약자의 중대과실이 증명될 경우
- 계약공기 지연의 경우

• 공기지연으로 인한 부가적 손실비용

흔하지는 않지만, 위의 주요 Claim 사례 중 앞 2개 항목의 경우는 진행 과정 중에 나타나는 Claim으로, 계약 타절의 수순으로 이어져 이에 따른 제반 손실비용까지 모두 책임져야 하므로 각별히 신경 써야 한다.

대부분의 경우 EPC[1] Turn-Key Base 계약에서는 중간 과정에서의 검사 합격 증빙을 근거로 각종 필요한 Test를 거쳐 Plant 전체를 인수인계 함으로써 계약적 책무가 완료되기 때문에, 중간과정보다는 최종공기나 Deliverable 인도물 항목들의 품질 결함 여부에 의한 Claim[2]으로 귀착된다.

경우에 따라서는 자사의 Claim 보상에 대한 방어의 목적으로 트집을 잡아 골탕을 먹이는 사업주도 있으므로 주의한다.

◇ 방어적 목적의 트집 사례

- 설계품질을 이유로 도면이나 기술 검토 Man-Hour 작업시간 초과 투입
- Model Review 모델 검토 등의 품질 저하로 인한 Man-Hour 초과 투입
- 기자재 제작검사에 재검사 Man-Hour 투입
- 공사품질을 트집 잡아 초과 Inspector 검사 투입
- 기자재 품질불량에 대한 Penalty 벌금[3]
- 기존 시설물 훼손 등에 대한 Claim

그 외에 주로 대 사업주와 관련해서는 진행 과정에서 Complain 불만성 문서의 왕래가 많은데, 이 역시 계약적 책무를 판단하여 적절히 대처해야 공사를 순조롭게 이어갈 수 있다.

▫ 시공자 Claim

◇ 공식적인 Change Order 변경작업 지시

- 공식적인 Change Order 변경작업 지시에 의한 Claim인 경우는 계약적 합의조항에 따른 것으로 특별히 Argue 논쟁의 소지는 없으나, 이 경우에도 정산의 기준이나 조건, 금액 산출단가[4] 등 계산 방법을 계약서에 명확히 반영해 놓을 필요가 있다.

1) Engineering, Procurement & Constraction

2) 자체 보상금이나 Penalty

3) Acceptable 용인되는 한 범위 내

4) Claim 금액에 대한 산출근거도 명확해야만 정상적인 업무처리가 가능하다.

◇ **현장작업 지시에 의한 Change**변경작업

• 공식적인 Change Order변경작업 지시에 의하지 않고 발주자의 지시에 의한 변경으로, 설계도면의 변경이나 작업 방법의 변경 등 다양한 형태의 업무지시를 포함한다.

□ 도면이나 시방서의 Change변경

시공 전 변경인지 시공 후 변경인지에 따라 달라질 수 있다.

-> 시공 전 미리 변경하여 시공자에게 금전적, 시간적 손실이 발생하지 않을 경우에는 Claim 사유가 된다 하더라도 보상할 이유가 없으므로 문제가 되지 않지만, 시공 후 변경에 대해서는 상황이 다르다.

□ 시공방법 Change변경

시공자에게 작업 방법을 확인받았으나 발주자의 일방적 작업 방법 변경, 순서나 일정의 비합리적 · 비효율적 변경으로 인하여 손실이 발생되고 이를 증명할 경우에 해당한다.

□ 과잉검수

합의된 검사기준을 근거 없이 초과 검수하거나 일관성 없는 검사기준, 과도하게 빈번한 검수, 검수지연 등이 포함될 수 있다. 대개 분재의 소지는 있으나 명확한 근거 자료를 제시하기가 쉽지 않다.

□ 정상적 작업순서 장애

비합리적 요구로 작업능률의 저하나 추가비용 발생, 무계획한 간섭이나 작업변경 등으로 인한 유휴손실 등이 포함될 수 있다.

◇ **공사물량의 Change**변경

• 공사물량의 변경에 의한 Claim에 대해서는 계약조건에 따라 가감정산이 이루어질 수 있도록 한다. 이를 위해 계약을 할 때 세부적인 정산조건이나 방법 등을 명기할 필요가 있다.

◇ **현장조건의 차이**

• 이 부분 역시 계약조건에 의하여 Claim 여부가 결정된다. 사전에 주어진 조건을 기준으로 하여 이 조건이 달라질 경우 Claim 처리하는

경우도 있고, 계약자의 책무로 계약에 포함시킬 수도 있다.

- 지표 하부 또는 내재적 조건들에 대한 불확실성[1)]은 가장 대표적인 위험 요소이다.
- 대부분의 계약은 시공자에게 사전조사 의무를 부과하는 조항을 삽입하므로 예측 불가능한 경우의 수를 명확히 하여 책임한계, 즉 Claim 인정 여부를 정의할 필요가 있다. 단, 발주자가 제공한 자료에 대해서 시공자가 확인하지 않아도 된다는 명백한 표현이 있을 때 보상 요구가 가능하다.

1) 지하의 암반 출현, 지하 수맥, 쓰레기 매립지, 환경 쓰레기 처리, 기름 유출 등 통상적인 경험으로 예견할 수 없는 경우가 대부분이다.

□ 불가항력

계약상 불가항력 조항이 있다. 이는 Claim의 대상이 아니라, 지연사유에 대해 관리 범위를 벗어난 사항으로서 유보를 받을 수 있는 조항으로 이해하는 것이 좋다.
아주 특별한 경우 부분적으로 보상을 받을 수 있는 조항을 넣는 경우도 있지만, 예외적인 경우이므로 고려하지 않는 것으로 한다.
-> 노동분쟁
-> 불가항력적인 특별위험
-> 천재지변[2)]
-> 통상의 범주를 벗어나는 규모의 추가작업에 의한 지연[3)]

2) 지진, 태풍, 홍수, 화산 폭발, 국가적 비상사태 등

3) 대개는 공기연장을 수반

□ 공기단축

사전에 합의하고 공기단축을 시도하여 성공을 하였을 때는 당연히 협의된 만큼의 보상을 받게 될 것이다.
정당한 사유 없이 계약자의 일방적 판단에 의한 Claim 요건
-> 연장근무를 지시
-> 만회작업을 지시
-> 공기 연장 없이 추가작업 지시 요구
-> 정당한 사유 없이 무리한 추가인력 투입요구에 의한 손실 발생

❍ 분쟁 해결Dispute Resolution

Claim은 가급적 상호 정상적이고 원만하게 해결하는 것이 바람직하지만, Claim이 해결되지 않고 분쟁 사안으로 발전하였을 경우 이에 대한 해결 과정이 필요하다.

서로 복합적이기는 하지만 Claim 및 분쟁에 대한 해결 방법의 종류는 크게 협상, 조정, 중재, 소송으로 구분하여 설명할 수 있다.

ㅁ 협상Negotiation

Negotiation협상은 Claim클레임을 가장 순조롭게 해결할 수 있는 방법으로 시간과 경제적인 측면에서 가장 바람직한 분쟁 해결 방법이다.

문제를 해결하는 시기는 문제가 표출되기 전, 비용발생 전 또는 작업이 완료되기 전일 경우가 많다. 협상의 시작이 빠를수록 문제의 해결도 그만큼 빨라지며 프로젝트에 미치는 영향도 최소화할 수 있다.

협상 결과가 바람직한 방향으로 나타나기 위해서는 상호 신뢰를 바탕으로 양보와 배려가 어우러져야 가능하다고 이해하면 된다.

ㅁ 조정Mediation

Mediation조정은 법원의 판결이나 중재에 의하지 않고 제3자인 Mediator조정자가 분쟁을 해결하도록 도와주는 것으로, 미국에서는 분쟁 해결에 이 방법[4)]을 보편적으로 활용하고 있다.

중재의 결과는 법적 구속력을 갖는데 비해 조정 결과는 법적 구속력 없이 당사자들 간의 합의에 의해 결정된다.

비용이 비교적 적게 들며 신속한 해결을 기대할 수 있다.

4) 각 County마다 Dispute Resolution Center를 운영하여 Mediation을 통해 작은 분쟁들을 해결하고 있다.

ㅁ 중재Arbitration

Arbitration중재은 당사자간의 합의에 의해 선임된 Arbitrator제3자에 의해 분쟁을 해결하는 것으로, 중재 판정은 재판에서의 확정판결과 동일한 효력의 강제력을 갖는다.

중재인의 자격은 양 당사자와 이해관계를 가진 자 및 공직자는 제외되며, 쟁점 사항에 기술 문제를 포함하고 있는 경우가 많아 재판관보다는 국제거래에 정통한 경험 있는 전문가 또는 법률가를 선임하는 경우가 많다.

중재는 비공개적이며 소송과는 달리 판정기간이 짧고 신속하여 소송에 비해 상대적으로 저렴한 비용으로 분쟁 해결이 가능하다.

□ 소송Litigation

Litigation소송은 분쟁 가운데 가장 최후의 선택이다. 해결 비용이 많이 들 뿐 아니라 준비 시간 및 해결 기간[1]이 가장 길어 바람직하지 않은 해결 방법이며 법적 구속력을 갖는다.

그러나 때에 따라 변호사들은 궁극적으로 재판까지 갈 생각이 없더라도 협상력을 높이기 위해 의도적으로 소송 절차를 밟는 경우도 있다.

1) 통상 5년 이상

□ 분쟁 해결 유형별 비교

구 분	분쟁 해결 기간	해결 비용	구속력
협 상 Negotiation	• 협상자의 목적,태도 기타 요인에 의존 • 매우 신속히 해결가능	• 최소 • 타협해결에 소요된 비용	• 채택 또는 거부 • 협정으로 이끌 수 있음
조 정 Mediation	• 협상과 동일 • 조정일정에 따라 약간 한계가 있음 • 대체적으로 신속함	• 조정자조정기관의 수수료	• 채택 또는 거부 • 협정으로 이끌 수 있음 • 협정으로 유도하는 도덕적 압력
중 재 arbitration	• 소송보다 빠름 • 규칙들이 제한이 있음 • 중재인의 능력과 가용성에 따라 좌우됨 • 준비에 몇 개월이 걸릴 수 있음	• 서류정리 요금 • 중재인 급료 • 필요시 대리인의 비용	• 계약에 따라 구속이나 불구속이 될 수 있음
소 송 Litigation	• 5년 이상 소요될 수 있음 • 준비 자체에 몇 년이 걸림	• 변호사 비용과 대리인 급료 등 많은 비용 소요	• 구속력 있음

2 리스크 관리Risk Management

❍ 프로젝트 리스크Project Risk의 개념

Project는 그 정의에서 보듯 한시적이고 시작과 끝이 있으며 유일무이한 성격을 가지고 있다. 즉 어떤 경우에도 똑같은 Project는 없으며 언제나 새로운 것이라는 뜻이다.

새로운 프로젝트를 시행할 때는 미래에 일어날 일을 예측하여야 하며, 항시 예측에 따른 불확실한 요소들이 상존하고 있다. 이 불확실성은 때때로 Project의 성패 뿐 아니라 회사의 경영에도 절대적인 영향을 줄 수 있는 요인이다.

Project 관리자는 예측한 미래에 대한 불확실성을 필연적인 것으로 받아들여야 한다. 현명한 관리자라면 오히려 이 불확실성을 Project의 이득으로 바꾸는 노력을 해야 한다. 다행히도 Risk불안요인는 항상 위협이 되는 나쁜 것만 있는 것이 아니라 기회를 제공하는 좋은 Risk도 있기 때문이다.

일단 위기 상황이 발생하면 적절한 위기 관리 능력으로 극복해야 한다. 이는 Reactive Management반응적 관리로서, 이보다 한 차원 높은 사전 Pro-active Management대비 관리로 위기 상황이 발생하기 전에 대책을 세워 사후처리가 아닌 예방차원에서 대처하는 것이 훌륭한 관리자의 자세일 것이다. 관련 자료에 의하면 Project에 잠재해 있는 문제들은 Risk Management위험관리를 통해서 90% 정도까지 줄일 수 있다.

□ 프로젝트 리스크Project Risk의 정의

미국 프로젝트 관리 협회PMI에서는 Risk를 "An uncertain event or condition that, if it occurs, has a positive or negative effect on a project's objectives."라고 정의하고 있다. 즉, 리스크는 프로젝트의 목적에 긍정적 또는 부정적 영향을 미치는 불확실한 사건이나 상황을 말하며, 이는 개선시킬 수 있는 기회를 포함한다는 것이다.

Risk를 관리하기 위한 Risk Management는 "The systematic process of identifying, analyzing and responding to project risk." 라고 정의하여, 전 Project 기간 동안 긍정적 결과를 극대화하고 부정적 결과를 최소화하기 위한 프로세스라고 이해하고 있다. Project Management는 다른 말로 바꾸면 발생된 일에 대비하기 보다는 미래의 불안한 상황에 대한 사전 대비, 즉 예방하는 것이다.

□ 리스크 관리Risk Management의 목적

리스크 관리의 목적은 다음과 같다.

- 프로젝트의 목표에 영향을 줄 수 있는 요소들을 세밀하고 구체적으로 파악
- 이들 각 요소들을 계량화
- 관리 불가능한 하한선 설정
- 관리를 통해 그 영향을 최소화

□ 리스크 인자Risk Factor

리스크를 분석할 때는 다음의 사항을 분석하여야 한다.

- 어떤 일이 발생될 것인가.
- 만일 일어난다면 결과가 어떻게 될 것이고, 얼마나 영향을 줄 것인가.
- 언제쯤 그 일이 일어 나겠는가.
- 얼마나 자주 그 일이 발생될 것인가.

○ 리스크 관리 프로세스 Risk Management Process

PMI에서는 프로젝트 리스크 관리를 프로젝트 리스크에 대한 Identifying식별, Analyzing분석, Responding대응에 관련된 체계적인 프로세스로 규정하고 있다. 이는 프로젝트 목적에 대해 긍정적인 사건의 확률 및 결과는 극대화 하고 부정적인 사건의 확률 및 결과는 최소화하는 의미를 포함한다.

- Risk Management Planning리스크 관리 계획
  -> 프로젝트를 위해 리스크 관리 활동들을 어떻게 접근하고 계획하는지 결정
- Risk Identification식별
  -> 어떤 리스크가 프로젝트에 영향을 미치는 리스크가 어떤 것인지 결정하고, 각 리스크의 특성을 문서화
- Qualitative Risk Analysis정성적 리스크 분석
  -> 프로젝트 목표에 대한 영향을 우선 순위화 하기 위해 리스크 및 조건의 정성적 분석을 수행
- Quantitative Risk Analysis정량적 리스크 부석
  -> 프로젝트 목표에 대한 리스크의 확률 및 결과를 측정하고 이들의 연관관계를 추정함
- Risk Response Planning리스크 대응 계획
  -> 프로젝트 목표에 대한 기회를 증진시키고 위협을 감소시키기 위한 Procedure절차 및 Technique기법을 개발
- Risk Monitoring and Control리스크 감시 및 통제
  -> 프로젝트 수명 주기 동안 Residual현존하는 위험을 감시, 새로운 위험을 식별, 위험 감소 계획 수행 및 그들의 영향을 평가

프로젝트 리스크는 프로젝트 목표에 대한 위협 및 이러한 목표를 증진하기 위한 기회 모두를 포함한다. 이는 모든 프로젝트에서 존재하는 불확실성에 기인한다.

알려진 위험이란 식별, 분석되어 이에 대한 계획이 가능한 위험을 말

한다. 알려지지 않은 위험은 비록 프로젝트 관리자가 과거의 비슷한 프로젝트 경험을 바탕으로 일반적인 대응 방안을 적용한다고 하더라도 관리할 수 없다.

조직은 리스크를 프로젝트 성공에 대한 위협으로 인식한다. 프로젝트를 위협하는 리스크는 만일 이를 처리함으로써 얻게 되는 보상과 균형을 맞출 수 있다면 허용할 수 있다.

예를 들어, Fast-Track 일정 채택은 완료 목표일을 앞당길 수 있는 리스크이다. 기회가 되는 리스크는 프로젝트 목표에 대한 이익을 위해 추구될 수 있다. 성공을 위해 조직은 프로젝트 전체를 통해 리스크 관리를 수행해야 한다.

또한 알려지지 않은 리스크는 대응할 수가 없기 때문에 경험이나 판단을 근거하여 Contingency 예비비를 계상하여 만일의 사태에 대비한다.

◯ 리스크 관리 계획 Risk Management Planning

Project의 Risk Management리스크 관리 활동에 대한 접근 방법과 계획을 어떻게 할 것인가를 결정하는 것을 말한다. 이는 모든 책임 있는 이해 관계자들, 즉 Project Manager프로젝트 관리자, Team팀원, 사업주, 관련 전문가들이 참여하여 참고 Template자료나 Procedure절차서 등을 검토하고, 해당 Project는 어떻게 Develop개발할 것인가 결정하는 것에서 출발한다. 그러므로 단지 표준 Check List를 활용하여 부분 조정하는 것이 아니라 Project의 범위, 규모, 경험, 역량 수준에 따라 조정되어야 한다. Risk Management Planning리스크 관리계획시 고려해야 할 사항은 다음과 같다.

- Methodology방법론
  -> 리스크 요인 식별, 접근 방법, 관리 방법, 도구 등을 정한다.
- Responsibility and Roles책임과 역할
  -> Activity별로 수행 책임과 역할을 정한다. Team Member팀원가 아닐 수도 있다.
- Budgeting예산 수립
  -> Risk Management리스크 관리를 Processing운영하는 데 필요한 예산을 책정한다.
- Timing시점
  -> Activity별로 언제, 얼마의 간격으로 진행하는가 정한다.
- Scoring and Interpretation점수화 및 해석
  -> Activity별 평가를 계수화하고 의미를 해석한다.
- Threshold한계점
  -> 어느 정도의 위험 수위까지를 대응할 지 기준을 정한다.
- Reporting Formats보고 양식
- Tracking추적
  -> 모든 과정은 지속적으로 Monitoring하고 과정과 결과를 기록으로 남긴다.

❍ 리스크 식별 Risk Identification

Project Risk를 식별하고 각각의 특성을 분석하는 것을 말한다. 식별 작업에는 내 · 외부 전문가, Project 이해 관계자, 고객 등이 참여하게 된다. 경우에 따라서는 업무의 효율을 높이기 위하여 몇 사람이 기초 작업을 한 후 나머지 관련자들이 참여하여 검토하기도 한다.

Major Risk Identification 주요 리스크 식별은 Project 초기 Planning 단계에서 이루어 지도록 하며 Project WBS[1]가 확정되면 완성되지만, 이 때에 모든 Risk를 식별하기는 어렵다. 따라서 Risk를 찾아내는 작업은 Project가 끝날 때까지 지속적으로 노력해야 하는 것이다.

1) Work Breakdown structure

▫ 프로젝트 리스크 Project Risk의 형태

Risk의 형태는 보는 관점에 따라 여러 가지 분류가 가능하며 정답이 없는 것이 특징이다. 발생 원인이나 형태 등에 따라 구분할 수도 있고 Process 단계별로 분류할 수도 있으니 나름대로 누락되는 분야가 없도록 Identify 식별해 나가면 된다.

이전에는

- 외적 요인 : 규정, 환경 영향, 정부 정책, 시장 변화, 환율 변동, 인플레이션, 세금 정책
- 내적 요인 : 시간, 비용, 예측 못한 조건, 범위 변경, 미 경험 분야, 부실한 기획, 역량 부족, 인력 부족, 자재 장비
- 기술적 요인 : 기술 변화, 수행 능력, 설계
- 법률상 요인 : 인허가, 특허권, 계약, 불가항력 요인
- 알 수 없는 요인 : 많지는 않지만 예측 불가한 요인

등으로 분류하여 식별하는 추세이었으나, 요즈음은

- Technical 기술적, Quality or Performance Risks 품질 또는 수행상 리스크 인자
- Project Management Risks 프로젝트 관리적 리스크 인자
- Organizational Risks 조직과 관련된 리스크 인자
- External Risks 외부적 리스크 요인

등으로 분류하기도 한다. 이렇듯 체계나 생각이 변화하고 있으나, 어떻

게 분류하느냐 따지기 보다는 관리하기 편한 방식을 채택하여 세밀한 식별을 하면 다를 것이 없다고 본다. 실제로 한 가지 Risk에는 복합적인 요인이 존재하기 때문이다.

ㅁ 리스크 식별 기법Risk Identification Technique

문제는 이러한 Risk를 정확히 어떻게 식별하느냐이다. 식별을 제대로 해야 대안을 마련하고 긍정적 Risk로 바꾸는 Program이 가능하기 때문이다. Risk 식별 기법에는 여러 가지가 있으나 그 중 대표적인 것을 살펴 보면 다음과 같다.

- **문서 검토**

가장 많이 접하는 방법이다. 관련 자료를 검토하여 리스크 요소를 정리 한다. 계약서, Project 기획서, Assumption추측, Template참고자료 등 각종 자료를 통해서 식별한다.

- **정보 수집 Technique**기법

-> Brainstorming브레인스토밍

이해 관계자들이 한데 모여 자유로운 의견을 교환하여 결과를 도출하는 방법으로 자주 활용되는 기법이다. 여러 사람의 다양한 Idea나 경험을 살릴 수 있으며, Group이 공동의 결론을 도출할 수 있고 Potential Problem문제가능성에 대해 다양한 해결안을 효과적으로 창출할 수 있다는 장점이 있다. 다른 측면으로는 우월적 지위를 오용하여 타 구성원들에게 압력을 줄 수 있고, 결론을 도출하는 데까지 시간이 걸리며 Group을 이끌 강력한 리더를 필요로 한다.

-> Delphi Technique델파이 기법

어떤 사안에 대하여 전문가들의 교감을 이끌어 내는 기법으로, 주요 사안에 대하여 상호 익명으로 의견을 제시하도록 우편이나 메일로 교신하며, 타인의 의견 역시 익명으로 제공함을 반복하면서 의견의 일치를 이끌어 내는 방법이다. 한쪽에 치우치지 않는 객관적 결론을 도출[1)]할 수 있으나 의견 조정자의 역할이 중요해지며, 시간이 많이 걸리고 Group Member들의 공동 참여가 불가능하다

1) 전문가의 지식이나 경험을 필요로 하는 중대 사안에 국한하여 활용한다.

는 단점도 있다.

-> Interview 인터뷰

특정 분야에 정통한 전문가와의 대면 상담을 통해 잠재되어 있는 Risk를 식별할 수 있다.

-> SWOT 분석

Strong 강점, Weakness 약점, Opportunity 기회, Threaten 위험 등의 요소로 분석하여 식별하는 방법이다.

- **Check List 활용**

-> 경험적 기록이나 사전에 Study 된 Check List를 활용하여 접근할 수 있으나, Project는 그 성격이 제각각 다르므로 Check List별로 모두 식별할 수 없고 참고 자료로 활용한다.

- **Assumption Analysis** 가정 분석

-> 조직의 자산인 과거의 정보를 통해 프로젝트의 가정 사항을 기반으로 리스크를 분석하고 활용한다.

- **도식화 기법**

-> Cause and Effect Diagrams 인과 관계도

일명 Fishbone Diagram 어골도이라고도 하며 원인과 결과 관계를 분석하는 대표적인 분석 기법이다. 어떠한 예측 Risk에 대해 잠재해 있는 문제점과 영향을 생선 뼈의 형태로 도식화하며 분석하는 기법이다.

-> Process Flow Chart 프로세스 흐름도

시스템과 연관된 각종 요소들을 일련의 흐름도로 작성하여 그 속에 잠재해 있는 Risk를 식별해 내는 기법이다.

❍ 리스크Risk의 수준 분석

Risk의 식별이 완료되면 식별된 위험에 대하여 발생 가능성 및 발생의 결과로 나타나는 영향을 평가하여 잠재적 영향의 정도에 따라 우선 순위를 정하여 관리한다.

Risk의 수준 분석 Process는 다음과 같다.

- 대응에 필요한 위험 요소는 어떤 것인가.
- 발생 가능성이 높은 위험 요소는 무엇인가.
- 어느 위험 요소를 계량하고 Risk 대응 Program에 포함시킬 것인가, 어느 Risk는 Skip무시할 것인가.
- Risk 항목을 문서로 남긴다.
- 전체 Risk에 대해서 등급을 메긴다.

다음 표는 PMI에서 예시한 평가표이다.

프로젝트 주요 목표에 대한 리스크 영향의 평가

☞ PM BOK 2nd Edition

등급 / 항목	매우 낮음 .05	낮음 .1	보통 .2	높음 .4	매우 높음 .8
원가	사소한 증가	원가대비 5% 미만 증가	원가대비 5–10% 원가 증가	원가대비 10–20% 원기 증기	원가대비 20%초과 원기 증기
일정	사소한 일정 지연	5% 미만 일정 차질	5–10% 전체 프로젝트 일정 차질	10–20% 전체 프로젝트 일정 차질	20% 이상 전체 프로젝트 일정 차질
범위	거의 인식할 수 없는 정도	범위의 사소한 영역이 영향을 받음	범위의 주요 영역에 영향이 있음	고객이 인정할 수 없는 범위	프로젝트 최종 목적물이 쓸모 없음
품질	거의 인식할 수 없는 정도의 품질 저하	일부 엄격한 기능만 영향을 받음	고객의 승인이 필요한 품질 저하	고객이 인정할 수 없는 품질 저하	프로젝트 최종 목적물이 쓸모 없음

리스크 영향 평가를 통하여 도출된 관련 항목의 리스크 순위를 바탕으로 프로젝트에 영향을 미치는 요소들을 파악하고 이를 바탕으로 Risk에 대응하는 계획을 세울 수 있게 된다. 리스크 평가는 프로젝트에 미치는 Risk의 우선 순위를 결정하고 Risk간 Grouping을 통하여 보다 효율적으로 대비할 수 있도록 도와 준다.

특정 리스크 의 위험 점수RISK SCORE					
확률(*P*)	리스크 점수 = *P* x *I*				
0.9	0.05	0.09	0.18	0.36	0.72
0.7	0.04	0.07	0.14	0.28	0.56
0.5	0.03	0.05	0.10	0.20	0.40
0.3	0.02	0.03	0.06	0.12	0.24
0.1	0.01	0.01	0.02	0.04	0.08
프로젝트	0.05	0.10	0.20	0.40	0.80
목표	목표에 주는 영향(예 : 원가, 시간, 범위) (비율 척도)				

확률 /영향 Matrix

☞ *P* : 발생 가능성

I : 영향력

❍ 리스크 계량화Risk Quantification

식별된 Risk를 관리하기 위해서 Project에 영향을 미치는 리스크의 크기를 수치적으로 분석하게 된다. Risk는 여러 가지 요소들이 복합적으로 작용하기 때문에 분석을 할 때 주의를 요한다. 리스크는 서로 다른 측면의 기회를 제공하므로 대응책을 수립할 때에도 여러 가지 요소를 감안해야 한다.

리스크 관리의 효율을 기하고 객관적 요소를 복합적으로 분석하여 중요도나 영향의 크기에 따른 등급을 정하기 위하여는 계량을 필요로 한다. 계량화 작업시, 그 과정에서 사용하는 여러 수학적 기법의 객관성, 정확성에 따라 또 다른 잠재적 리스크 요소를 내재하고 있음에 주의한다. 이는 Schedule Control일정계획 관리에서 Critical Path주공정를 관리하다가 예기치 않은 Critical Path가 생성되는 것을 놓치는 경우와 마찬가지이다.

▫ 인터뷰Interview

이해 관계자나 전문가들과의 면담을 통해서 리스크에 대한 인지 정도를 측정하여 이를 계량화한다. 면담의 결과를 확률 분포로 분석하여 정리한다. 리스크 Range한계에 대한 근거를 문서화한다.

□ 민감도 분석Sensitivity Analysis

Project에 잠재적 영향을 가장 크게 미치는 Risk를 찾는 작업이다. "What if만일~하다면" 접근 방식으로, Project Plan에 끼치는 영향 분석을 통해 몇 가지 요소를 변경하면 Project에 미치는 영향이 어떻게 바뀌는가를 분석한다. 이 기법은 Management관리자가 결과의 가능성에 대한 Range범위를 예측할 수 있고 이에 따라 현실적인 결정을 할 수 있는 장점이 있는 반면, 복합 요소를 단편적인 분석[1)]을 함으로서 오판의 소지를 안고 있기도 하다.

1) 여러 요소를 복합적으로 연계하여 분석하는데 한계가 있다.

□ 의사 결정 트리 분석Decision Tree Analysis

가장 많이 사용하는 기법으로 복합적인 요소들 중 어느 하나를 선택하였을 때의 차이점을 도식화하는 방법이다. 이 Schematic Diagram계통도, 개략도은 여러 가지 변수에 대하여 각각의 Path에 따른 상관 관계와 영향을 제시하기 때문에 판단에 따른 대응 방안을 선택할 수 있다. 이는 각각의 결과에 따른 가능성에 대하여 예측할 수 있게 해주고 도식으로 보여 주므로 Value기대치를 산정하는데 도움이 된다. 그러나 Cost비용나 Timing시간의 분석에는 한계가 있고 Overall전체적인한 전략을 결정하는 데는 쉽지 않다.

❍ 리스크 대응 계획 Risk Response Planning

Project Risk의 식별을 완료하고 각각의 영향이나 Value값에 대하여 분석하고 등급을 결정하여 우선 순위를 정하고 나면 그에 따라 대응 전략[1]을 세우게 된다. 대안이 마련되면 앞에서도 언급하였듯이 각 Activity별로 책임질 개인이나 집단을 결정하여 추진하도록 한다.

위험에 대한 대응책은 회피, 전가, 완화, 수용의 4가지 유형으로 마련한다.

ㅁ 회피 Avoidance

크고 심각한 Risk의 경우 발생 가능성을 최대한 없애는 것이 좋다. 따라서 Project의 계획을 수정해서라도 회피 전략을 세우게 된다.

Project 초기에 나타나는 Risk는 요구 사항을 명확히 하고 정보를 수집, Communication을 향상시키고 전문성을 확보함으로서 회피 가능한 경우도 있다. 자원비용이나 시간을 추가 투입하거나 도전적이고 새로운 방법보다는 익숙한 경험 있는 방법을 택하기도 한다.

ㅁ 전가 Transference

Risk의 대처 방법이나 결과에 대한 책임을 제 3자에게 돌리는[2] 방법이다. 대표적인 예가 계약시 나타나는 각종 보험[3]이다. 이는 반드시 이에 상응하는 보상 지불이 수반된다.

ㅁ 완화 Mitigation

Risk의 발생 가능성을 낮추거나 결과에 의한 영향을 감소시키는 전략이다. 새로운 조치나 검사를 강화하거나 인력을 추가 투입하거나 Process를 간소화시키거나 전문가를 투입하는 등의 방법으로 위험 발생 확률을 낮추거나 영향을 최소화하는 것이다.

ㅁ 수용 Acceptance

능동적 수용은 Contingency Plan예비 대책을 마련하여 대비하는 것이고 수동적 수용은 아무런 대책 없이 결과를 수용하는 것이다.

1) Project 목표에 대한 위협 요소를 감소 시키고 기회 요소를 확대 시키기 위해 대응책

2) Risk 자체가 소멸하는 것은 아니다.

3) 이행 보증 보험, 책임 보험, 운송 보험 등

Contingency Plan은 주로 Project 수행 도중 예견되지 않은 위험에 대처한다. 프로젝트의 리스크 대응책은 프로젝트 수행 전이나 초기에 수립하는 것으로 이를 근간으로 Project 수행 중 Risk를 관리하게 된다.

Project가 진행되면서 초기에 예측했던 상황은 여러 가지 변화의 양상을 띠게 된다. 따라서 준비된 대응 방안이 효과적으로 집행이 되며 그 결과가 어떠한지, 예측 상황이 변화가 없는지, 위험 징후가 나타나는지, 새로운 위험은 없는가 등을 감시하고 통제할 필요가 있는 것이다.

프로젝트의 리스크에 대한 대응 절차는 다음과 같다.

- 초기 계획 수립 시 확보된 자원 즉 예비비, 여유 공기, 예비 인력, 잉여 자재 등의 현황을 지속적으로 조사/분석한다.
- Project가 진행되면 초기에 가상했던 상황에 대한 많은 정보가 추가된다. 초기에 예상한 Risk의 변동 사항이 있는지 아니면 새로운 위험 요소가 발생했는지 조사하고 잔여 리스크 요소를 재점검하여야 한다.
- 여기서 그치는 것이 아니라 초기에 세운 대응책을 보완하고 개선하여 자원 절감의 수단을 재탐색한다.
- Project가 진행되면서 변화된 상황을 기준으로 영향도를 재평가하는 작업도 포함한다.
- 이러한 일련의 과정과 결과는 문서화/자료화 하고 Data Base를 구축하여 차후 Project의 Template참고자료로 활용할 수 있도록 한다.

○ 리스크 대처 Risk Control 사례

본서는 이론적 설명보다는 실무자들이 좀 더 쉽게 이해하고 현업에 활용할 수 있도록 하는 것이 주된 목적이다. 리스크 관리의 몇 가지 사례를 들어 보기로 한다.

엄밀히 따지면 다음의 사례는 Risk Management로 볼 수 없다. 일단 발생한 리스크에 대하여 대처한 사례이기는 하나 사전에 대비하여 이를 발생하지 않게 관리하였거나, 불가항력인 사안이라도 좀 더 연구하여 최소화할 수 있었더라면 많은 손실을 줄일 수 있었을 것이라는 관점에서 사전 관리의 중요성을 강조하기 위하여 언급한 것이다.

□ 사례 (1) : 불공정 계약에 의한 위험 및 리스크 관리
– 두 회사의 Consortium 계약에 의한 Project

리스크 요인	• A사는 Licenser로서 기본 설계 및 Process Guarantee공정 책임의 책임 • A사의 기본 설계 변경에 따른 책임은 단위 변경당 20,000만 불 이상일 경우 계약 금액 비율로 부담한다. • A사와 B사의 계약 금액은 30%: 70% • B사는 이를 수용 하고 Contingency예비비로 일정 금액을 상정함
상황 발생	• 특정 Tower 제작 완료 시점[1]에서 A사에서 재질 변경C/S에서 S/S로 • 추가 비용 발생 • 공기 Impact영향
리스크 관리	• 일단 Contingency예비비 비용으로 긴급 재제작 시행[2] • 공사 간섭 및 Holding Area유보 구역 분석 • 별도 Combined Work Plan복합적 작업계획 작성[3] • 돌관 공사 준비 • 기 제작 분 매각 협상 • 제작 비용 뿐 아니라 돌관 비용을 산정[4]하여 협상

1) 통상 제작 기간 10개월 소요
2) 돌관 제작 돌입
3) 잔여 작업 최소화 방안
4) 제작/운반/공사

□ 사례 (2) : 몬순 기간[5]에 따른 생산성 저하 방지

상 황 발 생	• 우기철 토목 공사 및 지하 배관 공사 일정 • 차기년도는 공사 Peak Time
대 응 방 안	첫해–배수로 확보 • 배수 시설[6] • 장비 이동 통로 확보 • 간섭 배제[7] • 도로 유지, 보수 계획 • 가급적 빨리 되메우기 전략 • 터파기 사면 보호 Vinyl 준비 차기년도 • 건물 공사 일정 조정 • Tent 준비 • 건물 내 공사 Activity 활용 • 기자재 Protection 보호 • Permanent 영구 도로 조기 시공[8]

□ 사례 (3) : 장기 휴무로 인한 공기 손실/축소

– 특정 국가는 공식 휴일과는 별개로 국민 대부분이 그 이상 장기 휴무를 누리고, 심지어 교통 여건이 취약하여 실제로 고향에 가는데 만 2일 이상 걸리는 상황도 있다. 이 경우 약 10여 일이나 인력 동원이 불가능하다.

대 응 방 안	• 사전 생산성 극대화 추구 • Incentive 계획 경비 반영 • 업체 독려 공동 목표 의식 고취
Incentive 시 행	• 귀향 및 귀성 버스 운영 • 휴무 후 동원 인력 수에 대하여 보너스 지급 • 휴무 후 출근자 상품 지급 • 휴무 반납자 특별 보너스 지급 • 복귀시 추가 인력 동반자 보너스 지급
관 리 결 과	• 휴무 후 둘째 날 70% 복귀 • 휴무 후 일주일째 90% 복귀 • 성공적인 인력 동원 자축[9]

5) 6월~10월

6) De-Watering 배수 System 구축

7) Combined Schedule 작성

8) Up to base-course 기초층 다짐까지

9) 경품 대회 개최로 독려

□ 사례 (4) : 시공 도면 출도 지연으로 인한 공기 지연 리스크

상황 발생	• Licenser특허권자의 Basic Process기본공정 확정 지연 및 상세 설계 지연 발생[1]
대응 방안	기본 계획 수정: • 작업장을 2배로 확장 • 목표 물량 증가 기준 Incentive Plan보상계획 작성 • 이해관계자 Workshop 실시Team Building일체감 조성 Program • Team 목표 달성 Incentive 제도 시행 • 대 사업주 설명회 개최 • 관리 System 확장 • 사업주 Incentive 유도 • 긴급 자재 공급선 확보
관리 결과	• 9개월 만에 목표 달성[2]

1) 순수 13개월 가용 기간 중 4개월 지연

2) 4달 동안 월10~11% 달성

□ 사례 (5) : 시황 변화에 따른 리스크 예방

상황 발생	• 건설 공사에서 큰 비중을 차지하는 기자재 비용이 원자재 파동, 철, 동, Alloy로 인하여 예측 난항. 인건비도 시황에 따라 변동이 심함
대응 전략	기자재 • 다국적 통화 계약으로 환 리스크 최소화 • 연단위 단가 계약으로 불확실성 제거 • 조기 발주 전략 • 전 세계 공급망 확보[3] 인건비 상승 • 협력사 Network 구축 및 협업으로 원가 사전 확정 • 사전 Alliance결연 체결로 리스크 축소

3) 수주 산업의 특성상 기복이 심하므로 사전 물량 확보는 지양

□ 사례 (6) : 시공 출도 도면 및 기자재 공급 일정 지연 리스크

상 황 발 생	• 초기 계획에 맞춰 건설 현장으로 공급되어야 하나 도면 설계나 기자재 공급 역시 수많은 Unknown Factor 미지의 불안요인가 존재하므로 반드시 지켜진다는 보장이 없음.
대 응 전 략	• 통계적으로 지연 기간을 감안하여 시공 계획 반영 • 단, Schedule에는 정성적으로 반영 • 항상 Contingency Plan 예비계획을 계획함 -> 공사 계획 시 10% 정도 많은 물량을 기준으로 계획함 -> 작업 시간을 표준 작업 시간 8시간 기준으로 계획하거나 10시간 기준으로 계획 하나 실제로는 2시간 이상 추가 작업함 • 지속적인 정보 교환으로 적절한 대응[4] • 특히 Critical Path 주공정나 Long Delivery Item 장(長)납기 항목은 집중 관리

4) 설계 진행 현황이나 기자재 발주, 반입 계획을 지속적으로 Monitoring

□ 사례 (7): 민원 발생 및 테러 인근 지역 Project

리스크 요 인	• 특정 지역으로 분리주의자들에 의한 테러 다발 지역 • 환경 영향을 이유로 민원[5] 발생 • 주민들이 사용하던 농로가 Plant를 통과하여 인허가 Holding 유보 • 어촌 지역인 관계로 공사 인프라 취약 • 테러 및 폐쇄적 성향으로 시공 업체들이 참여 회피 • 현지 업체들은 Plant 시공 경험 전무全無
대 응 전 략	• 정부 추진 사업으로서 인허가는 사업주 업무로 압박 • 테러 및 시위 대비하여 경찰 병력 투입, 상주 • 기존 협력 관계 업체들 동원[6] • 추가 예산[7] 확보 • 대민 봉사 활동 강화 • 지역 주민 채용 및 관계 개선 노력 • 대형 기기 반입 시 Temporary Jetty 임시 하역시설 주변 지역 봉쇄 • Incentive 및 직원 보상 확대 • 투철한 사명감으로 정신 무장[8] • Team Building 일체감 조성 활동 강화 • 협력업체 경쟁 유도 및 Incentive 확대 • 비상 대피 체제 구축 및 경찰과 비상 연락망 구축 • 사업주와 긴밀한 Line-up 연결망 구축

5) 주민들이 Project 반대 시위

6) 50% 실패

7) 공사비, 인건비, 자재비

8) 전직원

□ 사례 (8) : 특수 재질 이종 용접

상 황 발 생	• 현장에서 니켈 크롬강과 스테인리스강을 특수 설비시 설치하는 Pipe Tube에 접합시켜야 하는 이종 용접 작업의 경우, 이는 통상 특수 용접을 할 수 있는 특수 용접사와 쾌적한 작업 환경을 필요로 하나 현장은 여건이 안 되어 불량 발생
대 응 전 략	• 제작소에서 작은 Piece를 이종 접합하여 붙이고 현장에서는 동일 재질 용접만 하도록 구매시에 사전 조치

3 최적화 건설 시스템Constructability System

최적화 건설Constructability 도입 배경

석유화학, 정유 Major사는 Turn-key Project의 오랜 수행 경험과 Maintainability유지 보수성 및 Operability운전성 기술과 경험을 토대로, Project의 초기단계부터 Construction의 경험과 기술을 체계적으로 최적화 적용하는 방법과 Construction 단계의 각종 Lessons Learned사례와 Risk 정보를 기초로 공사수행 계획을 사업수행 계획에 반영하여 Engineering, Procurement구매, Construction 및 Commissioning시운전 등 전체 사업 단계에 조직적으로 적용하도록 하는 System체계을 연구·검토해 왔다. 그리고, 미국 Construction Industry Institute(CII)[5]를 중심으로 학계와 업계에서 공동으로 참여하여 관련 기술을 1980년대부터 학술적으로 정립하기 시작하였다. 또한, Fluor Daniel, ABB Lummus 등 선진 엔지니어링사는 이미 실제 Project에 적용하고 System의 실용화 단계에 이르렀다.

5) CII의 발표 자료2004년에 따르면, 물론 우리나라의 경우와는 입장 차이가 있겠지만, Constructability Program을 적용한 Project Cost의 4.3% 절감효과와 Total Project 기간의 7.5% 난축효과를 보았다는 보고서가 있다.

최적화 건설Constructability의 정의

Constructability최적화 건설란 공사의 지식과 경험을 계획, 설계, 구매, 현장운영 등에 반영하여 비용절감, 생산성 향상, 조기완공의 목표를 달성하기 위한 기법을 말한다.

☞ A Primer;CII, 1986

✓ Constructability

- "The optimum use of construction knowledge and experience in planning, design, procurement, and field operations to achieve overall Project objectives."

Constructability최적화 건설의 적용은 Project의 원천 단계인 타당성 검토단계부터 이미 시작되는데, 초기 단계부터 적용할수록 원가에 최대의 이익 효과를 미친다. 반대로 때가 늦은 적용의 경우 지수함수의 분포대로 그 효과가 감소하게 된다. 체계적인 적용을 하지 못하는 경우에는

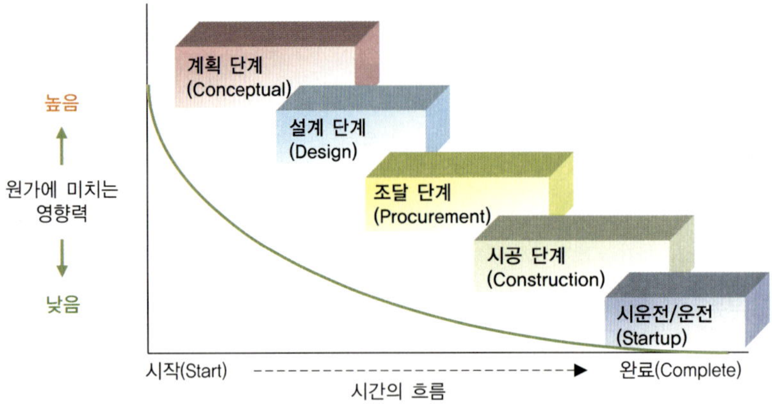

Construction Stage별 Constructability 적용 시점과 영향과의 관계

☞ Constructability: A Primer; 1986, Construction Industry Institute

원가와 공기에 미치는 Risk가 증가할 수 있다.

따라서, 신규 Project를 대상으로 적용할 수 있도록 적용 절차, 조직, 시스템을 수립하고 Constructability최적화 건설를 적용하도록 하는 Project 방침을 정해야 한다.

설계 초기에 모든 Idea를 짜내 설계에 반영하도록 노력하는 것이 매우 중요하다.[1)]

Constructability란 이미 현장이 개설된 이후에 현장을 효과적으로 운영하거나 설계단계에서 주기적으로 설계의 Error를 방지하기 위한 노력을 하거나 설계 기간 중에 공사인력을 참여시키거나 Module화를 검토하는 것이 아닌, 설계나 기획단계에서 이미 효과적으로 초기에 반영하는 것임을 이해할 필요가 있다.

1) 이는 두말할 것도 없이 Project 이해 관계자가 모두 참여하는 Program이어야 효과가 있다.

❍ 기대효과

Constructability최적화 건설를 Project에 적용하였을 때 가장 기대효과가 큰 것은 당연히 비용절감과 공기단축 부분일 것이다.

이는 복합적인 영향의 결과로 나타나지만, 좀 더 구체적인 사안들을 들여다보면 다음과 같다.

- **구체적 Constructability**최적화 건설 **기대효과**
  - 공기단축
    - -> 공사성을 고려한 공간 배치, 현지의 기술력을 고려한 공법 선정, 효과적인 Rigging Plan설치계획, 기기 Dress-out, 공사 Interface간섭를 고려한 설계 진행, 기자재 반입 우선순위 반영 등
  - 안전
    - -> 기기 Dress-out, 공용 Scaffolding비계 설치 운영, 지상 조립형 구조물 설계 등
  - 현장 인건비 절감
    - -> 생산성 향상 Program, Module화 Concept, Soil Balance를 고려한 초기 Cutting Level부지 정지 레벨 결정 등
  - Communication 장벽 제거
  - Project 이해 관계자가 동참하는 Team Building팀 일체감 조성 효과
  - 설계 구매비용 감소
  - 설계/구매/공사의 Integration통합 효과

가장 중요한 점은 Management의 Constructability최적화 건설에 대한 이해를 전제로 해야만 한다는 것이며, Project 전 Cycle에 적용하고 시공 측면의 고려를 설계에 많이 반영할수록 기대효과가 크다.

❍ 수행 툴 및 로드 맵 Implementation Tool and Road Map

Constructability Program 최적화 건설 프로그램을 보다 잘 이해하기 위해 CII에서는 다음과 같이 6단계의 Road Map과 19개 항목의 Tool로 구분하고 있다.

Constructability Program의 완성단계는 최상위의 단계인 회사 전체가 System을 이해하고 Project에 적용하는 것이라고 정의하고 있다. Project가 대형화 되고 선진 기법들이 도입되어 일부는 이미 이 Constructability Review 최적화 건설 리뷰 단계를 반드시 시행하고 Project 수행에 적용 하도록 계약서에 명시하는 경우가 늘고 있다. 처음에는 이해를 못하여[1] 업무에 적용하기가 쉽지 않으나, 강제 조항이 생기고 억지로 해보면 효과를 알게 되고, 이를 체계적으로 관리하는 것에 대한 필요성을 인지하여 회사의 Co-Operation Level로 끌어 올리는 곳이 늘고 있다.

1) 대부분이 처음에는 늘상 하는 일이라 치부하여 간과하는 경우가 많다.

최적화 건설 수행 툴 및 로드 맵 Constructability Implementation Tool and Road Map

Road Map	Part I	2	Corporate Level
	Part II	4	Project Level
Tools	Part III	19	(Road Map, Terminology, Program valuation, Assessment, Program Documentation, Application Documentation)
Case Study	Part IV		

☞ Constructability Implemenation Guide, 1993

❍ 장애요인

이러한 새로운 시스템을 도입하여 정착시키는 데는 많은 장애요인이 존재한다.

더욱이 그 효과를 실감하거나 체험하지 않은 초기 도입기에는 이런저런 이유[2)]로 기존 업무에만 젖어 있는 조직원들의 저항이 많을 수밖에 없다.

대표적인 장애요인들은 다음과 같다.

- **주요 장애요인**
  - 현재 상태에 만족
  - 각 Stage별로 투자나 노력을 꺼리는 경향
  - Lump-Sum 경쟁 입찰의 한계
  - 설계 조직의 시공 경험 부족
  - 설계자의 자만
  - 설계자와 시공자 사이의 상호 존중 부족
  - 너무 늦은 시기에 반영
  - 귀찮게 여김
  - 실효성에 의문 제기

위와 같은 요인이 존재하므로 항상 그렇듯 새로운 시스템을 도입할 때는 이 장애요인을 제거시켜 주는 강력한 리더를 필요로 하게 된다.

좀 더 이해를 돕기 위해 현재 우리가 시행하고 있는 형태의 Project 관리를 다음과 같이 그림으로 표현해 보았다.

다음 그림과 같이 우리는 각자의 입장에서 절감 노력을 함으로써 이것이 마치 Project에 큰 이익을 제공했다고 인식해 온 것이 사실이다.[3)]

물론, Project Manager의 노력에 의해 많은 부분이 조정되고 관리되었기에 성공적인 Project도 많은 것 또한 사실임을 부인하지는 않는다.

그러나, 한 개인의 역량에만 의존하면 개인의 역량에 따라 Project 손익 결과에 지대한 영향을 미칠 뿐 아니라, 개인의 역량에도 한계가 있을 수밖에 없음을 이해해야 한다. 그러므로, 이를 체계화하고 보다 더 많은

2) 탁상 이론이라고 치부하거나, 늘상 하고 있는 일이라든가, 알아서 하고 있는데 귀찮게 한다고 생각하는 등의 이유

3) 그러나, 순조로운 Project가 얼마나 있었으며, 개인이나 일부 조직의 이익 극대화는 자칫 타인이나 타 조직의 큰 손실로 이어질 수 있다는 함정이 있기 마련이다.

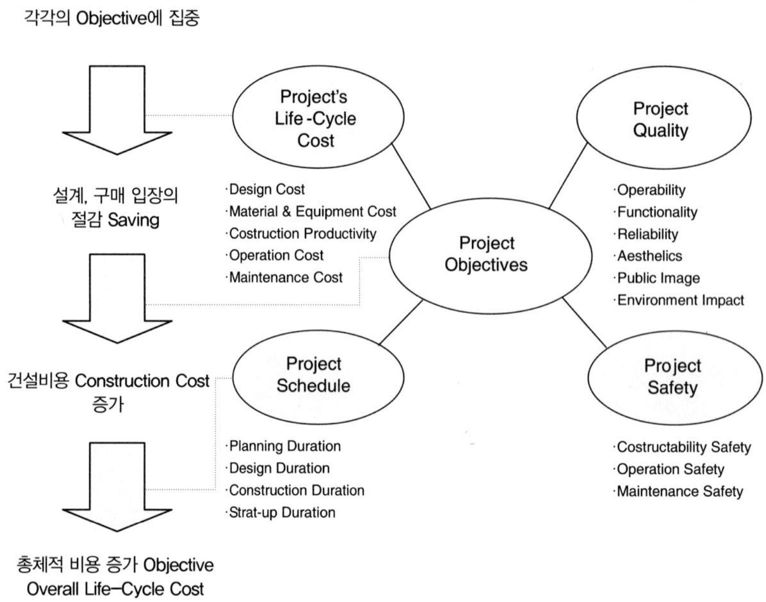

전통적 방법의 Project Objective

이해 관계자의 참여와 경험을 반영하여 개인이나 국부적인 집단의 이익이 아닌, 경우에 따라서는 일정 부분 추가투자 등의 손실을 감수하더라도 Project 전체의 총체적 이익을 추구하는, 보다 합리적인 관리를 하려는 하나의 접근이란 점을 이해하기 바란다.

❍ 최적화 건설 프로그램Constructability Program의 특성

Constructability Progam최적화 건설 프로그램에 접근하기 위해서 몇 가지 기본적인 특성을 살펴보기로 한다.

□ 기본 4가지 공통 특성

① 사업주, 설계, 공사, 사업의 Manager관리자들이 비용절감의 효과에 Commit수용하는가, 또한 빠른 결정이 Cost비용에 주는 영향이 크다는 것을 그들이 알고 있는가.

② 이들 Manager관리자들이 비용 · 공기절감 회의 시 주요 Tool도구로 활용 하는가.

③ 경험 있는 적정 공사인력을 초기 Planning계획 단계에 Assign참여 시키는가.[1)]

④ 설계자들이 Constructability최적화 건설 개선을 긍정적으로 받아들이고 검토 하는가.

1) 이는 단지 가용인력을 배치하는 것을 말하는 것이 아니다.

□ Conceptional Planning기획설계 단계의 6가지 특성

① Constructability Program최적화 건설 프로그램이 Project 수행계획에 반영되는가.

② Project Planning에 공사 경험이나 지식을 적극적으로 반영하는가.

③ 계약전략 수립 초기에 공사인력이 참여하는가.

④ Overall Project Schedule전체 프로그램 일정계획이 Construction Driven건설계획에 맞춰져 되어 있는가.

⑤ Basic Design기본설계시 시공 방법을 고려 하는가.

⑥ Site Layout현장배치도은 시공, 운전, Maintenance유지·보수 등을 고려하는가.

□ Design설계 및 Procurement구매 단계의 7가지 특성

① 설계 및 구매계획이 Construction Driven건설계획에 맞춰져 되어 있는가.

② 설계 Configuration배열이 효과적인 공사를 고려하는가.

③ 표준화된 설계요소를 활용하는가.

④ 효율적인 시공을 고려한 Specification시방서인가

⑤ 제작, 운송, 설치를 용이하게 하는 Module이나 Pre-assemble가 조립을 고려하는가.

⑥ 시공인력, 자재 이동, 장비 이동 등을 고려한 설계를 하는가.

⑦ 열악한 기후 조건하의 시공을 고려한 설계를 하는가.

❍ 최적화 프로그램Constructability Program의 정착단계

Program이 조직에 정착하기 위해 필요한 요소들을 살펴 보면 다음과 같다.

□ 조직 정착에 필요한 주요 요소

- 우선 리딩할 Champion책임자을 정한다.[1]
- 추진팀을 조직한다.
- Basic Concept과 상호 이해사항을 정의한다.
- 각 책임자를 정한다.[2]
- Data-base를 구축하고 Program을 개선한다.
- Constructability 최적화 건설 항목들을 선정한다.
- Constructability Concept 최적화 건설 컨셉을 정한다.
  - -> Conceptual Planning 단계
  - -> 설계 / 구매 단계
  - -> 현장운영 단계

1) Construction Director

2) Project Manager, Constructability Coordinator, Lead Engineer 등

❍ 특정 관련 요소Specific Objectives

다음은 Constructability Review 최적화 건설 리뷰 항목들을 개발할 때의 주요 고려사항들을 보여주고 있다.

Constructability Review Development

- 표준화, 단순화 - Module화, Pre-Assembly - 장비 활용 - 자재 야적장 - 제작과 설치가 용이하게 - 3D CAD 활용 - Field용접량	- Spec.의 시공성 - 시공/설계자간의 Communication - 최소한의 Rework - 최소한의 설계 Revision - 최소한의 Site Congestion - 근로자 분쟁의 최소화(상호 간섭) - 현장 Accessibility

Lessons & Learned + **New Idea**

❍ 활용 사례

지금까지의 내용을 가급적 쉽게 설명하려고 하였으나, 여전히 막연하게 받아들일 수밖에 없을 것이다. 그러나 다음의 사례를 보면 그렇게 거부반응이 오거나 수용하기 힘든 것이 아니라는 것을 알 수 있을 것이다.

앞에서도 언급했듯이 어쩌면 우리가 이미 일반적으로 업무를 진행하면서 연구하고 반영된 사항들이 더 많을지도 모른다.[3)]

3) 다만, 이를 좀 더 체계적 · 시스템적으로 접근하는 것이라고 이해하면 편하다.

다만, 한 걸음 더 나아가 이 과정을 통해서 이해 관계자들이 같이 고민하고, 이해하며, 한 번 더 생각하려는 노력에 더 의미가 있을 것이라고 본다.

외국의 어느 Project에서 이 Constructability Program 최적화 건설 프로그램을 적용하여 약 2개월의 공기단축 성과를 거두었다는 보고가 있다.

이들이 적용한 Objective들은 다음과 같다.

- **외국 어느 Project의 주요 Objective 적용 사례**
  - Fast-track 공기단축 Schedule 일정계획 수립
  - 가설전기, Bulk 자재 야적장 등의 시설물을 작업장에 Access 접근가 쉽게 가까이 배치
  - 모든 지하 매설재는 건기에 현장 반입
  - Permanent 영구 도로, 배수시설, Concrete Paving 콩크리트 포장 등을 조기 시공하여 우기철 작업환경 개선
  - Anchor Bolt 표준화
  - 기기 일부분 모듈화
- **지하 구조물 시공순서 정의**
  - 철 구조물 제작시 시공 우선 순위에 맞추어 구간별로 잡철물 즉 계단, Hand Rail 난간, Bracing 등 완성도를 높여 후속 공정이 바로 들어 갈 수 있게 하는 관리
  - 철골 제작분은 Final Paint 정벌바름 까지 하여 납품. 현장에서는 Touch up 만 하도록 관리
  - Dress-out 공법 적용
  - Process Pipe Rack의 Pre-Assembly 등등

4 모듈화 Modulization

❍ Module의 이해

Module화 작업은 Off Shore Platform해양 플랫폼 같이 해양에서 직접 작업을 할 수 없는 조건을 극복하기 위하여 육상에서 별도로 제작, 완성도를 높여 현지의 작업을 최소화하는데 목적이 있었다. 알라스카나 북유럽 등 극지에 시설이 필요할 경우 Module화 하는 경향이 있다. 요즈음은 대형 장비들이 발달하여 극지 뿐 아니라 임금이 높고 노동 환경이 사업주에 불리한 호주 등지에서도 동남아 등 임금이 싼 지역의 노동력을 이용하여 Project 를 설계부터 Module화 하여 추진하는 경향이 있다.

주로 검토 대상은, 추세를 보면 사업주가 처음부터 Module화 Project로 추진[1]하는 경우가 많으며 비교적 단순, 정형화 되어 있는 Project인 경우 충분한 경험과 Data Base를 활용[2]하여 부분적으로 시도를 하는 경우도 있다. 일반적으로 산업 및 Infrastructure지반시설가 발달되어 있는 기존의 산업 지역을 비용이나 시간적인 면에서 큰 득이 없으므로 재래적인 방법으로 하는 경우가 대부분이고 호주나 노르웨이, 알라스카 등 극한 지역이나 노동 임금이 높은 지역은 적극적으로 검토할 필요가 있다.

이를 검토할 경우에는 다음의 목적을 고려하여 판단한다.

- 공기 단축의 효과가 있는가.
- 현장 작업이 극단적인 축소 효과가 있는가.
- 인력 동원이 비용 이상으로 축소 되는가.
- 안전 및 공기 Risk 가 최소화 되겠는가.
- 제작장 위치 및 운송 Route 는 확보 되겠는가.
- 해상 운송[3]의 경우 별도의 해양 구조 해석이 가능한가.
- 관련 Data가 충분한가.
- 운송 장비의 확보가 가능한가.

1) Project 추진 중간에 바꾸려면 설계 검토부터 모든 타당성 검토를 다시 해야 하고 시간과 비용 측면에서 득이 없으므로 쉽지 않다.

2) 단순하고 물량이 많은 Pipe Rack 같은 경우

3) 제3국 노동력 활용시

❍ Module 설계시 고려사항

아직은 설계 역량이 뛰어난 선진업체들의 기본설계를 받아 상세설계에 적용하는 수준이나, 제작사들은 아예 상세설계까지도 제작도면부터 하는 경우가 많다. 이 Module 설계는 경험이 풍부한 Engineer에 의하여 분리하고 구조설계를 한 후 별도의 구조 해석[4)]을 요한다. 이는 운송 또는 인양 중 뒤틀림이나 해상 운송 도중 파도 등의 흔들림에 견딜 수 있도록 보강이 필요하기 때문이다. 결국 Module화라고 하는 것은 일반 Plant 설계/시공과 같지만 구조물 설계가 핵심인 것이다.

아직은 여러 제약이 존재하지만 고도의 장비들이 개발되고 Software Program도 계속 발전되어 앞으로는 더욱 이 Module화 적용이 확대되고 시공 분야도 획기적인 발전을 이룰 것으로 보인다.

4) 해양 운송이 필요한 경우는 해양 구조 해석

Module 설계에 의한 시공 사례 (a)

☞ Module 제작장에서 해상 Platform 제작을 위하여 Base를 설치하고 그 위에 시설물들을 조립하고 있는 모습이다. 완성 후 이동을 위해 Base Plate 하부에 Support를 고이고 지상에 띄워 시공하고 있다.

①

Module 설계에 의한 시공 사례 (b)

① 사진은 완성된 Module을 SPMT(Self Propelled Module Trailer)를 이용하여 이동하는 모습

② 완성된 Module의 마지막 점검 및 각종 Test를 하고 있다. Module의 특성상 제작 장소에서 가능한 Test는 모두 완료하여 완성도를 높이는데 그 의미가 있다. 즉 현지에서 해야 할 일을 최소화 하는 것이다.

③ Module 조립이 상당히 진행된 상태이며 바닥에 미리 제작된 Spool들이 놓여 있다.

②

③

Module 설계에 의한 시공 사례 (c)

①, ② Module을 이동하여 Barge에 실은 모습

③ Module을 이동하는 모습

부록

Chapter

Appendix

Appendix Ⅰ. ① Simplified Petroleum/Petrochemical Maps

Appendix Ⅰ. ② Simplified Combined Cycle Power Plant Process Maps

Appendix Ⅰ. ③ Simplified Coal Fired Power Plant Process Maps

Appendix Ⅱ. 철강 플랜트 Flow

Appendix Ⅲ. 공사진행 Flow

Appendix Ⅰ. ① Simplified Petroleum/Petrochemical Maps

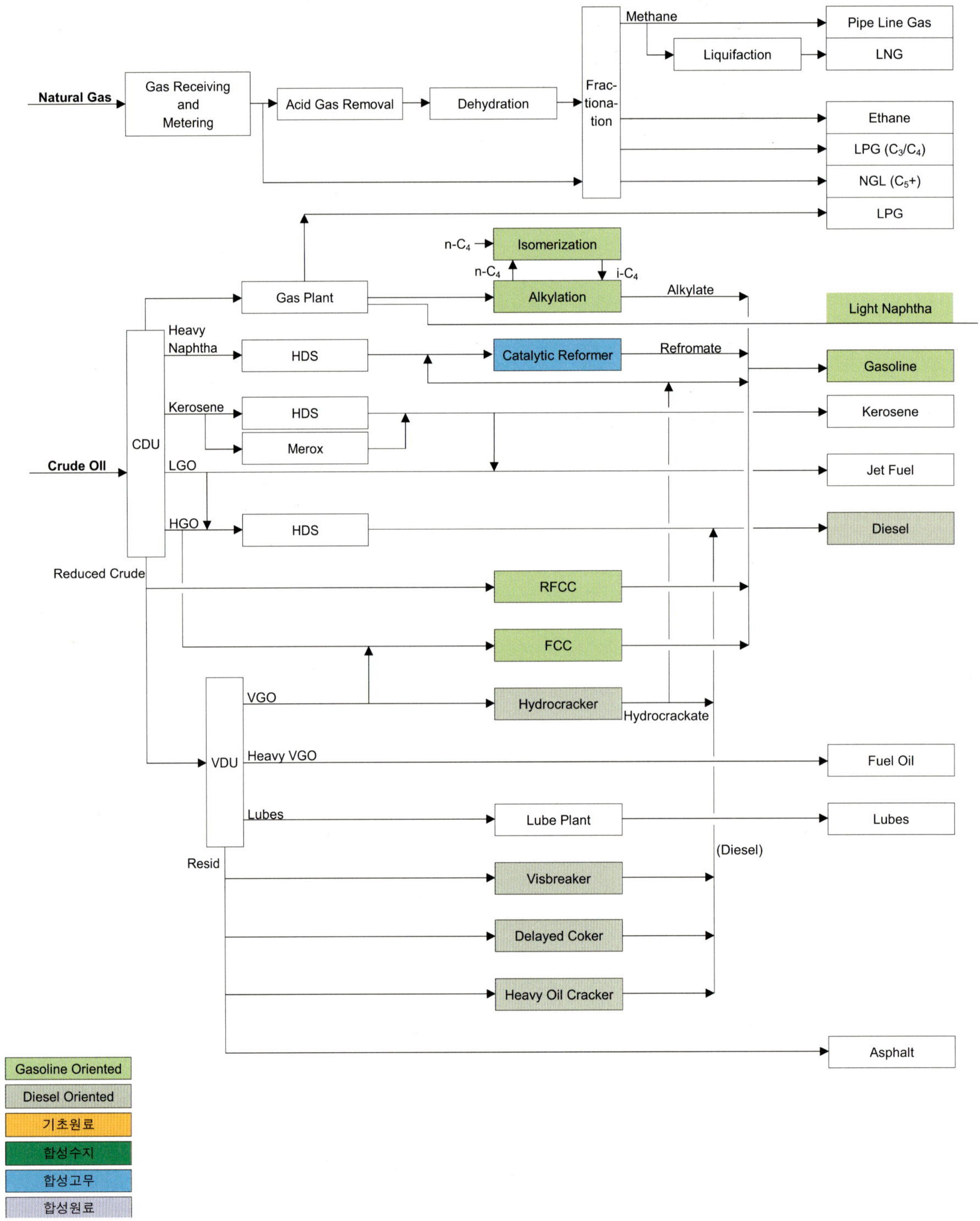

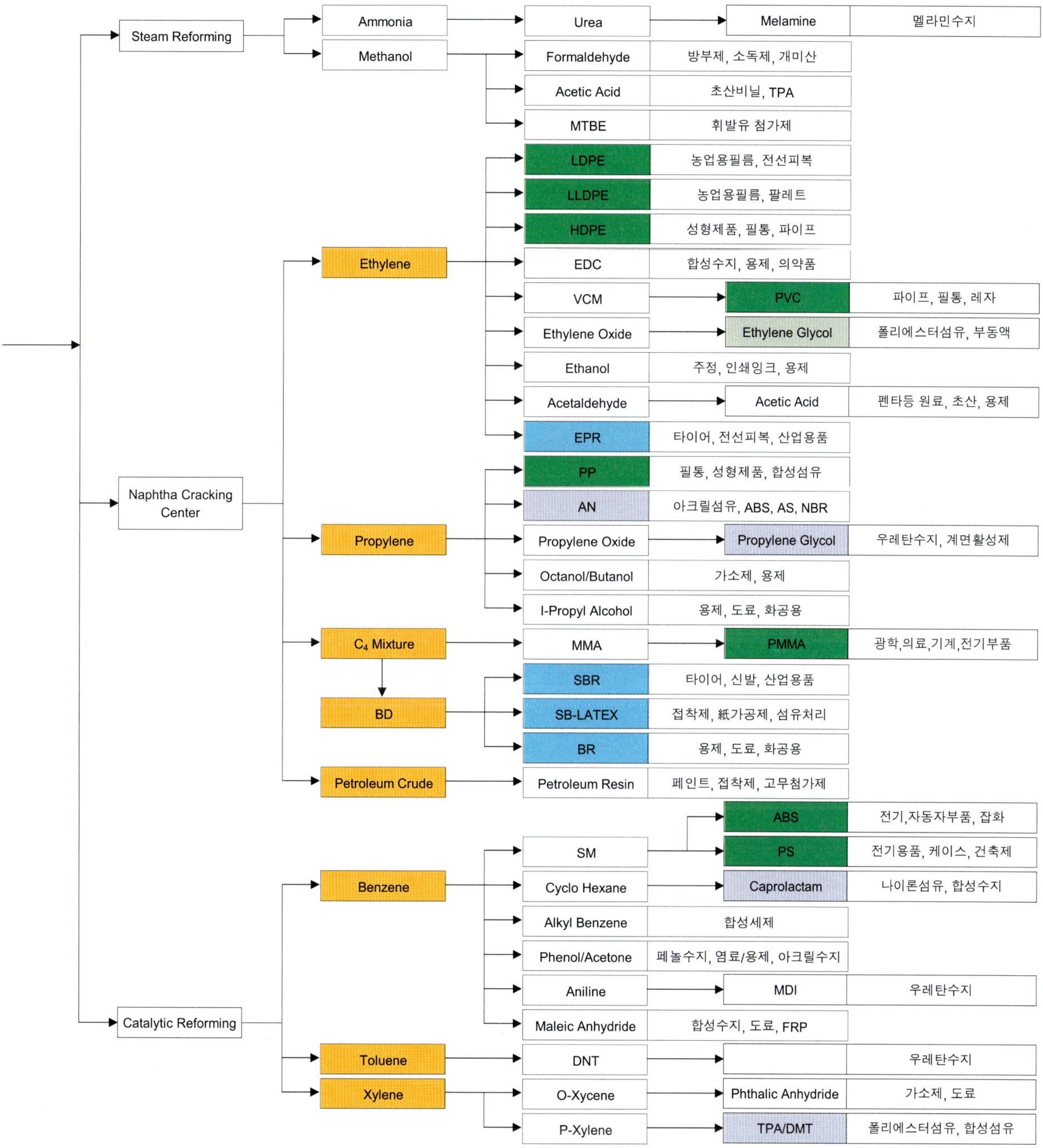
Steam Reforming
Ammonia
Urea
Melamine
멜라민수지
Methanol
Formaldehyde
방부제, 소독제, 개미산
Acetic Acid
초산비닐, TPA
MTBE
휘발유 첨가제
Naphtha Cracking Center
Ethylene
LDPE
농업용필름, 전선피복
LLDPE
농업용필름, 팔레트
HDPE
성형제품, 필통, 파이프
EDC
합성수지, 용제, 의약품
VCM
PVC
파이프, 필통, 레자
Ethylene Oxide
Ethylene Glycol
폴리에스터섬유, 부동액
Ethanol
주정, 인쇄잉크, 용제
Acetaldehyde
Acetic Acid
펜타등 원료, 초산, 용제
EPR
타이어, 전선피복, 산업용품
Propylene
PP
필통, 성형제품, 합성섬유
AN
아크릴섬유, ABS, AS, NBR
Propylene Oxide
Propylene Glycol
우레탄수지, 계면활성제
Octanol/Butanol
가소제, 용제
I-Propyl Alcohol
용제, 도료, 화공용
C4 Mixture
MMA
PMMA
광학,의료,기계,전기부품
BD
SBR
타이어, 신발, 산업용품
SB-LATEX
접착제, 紙가공제, 섬유처리
BR
용제, 도료, 화공용
Petroleum Crude
Petroleum Resin
페인트, 접착제, 고무첨가제
Catalytic Reforming
Benzene
SM
ABS
전기,자동자부품, 잡화
PS
전기용품, 케이스, 건축제
Cyclo Hexane
Caprolactam
나이론섬유, 합성수지
Alkyl Benzene
합성세제
Phenol/Acetone
페놀수지, 염료/용제, 아크릴수지
Aniline
MDI
우레탄수지
Maleic Anhydride
합성수지, 도료, FRP
Toluene
DNT
우레탄수지
Xylene
O-Xycene
Phthalic Anhydride
가소제, 도료
P-Xylene
TPA/DMT
폴리에스터섬유, 합성섬유

Appendix Ⅰ. ② Simplified Combined Cycle Power Plant Process Maps

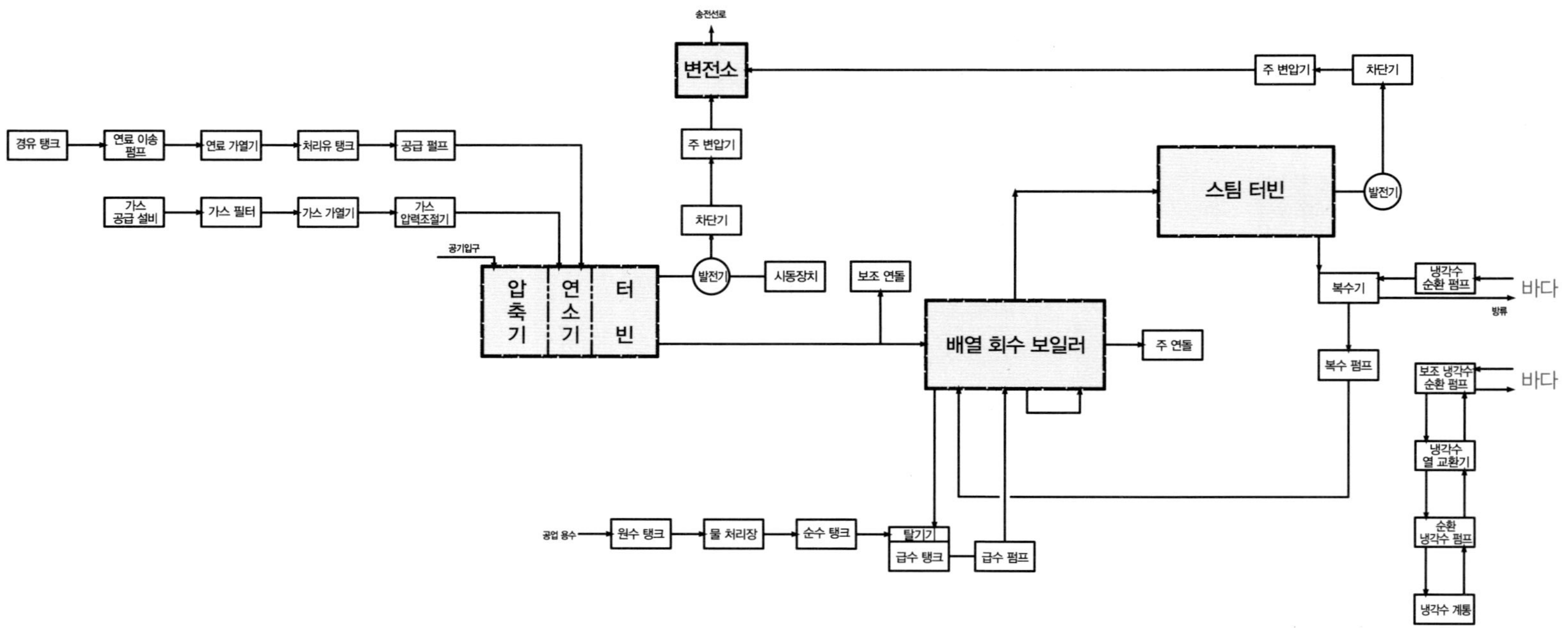

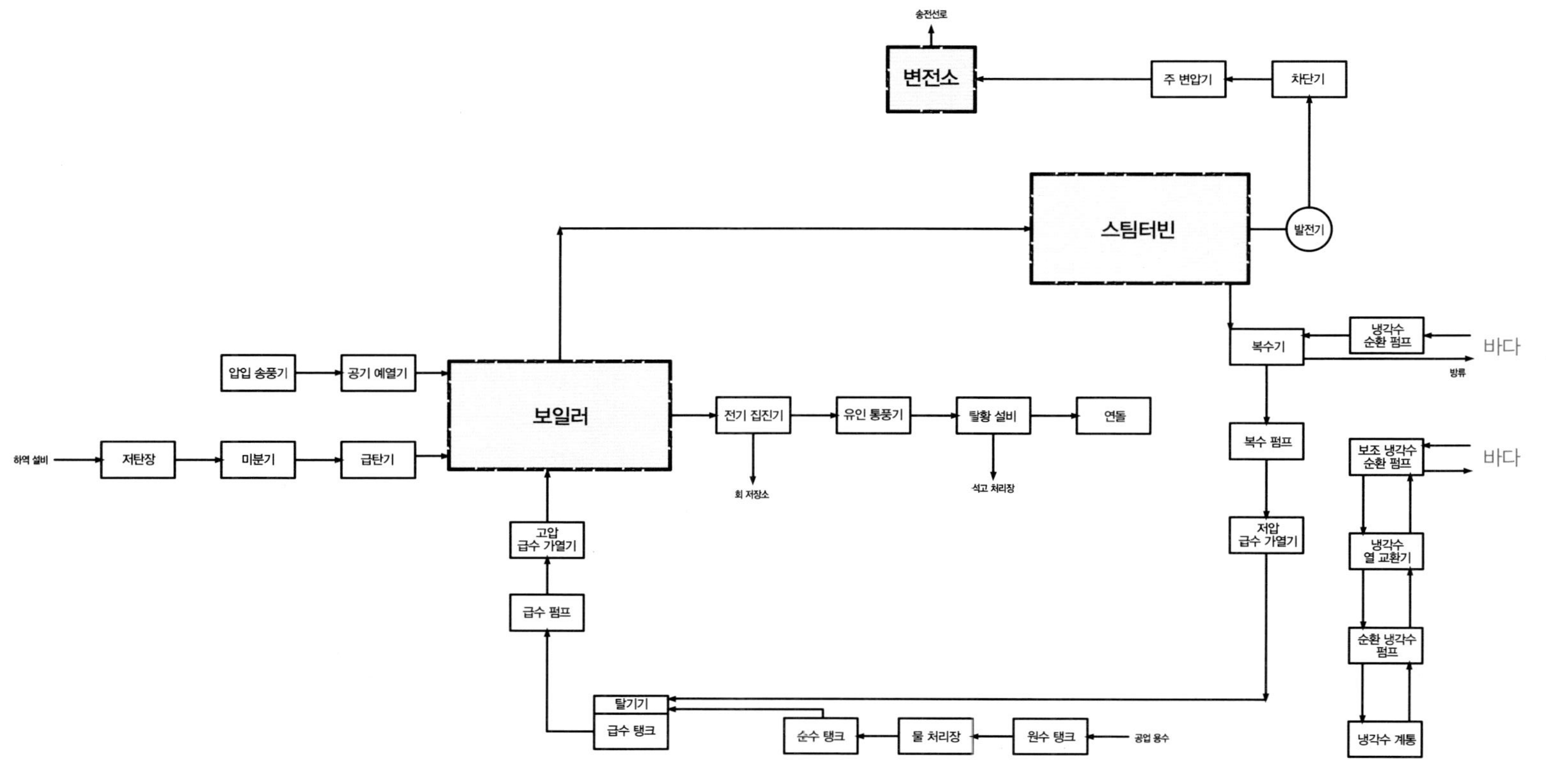

송전선로
변전소
주 변압기
차단기
스팀터빈
발전기
냉각수 순환 펌프
바다
복수기
방류
압입 송풍기
공기 예열기
보일러
전기 집진기
유인 통풍기
탈황 설비
연돌
하역 설비
저탄장
미분기
급탄기
회 저장소
석고 처리장
복수 펌프
보조 냉각수 순환 펌프
바다
고압 급수 가열기
저압 급수 가열기
냉각수 열 교환기
급수 펌프
순환 냉각수 펌프
탈기기
급수 탱크
순수 탱크
물 처리장
원수 탱크
공업 용수
냉각수 계통

일관제철공정
원료탄
코크스제조공정
철광석
소결공정
고로
토페토카
래들
전로
노외정련
연속주조
반제품
가열
열간압연공정
조압연
사상압연
냉각
권취
열연강판
냉간압연공정
후판압연공정
조압연
사상압연
가속냉각
교정
냉각
전단
검사
후판
선재압연공정
조압연
사상압연
냉각
권취
선재
전기로제강공정
철스크랩
전기로
2차정련
연속주조
반제품(빌렛,블룸)
가열
조압연
사상압연
절단
봉형강

※ 출처 : 한국철강협회

Appendix Ⅲ. 공사진행 Flow

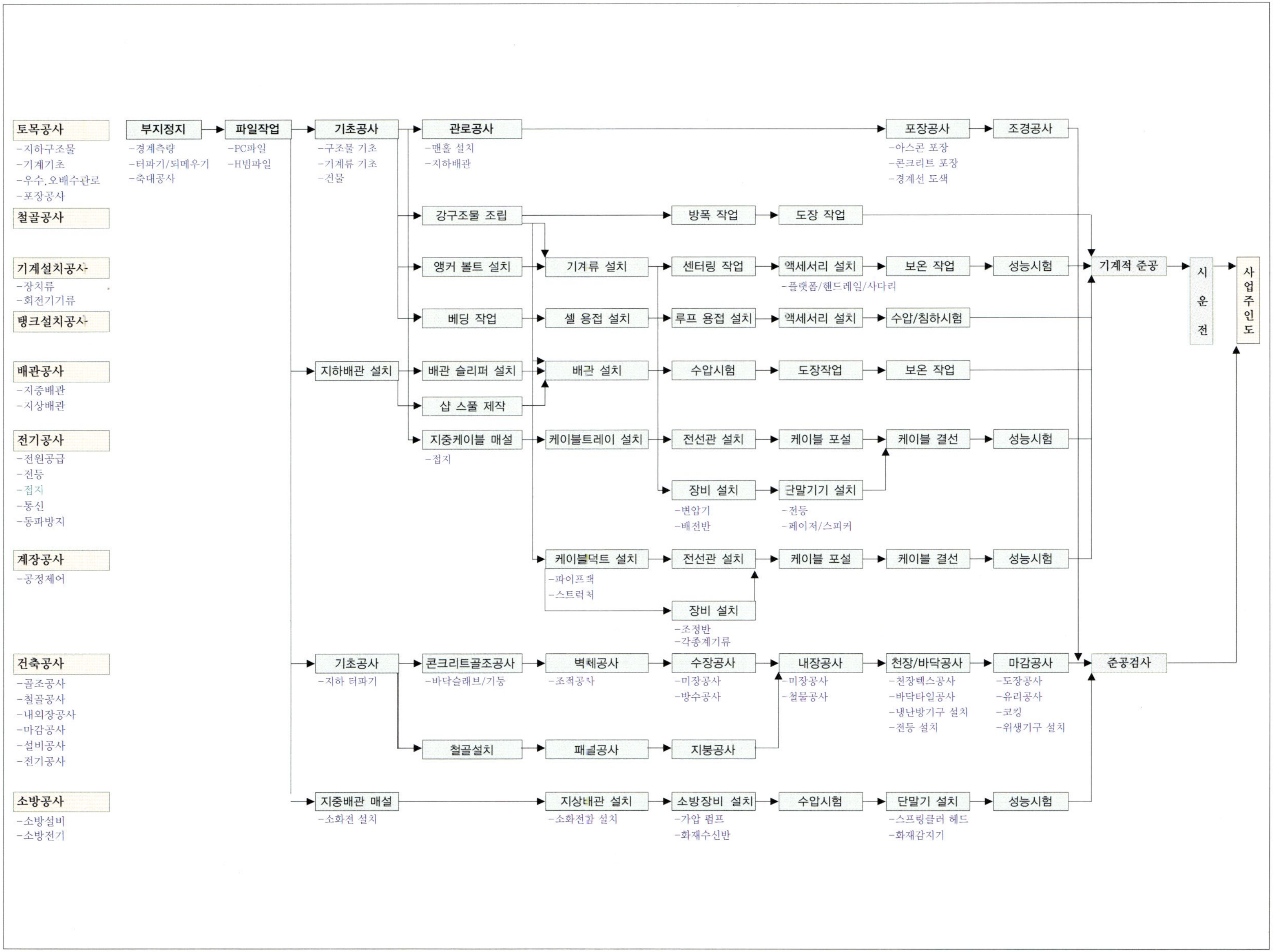

- Project Management Institute (2004), A Guide to Project Management Body of Knowledge Third Edition, Pennsylvania : Project Management Institute, Inc.

- Project Management Institute (2012), A Guide to Project Management Body of Knowledge 5th Edition, Pennsylvania : Project Management Institute, Inc.

- Halpin, D.W. & Woohead, R. W. (1980), Construction Management, New York : John Wiley & Sons

- Barrie, D. S. & Boyd, C. P. (1992), Professional Construction Management, Third Edition, New York, MaGraw-Hill, Inc.

- Clough R. H. & Sears G. A. (1994), Construction Contracting 6th Edition, New York : John Wiley & Sons

- Construction Industry Institute (1995) Pre-Project Planning Handbook, Texas : Construction Industry Institute, University of Texas at Austin

- Construction Industry Institute (1993) Constructability Implementation Guide

- Engineering News Record, June 12, 2006

- Engineering News Record(2005) Top 400 Contractors Sourcebook

- Vecchio, R.P.(2002), Organizational Behavior : Core Concepts, 5th edition, Thomson Learning

- Brown L.D.(1986) Managing Conflict of Organizational Interfaces, Addison-Wesley

- Hersey P. & Blanchard K.(2000), Management of Organizational Behavior, Prentice-Hall

- Thomas K.(1990), Conflict and Negotiation Processes in Organizations, Handbook of Industrial and Organizational Psychology

- 한국건설산업연구원(2000), 건설관리 및 경영, 보성각

- 서울대학교 건설기술연구실(1996), 건설경영 개론, 태림문화

CM 실무이야기

저 자 최 시 봉
출 판 공간예술사
신 창 근
주 소 서울시 종로구 사직로9가길 6
TEL (02) 737-1020
FAX (02) 737-1500
홈페이지 www.spacearts.co.kr
e-mail spacearts@korea.com
편집/기획 공간예술사 편집/기획팀
(02) 363-1020
등 록 제 9-315호
ISBN 978-89-7799-095-1 93540
발 행 2014. 9. 5

정 가 30,000원